GESTÃO INTEGRADA DE RESÍDUOS SÓLIDOS

UMA CONTRIBUIÇÃO À FORMAÇÃO EM EDUCAÇÃO AMBIENTAL

(LIVRO TÉCNICO)

Catalogação na Fonte
Elaborado por: Dayanne Leal Souza
Bibliotecária CRB 9/2162

S586g
2024

Silva, Monica Maria Pereira da
Gestão integrada de resíduos sólidos: uma contribuição à formação em educação ambiental (livro técnico) / Monica Maria Pereira da Silva. – 1. ed. – Curitiba: Appris, 2024.
257 p. : il. ; 23 cm. – (Coleção Educação Ambiental).

Inclui referências.
ISBN 978-65-250-6992-0

1. Educação ambiental. 2. Percepção ambiental. 3. Resíduos sólidos. 4. Impactos ambientais. 5. Gestão ambiental. 6. Desenvolvimento sustentável. 7. Sustentabilidade. I. Silva, Monica Maria Pereira da. II. Título. III. Série.

CDD – 372.357

Livro de acordo com a normalização técnica da ABNT

Appris editora

Editora e Livraria Appris Ltda.
Av. Manoel Ribas, 2265 – Mercês
Curitiba/PR – CEP: 80810-002
Tel. (41) 3156 - 4731
www.editoraappris.com.br

Printed in Brazil
Impresso no Brasil

Monica Maria Pereira da Silva

GESTÃO INTEGRADA DE RESÍDUOS SÓLIDOS

UMA CONTRIBUIÇÃO À FORMAÇÃO EM EDUCAÇÃO AMBIENTAL

(LIVRO TÉCNICO)

Appris editora

Curitiba, PR

2025

Aos catadores e às catadoras de materiais recicláveis*, que, por meio de seu exercício profissional, colaboram de forma efetiva para o alcance dos objetivos da gestão integrada de resíduos sólidos e para conservação ambiental.*

Aos educadores e às educadoras ambientais
que lutam incessantemente em favor da justiça ambiental e social.

Às mulheres cientistas*, que ultrapassam barreiras, fazem a diferença e colaboram magnificamente para a evolução da Ciência, cujos resultados propiciam condições de vida dignas às diferentes populações humanas; preservação e conservação ambiental.*

À Juventude: *a força de vocês pode tornar o mundo melhor do que receberam.*

Aos amantes e às amantes da natureza: *quem ama cuida.*

GRATIDÃO

A Deus, autor da Criação. Sua força, Seu amor e Sua misericórdia revelam-se por meio da natureza. Vejo a Deus nas conexões que propiciam vida e vida em abundância.

À minha filha, Amanda Maria. O seu apoio, o seu carinho e o seu amor são oxigênio para a minha alma.

Aos cientistas e às cientistas que, comumente na invisibilidade, constroem conhecimentos que nos permitem vislumbrar dias melhores.

Aos catadores e às catadoras de materiais recicláveis, que, por meio do seu exercício profissional, possibilitam o ciclo da matéria, o uso eficiente de energia e a preservação e conservação ambiental.

Aos educadores e às educadoras ambientais, que desbravaram os caminhos que nos permitem trilhar a direção da justiça ambiental e social.

Aos professores e às professoras, aos alunos e às alunas, aos orientandos e às orientandas. Vocês foram essenciais para a minha formação profissional e cidadã.

Aos leitores e às leitoras que se interessaram por esta obra e que serão agentes multiplicadores dos princípios e objetivos que norteiam a gestão integrada de resíduos sólidos.

Acredito na força das mãos que se unem para cuidar da **Criação**.

Cuidando da **Criação**, propiciamos justiça ambiental e social.

PREFÁCIO

O Brasil é um país de grande extensão territorial e de significativas especificidades climáticas em suas cinco regiões geográficas. A população estimada do Brasil é de 210 milhões de habitantes, com 80% em média residindo em zona urbana. Para um país em que grande parte da população ainda é detentora de baixo poder aquisitivo, o processo de urbanização não planejado organicamente tem gerado sérios impactos ambientais e de saúde pública em cidades de grande e médio portes, que poderão ser reduzidos, pelo menos em médio prazo, com investimento em saneamento básico.

Nesse contexto, surge a questão dos resíduos sólidos, em especial dos resíduos sólidos urbanos, que precisam ser tratados com a importância devida, haja vista que os aspectos qualitativos e quantitativos associados e o retardamento da criação de políticas públicas mais consistentes e duradouras têm trazido ainda hoje sérios impactos de ordem ambiental, sanitária, econômica e social.

Somente no ano de 2010 é que foi criada oficialmente no Brasil a Política Nacional de Resíduos Sólidos, instrumentalizada pela Lei 12.305, ancorada em uma bandeira avançada e bem delineada de gestão, além de uma gama de normas e princípios argumentativos destinados a disciplinar todas as atividades e operações associadas aos resíduos sólidos, desde a origem ao tratamento ou disposição final.

Analisando o percurso temporal da Lei 12.305, pode ser constatado que, quando analisada a sua essência, não existiram avanços significativos no que concerne ao processo de gestão integrada de resíduos sólidos, sejam urbanos, sejam outras vertentes. Porém esse descompasso não é de responsabilidade da lei, e sim de seus operadores (gerenciais ou não).

Ressalto que as instituições de pesquisa que operam no Brasil no campo do saneamento básico, ancorado no árduo trabalho de suas valorosas e valorosos pesquisadoras e pesquisadores, têm procurado produzir conhecimento técnico de bom padrão, além de uma exitosa inserção na formação de mão de obra qualificada. Mesmo assim, os problemas da falta de gestão de resíduos sólidos continuam os mesmos de 15 anos atrás. Diante da complexa tarefa na implementação da política de gestão de resíduos sólidos, o desafio maior que nos resta é trabalharmos a lei no contexto executivo de uma boa política, procurando construirmos a capilaridade no campo real da responsabilidade compartilhada.

Este livro da professora Monica Maria Pereira da Silva aborda com muita propriedade e lucidez os enfoques conceituais de resíduos sólidos, dentro da matriz da percepção ambiental, capilarizando para a responsabilidade e a sustentabilidade social, econômica e ambiental. Traz boas reflexões sobre os problemas relacionados aos resíduos sólidos, desde a geração até a disposição final, assim como consolidados chamamentos sobre as alternativas para solucionar os principais problemas dos resíduos sólidos, no contexto do processo de gestão integrada.

É um livro cuja leitura recomendo, e também a consequente reflexão, haja vista conhecer "in loco" o compromisso acadêmico, ético, moral e social da professora Monica Maria e saber quão hábil se tornam as mãos e as mentes, quando são alimentadas por uma alma de coração tão comprometedor e generoso.

Boa leitura e aprendizado para todas, todes e todos.

Campina Grande, 11 de abril de 2024.

Valderi Duarte Leite

Professor doutor da Universidade Estadual da Paraíba

Bolsista produtividade em Pesquisa 2 da Coordenação de Aperfeiçoamento de Pessoal de Nível Superior (CAPES)

Referências

BRASIL. *Lei 12.305 de 02 de agosto de 2010*. Institui a Política Nacional de Resíduos Sólidos. 2. ed. Brasília: Câmara dos Deputados; Edições Câmara, 18 jun. 2012. Disponível em: https://www.poli.usp.br/wp-content/uploads/2018/10/politica_residuos_solidos.pdf. Acesso em: 24 fev. 2024.

APRESENTAÇÃO

Os problemas conexos aos resíduos sólidos são preocupantes por afetarem os distintos sistemas ambientais e sociais e por colocarem em risco a homeostase ambiental. Há alternativas para essa problemática?

Compreendemos que há alternativas, a Gestão Integrada de Resíduos Sólidos (Gires). O conjunto de ações que compõem a Gires pode transformar problemas em solução. Demanda, porém, mudança de percepção ambiental e de atitudes, empoderamento de conhecimentos e princípios que fundamentam a gestão ambiental, formação em Educação Ambiental centrada, notadamente, em correntes que aspirem à justiça ambiental e social e conexão entre os diferentes segmentos sociais, uma vez que todos nós somos responsáveis pela homeostase ambiental.

Nossa obra objetiva provocar inquietações sobre a problemática em foco, despertar o senso de corresponsabilidade ambiental, favorecer a mudança de cenário nos municípios brasileiros com base na construção e reconstrução de conhecimentos fundamentais à gestão integrada de resíduos sólidos, contribuir para formação em Educação Ambiental para Gires e colaborar para transformar problema em solução.

Organizamos a nossa obra em quatro capítulos, que versam sobre percepção ambiental e conceitos de resíduos sólidos, percepção sobre resíduos sólidos e a importância da Educação Ambiental para Gires, problemas relacionados aos resíduos sólidos com enfoque nos impactos adversos da geração à disposição final, e alternativas para problemática de resíduos sólidos que segue o mesmo perfil, da geração à disposição final, e ressalta a importância dos princípios da gestão ambiental ao alcance dos objetivos previstos para Gires.

No início de cada capítulo, expomos fotos de paisagens ambientais e mensagens visando motivar novos olhares sobre o meio ambiente. Cada capítulo resulta de intensa pesquisa em fontes secundárias, entre as quais se inserem aquelas realizadas pela autora e pelo grupo de pesquisa a que ela está vinculada. No fim de cada capítulo, apresentamos um conjunto de atividades que propiciam o processo de sensibilização e formação. Entre as atividades, sugerimos matrizes, estudo dirigido, dinâmicas, histórias de catadores e catadoras de materiais recicláveis, trecho de músicas, poemas e mensagens.

A nossa preocupação em provocar inquietudes e motivar o empoderamento dos princípios e conceitos relativos aos resíduos sólidos impulsionou a repetição de ideias que consideramos essenciais ao longo de nossa obra, tais quais mantras. Um dos mantras compreende que as nossas atitudes favorecem a justiça ambiental e social e permitem que as gerações futuras possam suprir as suas necessidades.

Se no fim da leitura de nossa obra você ficar inquieto ou inquieta diante das nossas reflexões, teremos conseguido atingir os nossos objetivos.

Aspiramos, outrossim, colaborar para a sua sensibilização e formação profissional e cidadã. Seguimos confiantes na força das mãos que se unem para cuidar da Criação.

Boa leitura! Seja feliz decodificando a nossa obra!

A autora

SUMÁRIO

1

PERCEPÇÃO AMBIENTAL E CONCEITO DE RESÍDUOS SÓLIDOS À LUZ DOS PRINCÍPIOS DE CORRESPONSABILIDADE E SUSTENTABILIDADE

Figura 1.1 – Nascer do sol na Praia de Tambaú, João Pessoa, estado da Paraíba, Brasil

Fonte: a autora (2024)

O amanhecer anuncia uma nova oportunidade para reapararmos a nossa ação adversa sobre o meio ambiente.

Vislumbramos um mundo melhor. Podemos deixar o mundo um pouco melhor do que recebemos.

(A autora)

1.1 Considerações iniciais

Os problemas que envolvem os resíduos sólidos fazem parte do nosso cotidiano e atingem os diferentes sistemas ambientais, sociais e econômicos. Corroboram de forma exponencial a crise ambiental, cujos efeitos põem em risco a sobrevivência de diferentes espécies que compõem a biodiversidade no planeta Terra, entre as quais a *Homo sapiens*.

A maior parte desses problemas poderia ser evitada, se o ser humano detivesse a percepção correta sobre os resíduos sólidos; comumente, confunde-os com lixo. Essa confusão conceitual implica descarte de modo inconsequente e sem juízo de valor.

A formação em Educação Ambiental voltada aos diferentes segmentos sociais constitui uma estratégia capaz de suscitar mudanças de percepção e de ação, e de contribuir para o alcance dos objetivos delineados nas Políticas Nacionais de Educação Ambiental (Brasil, 1999) e de Resíduos Sólidos (Brasil, 2010), como também na Agenda Mundial 2030 (ONU Brasil, [2020]).

Tomando Educação Ambiental como a linha mestra para mudança de percepção ambiental, compreendemos que as estratégias aplicadas devem possibilitar o processo ensino, aprendizagem, ação e transformação. Para isso, são necessárias virtudes essenciais aos educadores e às educadoras ambientais; entre estas, imperam criatividade, criticidade, afetividade, envolvimento, paciência e persistência.

A criatividade e a criticidade possibilitarão, ao processo de formação para Gestão Integrada de Resíduos Sólidos (Gires), a compreensão de que somos responsáveis pelo meio ambiente e que compomos o tecido da vida. As rupturas nesse tecido afetam negativamente a espécie *Homo sapiens* e reduzem as probabilidades de se manter em homeostase.

Nesse processo de formação, à medida que o ser humano entende a importância da simbiose com os demais elementos que formam o meio ambiente e possibilitam vida em suas diferentes faces, ele vai identificando o seu papel no meio ambiente e na sociedade, comove-se, envolve-se, compromete-se e age. Essa ação segue em direção à homeostase ambiental e social, e o processo educativo é denominado de Educação Ambiental, tendo como ponto de partida e de chegada o meio ambiente.

O conhecimento construído conforme um novo olhar sobre o meio ambiente incidirá em ações ambientais que transformarão a realidade dos envolvidos. No que se refere ao descarte dos resíduos sólidos, a compreensão de que nem tudo que jogamos fora é lixo motiva a seleção na fonte geradora e a destinação dos recicláveis secos (papel, papelão, plástico, metal e vidro) aos profissionais da catação, catadores e catadoras de materiais recicláveis, profissão reconhecida pelo Ministério do Trabalho e Emprego em 2002 (Brasil, 2002), com o código 5192, o qual indica que são trabalhadores da coleta e seleção de material reciclável; divididos no Código Brasileiro de Ocupações (CBO) em três grupos: 5192-05, catador de material reciclável; 5192-10, selecionador de material reciclável; e 5192-15, operador de prensa de material reciclável. Uma profissão reconhecida, porém continua excluída do acesso aos direitos trabalhistas, e a maioria persiste com uma renda mensal inferior ao salário mínimo, distanciando-os do direito à qualidade de vida digna.

Almejamos que, em tempo próximo, os seres humanos detenham a percepção ambiental de acordo com as leis naturais, sintam-se meio ambiente e lutem para que todos tenham direito ao meio ambiente ecologicamente equilibrado, bem de uso comum e essencial à sadia qualidade de vida, como está previsto no Art. 225 da Constituição do Brasil (Brasil, 1988). Contamos com você, estimada leitora! Contamos com você, estimado leitor! Sigamos sem perder a esperança de um mundo melhor! Vamos "esperançar"!

1.2 Crise ambiental

Para você, qual é o elemento mais importante do planeta Terra? Pense um pouco.

Quando essa pergunta é feita em nossas aulas, encontros ou palestras, habitualmente a maioria indica o ser humano como o elemento mais importante. Uma minoria defende que não há elemento que possa ser visto como o mais importante.

E você? Já chegou a uma conclusão? Então, sigamos...

Podemos proferir que é praticamente comum o ser humano se sentir o elemento mais importante da Terra, o que não significa dizer que essa visão de superioridade está correta. O antropocentrismo permeou grande parte da história de desenvolvimento da sociedade humana após o teocentrismo, resultado do paradigma reducionista, da separação do ser humano da natureza e do sentimento de que os demais elementos do meio ambiente deveriam ser explorados em benefício da nossa espécie. As ações humanas foram e são praticadas sob essa visão, desconsiderando as funções desempenhadas pelos demais elementos que constituem o meio ambiente.

A vida resulta das distintas relações, interações, conexões, interconexões e interdependências que acontecem no meio ambiente. Na diversidade, a estabilidade concretiza-se. É possível responder ao estresse ambiental exercendo as propriedades de resiliência e/ou de resistência.

Em tempos remotos, denominado por Sánchez (2004), como o tempo de magia, o ser humano vivia imerso à natureza, sentia-se parte dela. A força anímica, de acordo com o autor, a alma, não era privilégio do ser humano, o mundo todo era animado. Tinha força, alma, impunha respeito. "*Não valia a pena provocar*" (Sánchez, 2004, p. 18).

Lima e Monteiro (2017) enfatizam que a transição da Idade Média para a Moderna transformou a sociedade, a economia e a política. O teocentrismo foi substituído pelo antropocentrismo; a economia feudal, pelo capitalismo; e a autoridade da Igreja passou a ser questionada, rompendo-se com a ideia de verdade absoluta.

As modificações foram impulsionadas por mudanças de visão de mundo. Foram os novos olhares que estimularam essas transformações e geraram novas possibilidades, muito embora os novos olhares sobre meio ambiente, a percepção ambiental, tenham distanciado o ser humano da homeostase ambiental, visto que o modelo de desenvolvimento econômico em vigor o tornou ofuscado ao óbvio: não há desenvolvimento, nem qualidade de vida, sem a conservação ambiental e, em alguns casos, sem a preservação ambiental.

A percepção ambiental calcada nos paradigmas científicos, políticos, sociais e econômicos após o feudalismo influenciou diretamente a forma como o ser humano vem explorando os recursos naturais. O ser humano predou e parasitou o planeta Terra, sem questionar as consequências; sem considerar a lei do retorno ou a lei da ação e reação de Isaac Newton (terceira lei). Como expõem Odum e Barrett (2007), somos parasitas imprudentes, parasitamos o hospedeiro até a sua morte.

Mas o que é mesmo percepção ambiental?

Percepção ambiental compreende a forma como o ser humano vê, olha, enxerga, compreende, interage e age no meio ambiente. Essa percepção resulta de crenças, conhecimentos construídos, paradigmas vigentes e experiências vivenciadas. Se essas experiências permitirem a formação de uma consciência crítica, o ser humano deterá uma visão sobre o meio ambiente em consonância com as leis naturais, permitindo, desse modo, a ação alicerçada nos princípios de prevenção, precaução, corresponsabilidade, sustentabilidade e solidariedade com as gerações atuais e futuras.

Em consonância com as leis naturais, a sua ação também provocará impactos ambientais negativos, no entanto dentro da capacidade de suporte do sistema em intervenção. Ressaltamos que toda ação antrópica origina impactos ambientais negativos; estes, todavia, podem ser em menor quantidade, intensidade, gravidade e abrangência. Não concordamos com as premissas de impacto ambiental zero, rejeito zero (lixo zero), poluição zero e contaminação zero. Acreditamos, no entanto, que é possível abrandar os impactos ambientais negativos, a quantidade de resíduos sólidos que se transformam em rejeitos (lixos) e as diferentes formas de poluição e de contaminação.

O autor do livro *Avaliação de impacto ambiental*, Sánchez (2008), entende que impactos ambientais são puramente de caráter antrópico e podem ser benéficos ou adversos (positivos ou negativos). Você pode estar se perguntando: existe impacto positivo? Sim, há impacto positivo. Quando você planta uma árvore numa praça, por exemplo, advirão modificações positivas naquele local em decorrência da sua ação; nesse âmbito, levando a impactos positivos. Contudo, se você derrubar a árvore da praça, suscitará alterações adversas naquela área.

O ser humano, normalmente, não considera a capacidade de suporte dos diferentes sistemas ambientais, haja vista prevalecer a percepção distorcida sobre esses sistemas. As ações são centradas nos princípios que regem o capitalismo, modelo de desenvolvimento econômico que continua predominando nas sociedades humanas e que fomenta a sociedade do *ter* em detrimento ao *ser*, como cita Silva (2016; 2020). O respeito, nesse caso, concentra-se na obtenção de lucro e poder.

A percepção distorcida acarreta a ação antrópica em desacordo com as leis naturais e causa impactos adversos, com consequências catastróficas, que põem em risco a sobrevivência da própria espécie *Homo sapiens*.

O cenário ambiental de catástrofes evidenciado pela mídia internacional e nacional e vivenciado por milhões de terráqueos ratifica que o planeta Terra se encontra adoecido; e a sua estabilidade, ameaçada. Grande parte dos problemas que estão determinando esse adoecimento se refere à percepção ambiental em cizânia com as leis naturais.

Na compreensão de Romeiro (2003), o bem-estar das gerações futuras é um bem público e, como tal, exige uma ação coletiva da sociedade. Os autores Wolkmer e Paulitsch (2011) atestam que o bem-estar econômico e a qualidade da sociedade humana se acostam na exploração dos recursos ambientais, sem a inquietação com a sua capacidade de suporte ou de carga. Nesse contexto, podemos dizer que urge um novo período de transição, um novo modelo de desenvolvimento econômico, de sociedade e de política.

No Brasil, o derramamento de petróleo que atingiu, em maior proporção, as praias do Nordeste no fim de 2019; os desmoronamentos sucedidos em Mariana/MG, em 5 de novembro de 2015; e em Brumadinho/MG, em 25 de janeiro de 2019, que literalmente expulsaram famílias que viviam na região havia décadas e mataram dezenas de pessoas; os alagamentos ocorridos em Santa Catarina, São Paulo, Rio de Janeiro e Minas Gerais nos primeiros meses de 2020; e as enchentes e o deslizamento de terras em Petrópolis no começo de 2022; somados às queimadas que arrasaram os biomas Pantanal, Cerrado e Amazônia em 2020 e 2021, mostraram que a falta de cuidado com o meio ambiente se reverte em danos irreparáveis aos seres humanos. Não são simplesmente prejuízos físicos, são igualmente emocionais. Estes mais difíceis de serem superados e cicatrizados.

No estudo desenvolvido por Costa e Silva (2020) sobre o rompimento da Barragem de Fundão em Mariana, foram evidenciados, entre os impactos negativos, os distúrbios emocionais acarretados pela perda de familiares e amigos, como também de bens culturais.

Pena *et al.* (2020), estudando os efeitos adversos do derramamento de petróleo ou óleo bruto identificado inicialmente em 30 de agosto de 2019 na costa brasileira, constataram que uma imensa faixa litorânea foi alcançada, 4.334 km, atingindo 11 estados do Nordeste e do Sudeste, 120 municípios. Segundo os autores, os impactos negativos são vários e afetaram, principalmente, as populações de baixa renda (R$ 400 por mês). São 724 territórios de pesca e de extração de mariscos submetendo a riscos a saúde de 144 mil pescadores artesanais, que frequentemente não usam Equipamentos de Proteção Individual (EPIs).

As pesquisas e conclusões a respeito dos impactos negativos em decorrência desse derramamento de petróleo ainda são incipientes, levando-se em conta que o desastre aconteceu recentemente, todavia as populações atingidas estão arcando inocentemente e sozinhas com as consequências. As ações governamentais são escassas para amparar essas populações e minimizar os prejuízos ao meio ambiente e à sociedade como todo. Não há, entre os gestores, a percepção do grau de gravidade que abrange esse desastre, considerado o maior dessa natureza na história do Brasil.

A pesquisa desenvolvida por Costa e Silva (2020), cujos dados foram coletados de reportagens publicadas na mídia falada e escrita (sites, revistas, jornais e telejornais) e em documentos publicados sobre o rompimento de barragens (relatório, dossiê, laudos técnicos), no período de outubro de 2015 a março de 2016, apontou que o rompimento de uma só barragem em Bento Rodrigues, distrito de Mariana, causou 19 mortes, soterrou 254 casas, deixou 300 mil pessoas sem água segura para o consumo, matou mais de 11 toneladas de peixes e transformou 120 nascentes e mangues em verdadeiro mar de lama.

Os autores Pereira, Cruz e Guimarães (2019), ao pesquisarem em Brumadinho sobre os impactos do rompimento da barragem de rejeitos do Córrego do Feijão, verificaram que esse rompimento originou dezenas de mortes e que os rejeitos de mineração de ferro se espalharam por diversas áreas ao longo do município, soterrando 297,28 hectares de terras (solo). Destes, 51% eram de vegetação nativa. Identificaram também que as estruturas empresariais (41%) e familiares (59%) foram comprometidas, restringindo a qualidade de vida dos moradores daquela região e pondo em risco a biodiversidade.

Os dados expostos por Costa e Silva (2020); e Pereira, Cruz e Guimarães (2019) revelam quão graves foram os desastres que envolveram as barragens que acondicionavam rejeitos de mineração e apontam para a emergência de inserir a pauta ambiental nos diversos setores da sociedade. É imprescindível que as leis brasileiras sejam postas em prática e que aqueles e aquelas que são responsáveis pelos seus resíduos sólidos cumpram o seu papel, obedeçam à legislação ambiental, respeitem os Direitos Humanos e a biodiversidade; ponham em prática as orações ou rezas repetidas cotidianamente.

Assim como afirma Chinua Achebe em seu livro *O mundo se despedaça:* "*Há algo de agourento detrás do silêncio*"; "*Não há nada a temer dos que gritam*". O autor chama a atenção para o respeito à natureza: "*sempre que você vir um sapo saltando em plena luz do dia, é bom saber que algo ameaça a sua vida*" (Achebe, 2009, p. 160).

A preocupação dos empresários e da maioria dos funcionários envolvidos no rompimento da barragem do Fundão em Mariana e da barragem do Córrego do Feijão, em Brumadinho, estava notadamente centrada no aumento da produtividade. Desdenharam da capacidade de carga daquele sistema em exploração. Desconsideraram que os impactos ambientais negativos afetavam todo o meio ambiente, sem distinção de cor, classe social, nível educacional ou nível trófico. O ser humano foi e sempre será diretamente afetado, se persistir essa visão ambiental distorcida. É como aquela música interpretada por Chitãozinho e Xororó... "*O tempo retribui o mal que a gente faz*".

De acordo com Barbault (2011), a compreensão e a consciência das ameaças que pesam sobre a biodiversidade colaboram para confirmar as críticas formuladas contra as espécies protegidas como elementos-chave de uma estratégia eficaz de conservação da natureza. O entendimento sobre as relações entre perturbações dos ecossistemas é essencial para implementar estratégias de combate e de prevenção diligentes contra o arsenal de doenças emergentes e reemergentes.

Em casos de doenças provocadas por parasitas que afetam os seres humanos, não basta combater o parasita e/ou o hospedeiro intermediário, é necessário quebrar o ciclo. É fundamental constituir barreiras para impedir o seu desenvolvimento, tal como ocorre com o coronavírus: se o nosso corpo não estiver com condições de reagir, o vírus consumirá a nossa energia até a morte, como está acontecendo atualmente no mundo. Milhões de pessoas perderam a guerra para o coronavírus.

Barbault (2011, p. 410) expõe que "*a conscientização das mudanças ambientais e de suas consequências sobre a saúde humana, abriu novas perspectivas*" no cenário vivenciado.

As cidades no Brasil e no mundo, em sua maioria, foram edificadas sem ponderar os princípios que regem os ecossistemas, a exemplo da autossustentabilidade. O crescimento tem sido exponencial, sem planejamento, sem respeito e cuidado com os demais elementos que compõem o meio ambiente. Os autores Odum e Barret (2007) apontam que qualquer coisa que cresça de forma rápida e desorganizada e sem ponderar o suporte da vida vai sobrepujar a infraestrutura adequada para manter o seu crescimento, determinando, assim, ciclos de explosão e colapso.

As catástrofes mencionadas são, em grande medida, demonstrações das consequências da percepção distorcida sobre o meio ambiente. Um vídeo que circulou nas redes sociais em fevereiro de 2020 expondo uma ação municipal para desobstruir o curso de um rio, no período crítico de alagamentos de umas das cidades brasileiras, evidencia os efeitos antagônicos desse tipo de percepção: com uma escavadeira hidráulica sobre uma ponte, o operador retirava os resíduos sólidos da região obstruída de um corpo d'água e jogava-os para a outra região do mesmo rio. Recolhia do lado esquerdo da ponte e jogava para o lado direito da mesma ponte. Transferia-os para o mesmo rio. Todo trabalho era monitorado por outro profissional.

Perguntamos: esses profissionais detinham a percepção de que aquela ação não resolveria o problema de obstrução ou que prejudicaria as populações situadas a jusante daquele sistema aquático? Que tipo de percepção apresentavam aqueles profissionais?

Provavelmente, concebiam os sistemas aquáticos com infinita capacidade de resiliência, ou a intenção era apenas se livrar do problema, desobstruir o curso do rio, tomado por garrafas de Polietileno Tereftalato (PET), latinhas, entre outros resíduos sólidos.

Reafirmamos que a percepção ambiental influencia de forma positiva ou negativa a ação humana no meio ambiente e determina a sua conservação, ou degradação e/ou destruição; logo, um dos principais objetivos delineados para Educação Ambiental é provocar mudança de percepção ambiental, pois assim alcançaremos ações sustentáveis e provocaremos mudanças em direção ao mundo melhor.

1.3 Paradigmas predominantes

A predominância da percepção de que o ser humano não é natureza, que é superior aos demais elementos do meio ambiente e que se encontra fora do meio ambiente; somada à ideia de que os seus elementos não estão interligados, que os recursos naturais são infinitos e que os sistemas naturais podem receber quantidade ilimitada de rejeitos (lixos), condiciona as ações antrópicas de modo predatório, parasita[1], irresponsável e insustentável.

Outro exemplo da percepção ambiental distorcida é o fato de a maioria dos empresários compreender o meio ambiente como um entrave ao desenvolvimento econômico e a lograr lucros. Sabemos que é possível conciliar a conservação ambiental com o desenvolvimento, no entanto isso implica mudanças de padrões de produção e de consumo. O fato é que os poucos detentores de riquezas no mundo e no Brasil não estão dispostos a renunciar parte de seus lucros e de conforto. A maioria segue com o

[1] Devemos ter atenção ao termo "parasita", para não reproduzirmos a visão de um ministro do Brasil que recentemente, em fevereiro de 2020, atribuiu aos funcionários públicos o adjetivo.

propósito de acumular riquezas sem responsabilidade com o futuro do planeta; com total falta de solidariedade com as gerações atuais e futuras. Acredita que riqueza é sinônimo de felicidade.

Defendemos que onde está o nosso tesouro está a nossa felicidade. Indagamos-lhe: onde está o seu tesouro?

Há quem acredite que as riquezas o tornam superiores aos demais elementos do meio ambiente, nomeadamente, superiores aos demais seres humanos.

O montante de riquezas armazenado não indica sucesso, se a natureza não for respeitada e cuidada. As enchentes que provocaram alagamentos em condomínios de luxo na cidade de São Paulo e danificaram carros de luxo, a exemplo do Lamborghini Huracán, avaliado em R$ 1,6 milhão (Redação, 2020), refletem a necessidade de observarmos os princípios que regem a natureza em todas as nossas ações e planejamentos.

Vários estudiosos alertam sobre o caminho que a sociedade humana está escolhendo, um caminho que segue na contramão da conservação, proteção e preservação ambiental, pondo em risco a continuidade da vida na Terra, nossa casa comum; nosso único habitat, pelo menos até onde temos conhecimento.

Romeiro (2003) adverte que é imprescindível usar os recursos naturais com cautela, diante da sua importância e finitude. Watanabe (2004) propõe que o crescimento econômico deve proteger as oportunidades de vida das gerações futuras e atuais e respeitar a integridade dos sistemas ambientais; ressalta ainda que a crise ambiental demanda repensar o modo de produção e de consumo. Odum e Barrett (2007) aludem que o futuro de nossa espécie depende de quanto compreendemos os problemas ambientais e empregamos esses conhecimentos na gestão dos recursos naturais. Já Sachs (2008) aponta o planejamento ambiental, etapa da gestão que antecede o gerenciamento, como um processo interativo que inclui procedimentos que permitem o exercício da cidadania, a inclusão social e as mudanças ambientais positivas.

Neste aspecto, compreendemos que o planejamento ambiental, enquanto etapa da gestão ambiental, não procede sem o viés da democracia e da justiça ambiental e social. Boff (2009) defende fervorosamente que os limites do capital são o próprio limite dos recursos naturais. Silva (2020, p. 25), que

> *[...] todo esforço deve ser enveredado para que o meio ambiente reúna, atualmente e futuramente, condições favoráveis à sustentação e ao desenvolvimento socioeconômico que considere a capacidade de suporte dos diferentes sistemas*

Segundo a autora, "*as gerações atuais e futuras têm esse direito*".

Beck, em seu livro *Sociedade de risco*, menciona que, "*na modernidade tardia, a produção social de riqueza é acompanhada sistematicamente pela produção social de riscos*"; e que, "*no processo de modernização, cada vez mais forças destrutivas também acabam sendo desencadeadas, em tal medida que a imaginação humana fica desconcertada diante delas*" (Beck, 2011, p. 23, 25).

Barbault (2011, p. 319) esclarece que "*o risco de extinção de uma espécie é tanto mais elevado quanto mais dispersas são as populações*". Nesse contexto, entendemos que as visões reducionista e antropocêntrica que favoreceram a separação do ser humano da natureza incidiram na fragmentação que fragiliza as populações e potencializa as probabilidades de extinção dos elementos bióticos e abióticos. A vida não se concebe, nem permanece, na fragmentação. Atualmente, há intenso esforço de pesquisadores e pesquisadoras em resgatar os pontos de conexões, por meio de corredores ecológicos.

A destruição de habitats dos diferentes seres vivos obstaculiza a realização do seu nicho ecológico e provoca rupturas de relações e conexões dos distintos sistemas ambientais, e induzem a isolamento e fragmentação, ocasionando a destruição de sistemas e a extinção de inúmeras espécies.

A gestão dos ecossistemas constitui um desafio que deve ser perseguido no século XXI, visando manter condições de vida para todas as espécies no planeta Terra, as atuais e as futuras. A cidade deve ser percebida enquanto ecossistema e, como tal, requer gestão e observância dos princípios que regem os sistemas naturais.

Romeiro (2003) afirma que a grande dificuldade para a adoção de uma atitude precavida para estabilizar o nível de consumo de recursos naturais está na necessidade de mudança de atitude, que contrarie principalmente a lógica do processo de acumulação de capital, em vigor desde a ascensão do capitalismo.

É indispensável compreendermos que os ambientes habitados pelos seres humanos também são ecossistemas e, por conseguinte, devem ser autossuficientes e manter-se em homeostase; ou, mesmo, devem-se desenvolver estratégias que permitam pôr em prática o princípio de resiliência, que consiste em se reerguer diante de uma perturbação extrema, a exemplo dos fenômenos acarretados pelas mudanças climáticas.

Barbault (2011) fala, em seu de livro *Ecologia geral*, da possibilidade da sexta crise de extinção, sendo o ser humano apontado como culpado, os atuais e os ancestrais. Explica ainda que a salvaguarda ou a restauração de habitats naturais de superfície é a chave da conservação sustentável da biodiversidade. O autor do livro *Química ambiental* Manahan (2013) defende que a chave para sustentabilidade é o uso eficiente de energia. Em contrapartida, Acosta (2016), autor de *O bem viver*, propõe rupturas com os princípios do capitalismo e a adoção de um estilo de vida que assegure a justiça social para todos os habitantes do planeta Terra, não apenas para os seres humanos. Fato que pressupõe distribuição de riquezas.

Aferimos que a ganância pelo poder e pela riqueza deixou a sociedade humana capitalista cega às evidências de que os males causados ao meio ambiente retornam ao ser humano. Afinal, ele é meio ambiente. Os riscos de extinção das espécies não excluem a *Homo sapiens*, especialmente pelas rupturas ecológicas que a tornaram cada vez mais segregada das demais espécies.

1.4 Modelo de desenvolvimento econômico almejado

Considerando os estudos de Ignacy Sachs (2008), o autor reconhece que devemos nos esforçar por desenhar uma estratégia de desenvolvimento que seja ambientalmente sustentável, economicamente sustentada e socialmente includente. Esta pressupõe promover trabalho decente e vida digna. Boff (2009, p. 1), por ocasião do *Earth Overshoot Day* [Dia da ultrapassagem da Terra], alertou ao mundo sobre os efeitos danosos do consumo exacerbado, sem freio: "*entramos no vermelho e assim, não temos mais fundos para cobrir nossas dívidas ecológicas*", inquietando-nos em direção à luta em favor de um novo modelo de desenvolvimento que garanta condições de vida dignas para as atuais e futuras gerações.

O autor Eli da Veiga (2010), em seu livro sobre desenvolvimento sustentável enquanto desafio para o século XXI, cujo prefácio foi assinado por Ignacy Sachs, avalia o desenvolvimento sustentável como uma nova utopia de entrada do terceiro milênio. Para o autor, "*este é o enigma que continua à espera de um Édipo que o desvende*" (Veiga, 2010, p. 208).

Entendemos utopia enquanto um sonho difícil e complexo, nunca impossível. Igualmente, acreditamos e lutamos na esperança de alcançar um novo modelo de desenvolvimento; todavia, sem mudança de percepção ambiental, não alcançaremos o tão nobre sonho – mudança que não ocorrerá distante de Educação Ambiental.

O educador Paulo Freire (1984, p. 60), no seu livro *Educação e mudança*, afirmara que "*mudança de percepção não é outra coisa, senão a substituição de uma percepção distorcida da realidade por uma percepção crítica da mesma*"; percepção próxima à realidade, o que implica um novo enfrentamento do ser humano com a sua realidade, culminando com nova percepção, novo olhar e nova ética.

O Papa Francisco (Franciscus, 2015), na *Carta encíclica Laudato SI' sobre a casa comum*, suavemente chama-nos atenção: a terra clama contra o mal que estamos lhe provocando, em decorrência do uso irresponsável e dos abusos dos bens que o Criador nela colocou. Crescemos pensando que éramos seus proprietários e dominadores, autorizados a saqueá-la. Nossa irresponsabilidade vislumbra-se nos sintomas que apontam para uma casa comum doente, sintomas expressos por meio da água, do solo, do ar e da biodiversidade. Por conta da forma como explorou a natureza, o ser humano começa a correr risco de a destruir e de extinguir a si mesmo, pois ele também é vítima dessa degradação ambiental. A destruição da natureza é grave, continua o Papa Francisco, porque, por um lado, Deus confiou o mundo ao ser humano e, por outro, a própria vida humana é um dom, logo deve ser protegida.

A salvaguarda dos habitats que constituem a nossa casa comum, a Terra, somada ao uso eficiente de energia e a solidariedade com as gerações atuais e futuras, pressupõe que um mundo melhor ainda é possível. Na realidade, as mudanças referentes à crise ambiental demandam prioritariamente modificação da percepção ambiental, um novo olhar, uma nova ética, uma nova ação, um novo tempo.

O meio ambiente começa dentro de cada um de nós e, como tal, tem a sua capacidade de suporte ou de carga, comumente desconsiderada no nosso fazer cotidiano. Mediante as catástrofes vivenciadas, podemos concluir que estamos excedendo o limite da nossa casa comum, a Terra. Estamos com a nossa sobrevivência ameaçada.

Como apela o Papa Francisco (Franciscus, 2015): é urgente o desafio de proteger a nossa casa comum, e isso inclui a preocupação de unir toda a família humana na busca de um desenvolvimento sustentável e integral, pois sabemos que as coisas podem mudar.

Não podemos perder a esperança. Não podemos parar de lutar. A Educação Ambiental tem como um dos seus principais objetivos provocar transformações, e a primeira delas refere-se à percepção ambiental.

Como aponta a hipótese de Gaia (Lovelock, 1991), a Terra, enquanto um ser vivo, precisa evoluir, e para isso pode retirar de circulação as espécies que ameacem a sua sobrevivência e evolução. Fica a reflexão: até quando suportaremos tantas catástrofes? Tantas pandemias? Tanta destruição? Tantas guerras? Tanto choro e ranger de dentes?

Será que podemos contribuir para reverter esse cenário ambiental? Ainda há tempo? Sim, podemos contribuir para essa mudança e ainda há tempo. Nossa participação qualificada fará toda a diferença. Como propõe Silva (2020, p. 25): *"nossa colaboração qualificada poderá permitir a continuidade da vida em sua plenitude. Foi confiada a nós, seres humanos, a missão de cuidar das obras de Deus"*.

Afinal, não há desenvolvimento sem conservação ambiental. Não há vida digna sem o meio ambiente ecologicamente equilibrado. Não há conservação ambiental sem justiça social. Não há mudança sem luta. Não há transformação distante de Educação Ambiental.

1.5 Diferença entre resíduos sólidos e lixo (rejeitos)

Quando pretendemos intervir numa comunidade, instituição de ensino, empresas ou município para implantar programas ou projetos em gestão de resíduos sólidos, o primeiro passo indicado consiste em identificar a percepção dos geradores e das geradoras sobre os resíduos sólidos, verificando se o grupo compreende e os diferencia de lixo.

Esse passo é essencial para atingir os principais objetivos para gestão integrada de resíduos sólidos, preditos na Lei 12.305/2010, que estabelece a política brasileira para os resíduos sólidos, porque permitem o desenvolvimento de estratégias em Educação Ambiental que favorecem a compreensão dos conceitos que envolvem esse tema, em consonância com a realidade local.

A compreensão de que nem tudo que se joga fora é lixo faz toda a diferença no sentido de minimizar os impactos ambientais negativos. Perguntamos: você sabe a diferença entre resíduos sólidos e lixos? Sabe mesmo? Então, vejamos: que materiais resultantes de suas atividades diárias podem ser considerados lixo?

A nossa experiência profissional mostrou que a maioria das pessoas não consegue distinguir a diferença entre resíduos sólidos e lixo. Na realidade, concebe essas palavras como sinônimas. Esperamos que esse não seja o seu caso, mas, se for, não tem problema. Confiamos que, no fim desse tópico, você poderá ter uma compreensão diferente.

Entendemos que a percepção distorcida de um determinado objeto, evento, cenário ou sistema determina uma ação em desacordo com as leis naturais e gera impactos negativos, cujos efeitos podem ocasionar severas feridas nos sistemas ambientais e sociais. Nesse caso, é fundamental que o processo educativo comece na raiz do problema, a percepção das pessoas envolvidas.

Na visão de Silva (2008, 2016, 2020) e Silva e Leite (2008), para realização de processos em Educação Ambiental e gestão ambiental, é imprescindível conhecer a percepção ambiental do grupo envolvido. Esse tipo de conhecimento favorece o entendimento das interações existentes entre o ser humano e o meio ambiente onde se pretende intervir, porquanto permite a intervenção segundo a realidade do grupo. Os autores Silva e Leite confirmam que as estratégias em Educação Ambiental devem ser desenvolvidas e discutidas com o grupo, ponderando-se a percepção prevalente.

Dos materiais que resultam de nossas ações diárias, a parte que pode ser considerada "lixo" não ultrapassa 14%, conforme cita Silva (2020). Tomando por base os resultados do Diagnóstico do Manejo de Resíduos Urbanos 2017 (Brasil, 2017) e os dados de Silva (2020), geramos em média 0,95 kg/hab/dia de resíduos sólidos urbanos; deste total, 0,82 kg/hab/dia é caracterizado como resíduo sólido reciclável; e 0,13 kg/hab/dia, rejeito, anteriormente denominado de lixo.

Para favorecer o processo de seleção na fonte geradora, categorizamos os resíduos sólidos recicláveis em dois grupos (Figura 1.2): resíduos sólidos recicláveis secos; e resíduos sólidos recicláveis úmidos (resíduos sólidos orgânicos). Entre os recicláveis secos, estão os resíduos de papel e papelão, plástico, metal e vidro. Entre os recicláveis úmidos (orgânicos), encontram-se as cascas de frutas e de verduras, folhas, flores, galhos e restos de alimentos.

Entre os não recicláveis, estão os resíduos de papel sanitário, absorventes e fraldas descartáveis. São assim considerados devido à ausência de uma forma adequada e segura de reaproveitá-los, reutilizá-los e reciclá-los, então é fundamental segregá-los em coletores distintos dos demais materiais e encaminhá-los à coleta pública municipal. Esse procedimento previne vários impactos ambientais negativos e diminui os riscos de contaminação aos catadores e às catadoras de materiais recicláveis e dos demais profissionais que lidam direta e indiretamente com os resíduos sólidos. Constitui uma ação solidária, fraterna e cidadã.

Figura 1.2 – Resíduos sólidos recicláveis secos e úmidos (orgânicos)

Fonte: a autora (2024)

Ratificamos que os resíduos de papel e papelão, plástico, metal e vidro devem ser segregados na fonte geradora (Figura 1.3), evitando misturá-los à parcela orgânica dos resíduos sólidos. Esse tipo de postura impede a contaminação e potencializa o valor comercial desses materiais, classificados neste trabalho como recicláveis secos; ao passo que favorece o tratamento da parcela orgânica (resíduos sólidos orgânicos ou resíduos sólidos recicláveis úmidos), reduzindo as possibilidades de poluição e de contaminação ambiental, uma vez que esses resíduos podem conter organismos patógenos, a exemplo de helmintos na fase de ovo e de enterobactérias. Em muitos lugares esses resíduos servem de alimento para animais domésticos, como porcos e galinhas, animais bastante utilizados na alimentação humana.

Figura 1.3 – Resíduos sólidos recicláveis secos: papel, papelão, plástico e latinhas

Fonte: a autora (2024)

Podemos conceituar resíduos sólidos como materiais resultantes de nossas atividades diárias, cuja composição detém recursos ambientais explorados dos diferentes sistemas ambientais que podem ser reaproveitados, reutilizados ou reciclados quando o acondicionamento e a destinação acontecem de forma apropriada. Na ausência desse procedimento, os resíduos sólidos deixam de ser matéria-prima para constituírem fonte potencial de poluição ou contaminação. Transformam-se em rejeitos (lixo).

As embalagens de produtos de higiene, por exemplo, quando descartadas de forma separada e destinadas aos catadores e às catadoras de materiais recicláveis, voltam às indústrias para serem utilizadas como matéria-prima. Se forem encaminhadas aos aterros sanitários, serão aterradas, desperdiçando recursos naturais e financeiros. Se forem jogadas em terrenos baldios, passarão a ser fontes de poluição e de contaminação, podendo servir de habitat para organismos vetores de doenças, como o mosquito *Aedes aegypti*, que provoca dengue, *zika* e *chikungunya*.

As cascas de frutas e de verduras e os restos de alimentos podem ser usados como alimentos para os animais (Figura 1.4), porém, se esses resíduos forem acondicionados misturados aos resíduos sólidos sanitários, a possibilidade de contaminação dos animais é acentuada. Se forem dispostos no meio ambiente sem tratamento, serão fonte potencial de poluição e contaminação. Ao serem tratados, no entanto, serão transformados em material inorgânico, composto ou húmus, com características agronômicas favoráveis aos diversos usos agrícolas (Figura 1.5). O problema será transformado em solução, como cita Silva (2020, 2021), e é esse o nosso papel: por meio de trabalhos de formação e de pesquisa, transformamos problema em solução.

Figura 1.4 – Resíduos sólidos recicláveis úmidos (orgânicos)

Fonte: a autora (2024)

Figura 1.5 – Composto resultante do tratamento aeróbio de resíduos sólidos orgânicos: transformando problema em solução

Fonte: a autora (2024)

Você conseguiu distinguir resíduos sólidos de lixo? O que é mesmo lixo?

Atestamos que todo lixo é resíduo sólido, todavia nem todo resíduo sólido é lixo. Ficou complicado? Calma. Vamos explicar.

Lixo é a parte dos resíduos sólidos cuja constituição e cuja ausência de tecnologia apropriada não permitem reaproveitamento, reutilização e reciclagem, por conseguinte a única forma de disposição final é o aterro sanitário. Alertamos que disposição final não é sinônimo de destinação final.

Destacamos que, na Política Nacional de Resíduos Sólidos, Lei 12.305/2010, o termo "lixo" foi substituído por "rejeito", com o propósito de promover mudança de olhar sobre esse tipo de resíduos e favorecer a segregação destes, em detrimentos dos demais resíduos.

Em síntese, afirmamos que rejeitos ou lixo constituem resíduos sólidos não recicláveis, para os quais não há possibilidade no momento do descarte de reaproveitamento, reutilização e reciclagem, cujo único destino e disposição deve ser o aterro sanitário. Nos locais onde as Leis 12.305/2010 e 14.026/2020 são contrariadas, esse tipo de resíduo, rejeitos ou lixo, é encaminhado aos lixões (Figura 1.6), um cenário indesejável por educadores e educadoras ambientais e por pesquisadores e pesquisadoras da área. Os lixões já deveriam ter sido erradicados.

Figura 1.6 – Lixão desativado, Campina Grande, estado da Paraíba, Brasil

Fonte: a autora (2012)

Advertimos que, a partir deste tópico, substituiremos o termo "lixo" por "rejeito", seguindo-se o que prevalece na Lei 12.305/2010.

Você observou que a quantidade que produz de rejeitos deveria ser uma parcela mínima? Se você ainda não adota a coleta seletiva, segregação na fonte geradora, está na hora de começar, e de motivar outras pessoas, afinal tudo que fizermos de bom ao meio ambiente retornará para nós, que também somos meio ambiente.

Quando cuidamos do meio ambiente, estamos cuidando de nossa casa comum. Estamos tornando a nossa casa um lugar digno para a nossa sobrevivência e de nossa descendência. Estamos cuidando do nosso bem viver.

Se você é uma pessoa de fé, acredita na força grandiosa de Deus, sabe que Ele é o autor da Criação, o autor da vida, então cuidar do meio ambiente é cuidar das coisas de Deus. Se você é uma daquelas pessoas que não creem nessa força grandiosa, não tem problema, porque você sabe que a sua casa, a Terra, carece de cuidado, logo, ao cuidar da Terra, estará cuidando de sua própria casa; estará cuidando de suas próprias condições de sobrevivência e de vida digna. Se tem filho ou filha, estará cuidando da herança que deixará para sua descendência.

Seguindo-se os preceitos de vida, toda espécie gasta energia para tornar possível a continuidade de seus genes. Independentemente de crença, somos seres vivos e não desejamos deixar um planeta coberto por rejeitos para a nossa descendência, um planeta transformado em "lixeira", inóspito e sem vida.

Como afirma Boff (2016, p. 23), cuidando da Terra com terno e fraterno afeto, podemos seguir cheios de esperança. "Ainda teremos futuro e iremos irradiar".

1.6 Resíduos sólidos, recursos ambientais e ações cotidianas: a importância da Educação Ambiental

A percepção de resíduos sólidos influencia diretamente as ações antrópicas. Se os resíduos sólidos são concebidos como sujeira ou algo ruim, a principal preocupação do gerador ou da geradora, como também da gestão pública, é descartá-los para longe de seus olhos. Não há o interesse em resgatar os recursos ambientais que foram empregados para fabricação do produto. Não há empenho em evitar que os recursos ambientais sejam aterrados ou transformados em rejeitos.

A compreensão de que o produto descartado é composto por recursos ambientais e que estes podem retornar ao setor produtivo, às indústrias, como matéria-prima de um novo produto é essencial para que não ocorra a sua transformação em rejeitos, evitando-se, assim, o desperdício desses recursos, uma vez que são esgotáveis.

Você deve estar se questionando: como estamos desperdiçando recursos ambientais ao descartarmos os resíduos sólidos? Esse é um bom questionamento. Observe as embalagens de feijão, arroz, macarrão, refrigerantes e leite. Você sabe quais são os recursos ambientais empregados para a sua produção? Note o papel ofício: há recursos ambientais na sua fabricação? Nas latinhas de refrigerantes, há recursos ambientais na sua composição? Nas embalagens de vidro, há recursos ambientais na sua constituição?

Todo produto que utilizamos provém do meio ambiente e requer o emprego de recursos ambientais para a sua fabricação. Quando o seu ciclo de vida é concluído para o fim para o qual foi adquirido, resta-nos verificar se é possível reutilizá-lo ou reciclá-lo; se não for, a principal opção é separá-lo e destiná-lo aos profissionais da catação, catadores e catadoras de materiais recicláveis.

De acordo com o trabalho de Santos, Curi e Silva (2020), as organizações de catadores de materiais recicláveis – associações e cooperativas – que atuam em Campina Grande, segundo maior município do estado da Paraíba, recolheram, de 2018 a 2019 (12 meses), 802 t de resíduos sólidos recicláveis secos, (materiais recicláveis). Desse total, prevaleceram os resíduos de papel (76%), seguidos de resíduos de plástico (16,8%), de metal (16,8%), de outros (0,9%) e de vidro (0,2%). As autoras estimaram que o recolhimento desses materiais e o encaminhamento às indústrias provocaram a economia de 3.033,33 MW de energia elétrica, 58.872,52 m^3 de água, 18 árvores, 53,5 t de bauxita e 5.529,22 barris de petróleo. Reduziram em R$ 101.918,16 as despesas do município com a coleta e com o aterramento de resíduos sólidos.

Conforme Silva (2020), no cenário atual, apenas 14% dos resíduos sólidos que produzimos podem ser considerados rejeitos. O entendimento de que apenas uma pequena parte dos resíduos sólidos que geramos compõe rejeito é um ponto crucial para diminuirmos os impactos negativos, principalmente no que diz respeito à pressão sobre os recursos ambientais. Esse entendimento favorecerá a coleta seletiva na fonte geradora, e o acréscimo da recuperação da matéria-prima contida nos materiais recicláveis, fomentará o aumento de renda dos trabalhadores e das trabalhadoras diretamente relacionados a essa ação, reduzindo, ainda, os riscos inerentes a esse tipo de exercício profissional.

Questionamos: de que forma as nossas ações cotidianas interferem negativamente sobre o meio ambiente? É possível reduzir esses impactos? A percepção ambiental influencia as nossas ações cotidianas?

A percepção ambiental do ser humano, como já mencionamos, interfere sobre o meio ambiente. Se tivermos a percepção ambiental em consonância com as leis naturais, a nossa ação acontecerá observando a capacidade de suporte daquele sistema. O que significa que a ação foi alicerçada no princípio de sustentabilidade. Reafirmarmos a importância de Educação Ambiental como processo educativo que tem como ponto de partida e de chegada o meio ambiente. Uma perspectiva da educação que promove o despertar para o cenário onde o ser humano está inserido. O ser humano passa a olhar o seu cenário com zelo e criticidade, identificando comumente as potencialidades invisíveis aos seus olhos. O seu olhar vai além das impressões tradicionais, rompe com as correntes que o escravizam e subestimam a sua importância e beleza.

Durante a realização de um Curso de Formação de Agentes Multiplicadores em Educação Ambiental, no município localizado no Cariri Paraibano, uma educanda questionou: "*Professora, o que há de bonito neste município? Realmente não sei o que a senhora vê de bonito no nosso município!*" Aquela indagação favoreceu o desenvolvimento e a aplicação de estratégias que culminaram em novos olhares sobre aquele cenário, bioma caatinga. Após algumas aulas de campo e trilhas em várias regiões do município, aquela educanda mudou o seu olhar e testemunhou no fim do curso: "*Eu não sabia que o nosso município tinha tanta riqueza e beleza!*" Este foi um momento de muita emoção! A partir daquele novo olhar, a educanda tornou-se defensora das potencialidades do seu município.

Você observou que a falta de conhecimento promovia um olhar distorcido do meio ambiente onde a educanda estava inserida?

Em outro curso de formação, organizamos uma aula de campo em três municípios do Cariri Paraibano. Quando retornávamos à cidade-sede do evento, Campina Grande, uma professora aposentada que morou em São Paulo no período de atividade profissional afirmou: "*Professora, estou muito triste com essa aula!*" Pensei... "O que fiz de errado?" e questionei: "*Por quê?*" Ela respondeu:

> *Hoje percebi que ensinei tudo errado sobre a caatinga. Ensinei que a caatinga era feia, pobre e seca; era assim que eu a enxergava. Nessa aula, porém, vi uma beleza inigualável! Vi um verde intenso e belo! Vi que a caatinga é um grande exemplo de beleza e riqueza! A seca faz parte do ambiente e a natureza tem lindas estratégias de sobrevivência. O que posso fazer, professora, para consertar o meu erro?*

Então, respondi: "*Envie os seus registros fotográficos aos seus amigos e parentes e relate a sua nova visão sobre o bioma caatinga*".

O nosso olhar muda quando conhecemos o meio ambiente. A caatinga é um bioma que vem sendo retratado de forma distorcida nos livros, nas revistas, na mídia falada e escrita, sobretudo por falta de conhecimento. Este cenário também se aplica a outros biomas brasileiros, como cerrado, pantanal e pampas.

Ainda dissertando sobre a inferência do nosso olhar sobre o meio ambiente, apresentamos-lhe o relato sobre uma aula de campo no antigo lixão de um município do Cariri Paraibano com atores sociais das diversas áreas do conhecimento, estratégia igualmente aplicada em outro Curso de Formação de Agentes Multiplicadores em Educação Ambiental. Quando falamos que teríamos uma aula no lixão, a maioria interrogou o que viria num lixão, "*Para que ir ao lixão?*" Nenhuma das pessoas presentes conhecia a área. Mesmo diante da expectativa negativa, seguimos com o planejamento, era o nosso propósito provocar rompimento de paradigma e impulsionar mudança de percepção. Quando chegamos ao lixão, notamos olhares de surpresa: "*Tudo isto é aterrado!*", "*Meu Deus, aterramos papel, vidro, garrafas, latinhas?*", "*Por que não aproveitamos?*", "*Eu não sabia que o meu 'lixo' terminava aqui*".

Seguindo a aula de campo, encontramos um catador de materiais recicláveis que separava os materiais que poderia comercializar (Figura 1.7). Os educandos e as educandas logo começaram a perguntar: "*O que o senhor faz com estes materiais? O senhor se sustenta com o dinheiro da venda destes materiais?*". Notaram que, à medida que ele separava e fazia os fardos, o ambiente ficava mais organizado. Perguntaram: "*Como podemos ajudá-lo?*" O catador de materiais recicláveis de imediato respondeu: "*Separando os resíduos sólidos na sua casa e passando para mim*".

Depois da aula, os educandos e as educandas adotaram uma nova postura diante dos resíduos sólidos. Identificaram o caminho percorrido pelos resíduos sólidos, observaram a quantidade excessiva de resíduos sólidos gerada; constataram que grande parte dos resíduos sólidos poderia ser reutilizada ou reciclada, se fosse selecionada na fonte; descobriram que muitos seres humanos sobreviviam desses materiais. Passaram a reconhecer a importância desses profissionais. Compreenderam que a simples ação de descartar os resíduos sólidos poderia desencadear diversos impactos negativos e, no caso do grupo em foco, impactos negativos sobre a caatinga, um bioma eminentemente brasileiro e que precisa de cuidados.

Figura 1.7 – Resíduos sólidos recicláveis secos separados e organizados por um catador de materiais recicláveis que atuava no lixão de Olivedos, estado da Paraíba, Brasil

Fonte: a autora (2014)

Os relatos justificam o nosso empenho em promover a formação ambiental, no sentido de motivar mudança de percepção, especialmente sobre o meio ambiente onde o grupo em intervenção está inserido. O depoimento de uma concluinte do Curso de Formação de Agentes Multiplicadores em Educação Ambiental demonstra as mudanças alcançadas:

> *No primeiro momento, a gente não queria conhecer o lixão, mas o incentivo da professora Monica Maria foi tão grande que resolvemos ir. Depois da visita ao lixão da nossa cidade, o nosso olhar passou a ser diferenciado. A gente começou a ver que a própria comunidade deveria fazer a coleta seletiva, pelo menos separar os resíduos sólidos molhados dos secos.*

Reafirmamos que a percepção ambiental influencia de forma efetiva as nossas ações cotidianas e que Educação Ambiental é indispensável à transformação ambiental e social.

1.7 Considerações finais

A percepção ambiental em discrepância com as leis naturais provoca distintos impactos negativos e que ameaçam a sustentabilidade dos sistemas ambientais. Como somos meio ambiente, essas implicações também recaem sobre nós.

A forma como percebemos o meio ambiente interfere diretamente nas nossas ações. Se a nossa percepção se encontra em acordo com as leis naturais, essas ações fomentarão conservação e/ou preservação ambiental. Nesse contexto, alertamos para a importância de Educação Ambiental, cujo ponto de partida e de chegada é o meio ambiente e que objetiva, entre outros fins, provocar mudança da percepção ambiental e promover ações sustentáveis. Semeando boas ações, colheremos um futuro sustentável.

Educação Ambiental, enquanto processo educativo, requer qualificação profissional e ações contínuas, não apenas em campanhas. Defendemos que toda educação é ambiental, haja vista que toda educação deve ser construída conforme a realidade do educando e da educanda, logo essa realidade é o meio ambiente. Destacamos, porém, que a educação que não possibilita a autonomia dos envolvidos não propicia mudanças, porquanto não suscita transformação da realidade onde o educando e a educanda estão inseridos.

Acreditamos que os profissionais dotados de qualificação para intermediarem o processo de sensibilização e de construção do conhecimento voltado ao meio ambiente serão grandes agentes de transformação e poderão propiciar mudanças paradigmáticas que constituirão luzes que irradiarão um mundo melhor.

Esperamos que tenhamos provocado inquietudes sobre a forma como você lida com os resíduos sólidos que produz.

Não há justificativa para você não separar os resíduos sólidos que gera. Mesmo que no município não haja coleta seletiva, você pode fazer a diferença e iniciar esse processo. Pode identificar os catadores e as catadoras de materiais recicláveis e destinar-lhes os resíduos sólidos recicláveis secos.

Se você deseja mudar o mundo, comece mudando as suas ações. Se você quer um mundo melhor, seja a semente de mudança. Se você sonha com um mundo justo, seja exemplo de justiça.

Referências

ACHEBE, Chinua. *O mundo se despedaça*. São Paulo: Companhia das Letras, 2009.

ACOSTA, Alberto. *O bem viver*: uma oportunidade para imaginar outros mundos. São Paulo: Editora Elefante, 2016.

BARBAULT, Robert. *Ecologia geral*: estrutura e funcionamento da biosfera. Petrópolis: Vozes, 2011.

BECK, Ulrich. *Sociedade de risco*: rumo a uma outra modernidade. 2. ed. São Paulo: Editora 34, 2011.

BOFF, Leonardo. A encíclica do papa Francisco não é "verde", é integral. *In*: MURAD, Afonso; TAVARES, Sinivaldo Silva. *Cuidar da casa comum*. São Paulo: Paulinas, 2016.

BOFF, Leonardo. Os limites do capital são os limites da terra. *Correio do Brasil*, Rio de Janeiro, ano 10, n. 3.316, 23 nov. 2009.

BRASIL. [Constituição (1988)]. *Constituição da República Federativa do Brasil*. Brasília: [*s. n.*], 1988.

BRASIL. *Classificação brasileira de ocupações*. Brasília: Ministério do Trabalho e Emprego, 2002.

BRASIL. *Diagnóstico do manejo de resíduos sólidos urbanos 2017*. Brasília: Ministério do Desenvolvimento Regional; SNIS – Sistema Nacional de Informações sobre Saneamento, 2017. Disponível em: www.snis.gov.br/diagnóstico-anual-resíduos-sólidos/diagnóstico-rs-2017. Acesso em: 17 mar. 2021.

BRASIL. *Lei 12.305 de 02 de agosto de 2010*. Institui a Política Nacional de Resíduos Sólidos. Brasília, 2010. Disponível em: http://www.planalto.gov.br/ccivil_03/_ato2007-2010/2010/lei/l12305.htm. Acesso em: 17 fev. 2020.

BRASIL. *Lei 14.026 de 15 de julho de 2020*. Atualiza o marco legal do saneamento básico e altera a lei n. 9984 de 17 de julho de 2000. Brasília: Presidência da República, 2020. Disponível em: http://www.planalto.gov.br/ccivil_03/_ato2019-2022/2020/lei/l14026.htm. Acesso em: 17 mar. 2021.

BRASIL. *Lei 9.795 de 27 de abril de 1999*. Institui a Política Nacional de Educação Ambiental. Brasília, 1999. Disponível em: http://www.planalto.gov.br/ccivil_03/leis/l9795.htm. Acesso em: 17 fev. 2020.

COSTA, Hayanne Araújo; SILVA, Monica Maria Pereira. Impactos ambientais na perspectiva da mídia nacional do rompimento da Barragem de Fundão em Mariana, Minas Gerais, Brasil. *Research, Society and Development*, v. 9, n. 10, p. 1-25, 2020.

FRANCISCUS (Papa Francisco). *Carta encíclica Laudato SI' do santo padre Francisco sobre o cuidado da casa comum*. Vaticano, 24 maio 2015. Disponível em: http://www.vatican.va/content/francesco/pt/encyclicals/documents/papa-francesco_20150524_enciclica-laudato-si.html. Acesso em: 24 fev. 2020.

FREIRE, Paulo. *Educação e mudança*. 8. ed. Rio de Janeiro: Paz e Terra, 1984.

LIMA, Kátia Oliveira; MONTEIRO, Gilson Vieira. Epistemologia das ciências humanas e sociais. *Revista Ponto & Vírgula*, n. 22, p. 5-19, 2017.

LOVELOCK, James. *As eras de gaia*. São Paulo: Campus, 1991.

MANAHAN, Stanley E. *Química ambiental*. 9. ed. Porto Alegre: Bookman, 2013.

ODUM, Eugene P.; BARRETT, Garry W. *Fundamentos de ecologia*. 5. ed. São Paulo: Thomson Learning, 2007.

ONU BRASIL. *Agenda 2030*. [2020]. Disponível em: https://nacoesunidas.org/pos2015/agenda2030/. Acesso em: 17 fev. 2020.

PENA, Paulo. Gilvane Lopes *et al.* Derramamento de óleo bruto na costa brasileira em 2019: emergência em saúde pública em questão. *Caderno de Saúde Pública*, v. 36, p. 1-5, 2020.

PEREIRA, Luís Flávio; CRUZ, Gabriela de Barros; GUIMARÃES, Ricardo Morato Fiúza. Impactos do rompimento da barragem de rejeitos de Brumadinho, Brasil: uma análise baseada nas mudanças de cobertura da terra. *Journal of Environmental*: Analysis and Progress, v. 4, n. 2, p. 122-129, 2019.

REDAÇÃO. Lamborghini avaliada em R$ 1,6 milhão atingida por enchente em SP não tinha seguro. *Jornal de Brasília*, Brasília, 12 fev. 2020. Disponível em: https://jornaldebrasilia.com.br/nahorah/lamborghini-avaliada-em-r-16-milhao-atingida-por-enchente-em-sp-nao-tinha-seguro/. Acesso em: 16 mar. 2021.

ROMEIRO, Ademar Ribeiro. *Economia ou economia*: política da sustentabilidade do meio ambiente. *In*: MAY, Peter H.; LUSTOSA, Maria Cecília; VINHA, Valéria (org.). *Economia do meio ambiente*: teoria e prática. Rio de Janeiro: Elsevier, 2003.

SACHS, Ignacy. *Desenvolvimento includente, sustentável, sustentado*. Rio de Janeiro: Garamond, 2008.

SÁNCHEZ, Luis Enrique. *Avaliação de impacto ambiental*: conceitos e métodos. São Paulo: Oficinas de Textos, 2008.

SÁNCHEZ, Sebastión. Os paradigmas. *In*: ANDRADE, Oliveira Maristela (org.). Sociedade, natureza e desenvolvimento: interface do saber ambiental. João Pessoa: Editora Universitária/UFPB, p.17-40, 2004.

SANTOS, Bárbara Daniele; CURI, Rosires Catão; SILVA, Monica Maria Pereira. Análise ambiental de empreendimentos dos catadores de materiais recicláveis em rede, Campina Grande, Paraíba, Brasil. *Revista Ibero-Americana de Ciências Ambientais*, v. 11, n. 5, p. 482-499, 2020.

SILVA, Monica Maria Pereira. *Manual de educação ambiental*: uma contribuição à formação de agentes multiplicadores em educação ambiental. Curitiba: Appris Editora, 2020.

SILVA, Monica Maria Pereira. *Manual teórico metodológico de educação ambiental*. Campina Grande: GRAFMax, 2016.

SILVA, Monica Maria Pereira. *Tratamento de lodos de tanques sépticos e resíduos sólidos orgânicos domiciliares*: transformando problemas em solução. Nova Xavantina: Pantanal Editora, 2021.

SILVA, Monica Maria Pereira. *Tratamento de lodos de tanques sépticos por co-compostagem para municípios do semi-árido paraibano*: alternativa para mitigação de impactos ambientais. Tese (Doutorado em Recursos Naturais) – Universidade Federal da Paraíba. Campina Grande, 2008.

SILVA, Monica Maria Pereira; LEITE, Valderi Duarte. Estratégias para realização de educação ambiental em escolas do ensino fundamental. *Revista Eletrônica do Mestrado em Educação Ambiental*, Rio Grande, v. 20, p. 372-392, 2008.

VEIGA, José Eli. *Desenvolvimento sustentável*: o desafio do século XXI. 3. ed. Rio de Janeiro: Garamond, 2010.

WATANABE, Takako. *O prodema e a busca da interdisciplinaridade*. *In*: ANDRADE, Oliveira Maristela (org.). Sociedade, natureza e desenvolvimento: interface do saber ambiental. João Pessoa: Editora Universitária/UFPB, p.11-16, 2004.

WOLKMER, Maria de Fátima Schumacher.; PAULITSCH, Nicole da Silva. Ética ambiental e crise ecológicas: reflexões necessárias em busca da sustentabilidade. *Veredas do Direito*, Belo Horizonte, v. 8, n. 16, p. 211-233, jul./dez. 2011.

SUGESTÕES DE ATIVIDADES:

CAPÍTULO 1

1. Atividades para serem aplicadas antes da leitura do capítulo

1.1 Diferença entre resíduos sólidos e lixo (rejeitos)

Espalham-se, em um tapete de cor vermelha, diferentes tipos de resíduos sólidos. Solicita-se a participação de três pessoas.

O primeiro participante retira, dentre os resíduos sólidos, aqueles que considera lixo. O segundo participante é motivado a verificar se os materiais separados são realmente lixos e se entre, os demais resíduos, há materiais que podem ser classificados como lixo. O terceiro participante verifica se os materiais segregados são lixo e se há, entre os resíduos, materiais dessa natureza.

Segue-se com o envolvimento de outros participantes até que o grupo compreenda a diferença entre resíduos sólidos e lixos.

Conclui-se a atividade mostrando a importância de mudar de percepção em relação aos resíduos sólidos que produzimos. Se tudo que descartamos for considerado lixo ou rejeito, os objetivos da coleta seletiva não serão atingidos e aterraremos recursos ambientais e financeiros, contribuindo para o aumento da degradação ambiental, social e econômica.

1.2 Construindo o conceito de resíduos sólidos e lixo (rejeitos)

Para a realização dessa atividade é necessário confeccionar com antecedência três coletores de cores distintas: azul, marrom e cinza. O coletor azul para os materiais concebidos como resíduos sólidos recicláveis secos; o coletor marrom para os resíduos recicláveis úmidos (orgânicos); e o coletor cinza para os resíduos sólidos não recicláveis, denominado na Lei 12.305/2010 de rejeitos e culturalmente chamados de lixo. É preciso também preparar três tarjetas com cores semelhantes **às** dos coletores. A quantidade de tarjetas depende do número dos participantes na aula, reunião ou encontro.

Com o material organizado, iniciamos a atividade motivando as pessoas presentes a escrever em cada tarjeta uma palavra-chave que simbolize o tipo de resíduo correspondente à cor da tarjeta e, em seguida, a colocá-la no respectivo coletor.

Finalizada a etapa de elaboração do conceito individual, começamos a construção do conceito de forma coletiva. Organizamos os participantes em três grupos. Cada grupo fica responsável em avaliar as palavras-chave de acordo com o tipo de resíduo e em exibir em painel.

Após a exposição, os conceitos de resíduos sólidos e lixos são elaborados com a participação efetiva dos três grupos. A conclusão dos conceitos, porém, deve proceder-se após a leitura do texto, de modo que os participantes entendam que já detinham conceitos, mesmo antes do curso ou encontro, e que o conhecimento prévio dos participantes deve ser ponderado pelos educadores e pelas educadoras. No entanto, como "*não há saber nem ignorância absoluta*" (FREIRE, 1984, p. 29), haverá sempre necessidade de construir e reconstruir conceitos e/ou conhecimentos.

Referências

FREIRE, Paulo. *Educação e mudança*. 8. ed. Rio de Janeiro: Paz e Terra, 1984.

2 Leitura do capítulo

2.1 Leitura dinâmica em grupo

A leitura do texto pode ser feita de forma dinâmica e em grupo, observando-se aqueles já constituídos. Cada parágrafo pode ser lido por um participante, de modo que no fim todos os participantes estejam envolvidos.

3 Atividades para serem aplicadas após a leitura do capítulo

3.1 Debatendo o conteúdo do capítulo

Após a leitura do texto, é indispensável gerar o debate, de modo a favorecer a expressão da diversidade de ideias, opiniões e concepções.

3.2 Checklist: atividades antrópicas cotidianas

a. Checklist 1

Cada participante lista no seu caderno ou folha de rascunho (folha reutilizada) 15 atividades que desenvolve no seu cotidiano.

b. Checklist 2

O participante observando o princípio de liberdade de escolha, enumera numa folha de rascunho dez atividades entre as citadas no Checklist 1.

c. Checklist 3

Os participantes são organizados em cinco grupos. Estes são formados conforme o critério de semelhança de atividades contidas no Checklist 2 (consideram-se semelhantes também as atividades expressas por palavras sinônimas): Grupo 1, duas atividades; Grupo 2, três atividades; Grupo 3, quatro atividades; Grupo 4, cinco atividades; Grupo 5, mais de cinco atividades.

Reunidos em grupo, os participantes podem listar numa folha de papel madeira cinco atividades cotidianas comuns à maioria dos membros. Esse processo requisitará diálogo entre os participantes para eleger as cinco atividades cotidianas indispensáveis ao nosso fazer cotidiano.

3.3 Matriz: avaliação de impactos negativos das ações antrópicas cotidianas:

As matrizes são ferramentas aplicadas na gestão ambiental que permitem, entre outros aspectos, avaliar os impactos ambientais positivos ou negativos provocados pela ação antrópica.

Os participantes, ainda em grupos, organizam uma matriz de avaliação de impactos negativos ocasionados pelas ações cotidianas mencionadas no Checklist 3.

Essa atividade demanda amplo diálogo e argumentação. São avaliadas no Quadro 1 as propostas aprovadas indicadas pela maioria dos membros do grupo. Na medida em que as propostas são aprovadas, um membro do grupo faz o registro, utilizando-se de ferramentas digitais.

Quadro 1 – Matriz para avaliação de impactos negativos das ações antrópicas cotidianas

N.º	Atividade	Objeti-vo	Resíduo sólido gerado	Impacto negativo (-)	Efeito	Alterna-tiva
1[1]	Café da manhã	Nutrir o orga-nismo	Casca de frutas	Matéria orgânica misturada aos demais resíduos sólidos	Contaminação de catadores de materiais recicláveis	Selecionar os resíduos sólidos na fonte geradora
2						
3						
4						
5						

[1] Exemplo para o preenchimento das demais linhas.

Fonte: a autora (2024)

Após o preenchimento do Quadro 1, os representantes do grupo exibem os resultados obtidos (matriz) por meio de ferramentas digitais. Na ausência dessas ferramentas, podem ser utilizados papel madeira, papel-jornal, papel-grafite, entre outros papéis reciclados e/ou de reflorestamento.

Concluída a exposição referentes aos resultados do Quadro 1 (matriz), é importante fomentar a seguinte meditação: o que podemos mudar no nosso cotidiano?

4 Atividades de reflexão e conclusão do tema

4.1 História para reflexão

Visita ao lixão da cidade

Monica Maria Pereira da Silva

Certo dia fizemos uma visita ao lixão da cidade. A ideia era contextualizar os conhecimentos construídos em sala de aula. Levamos um grupo de 40 estudantes do ensino fundamental, com idades entre 10 e 16 anos.

A visita foi agendada com a presidente da cooperativa de catadores e catadoras de materiais recicláveis com sede no lixão, na época, recém-criada.

Quando os estudantes chegaram ao lixão, de imediato ficaram chocados. Olhos atentos! Mentes cheias de dúvidas! Começaram a questionar:

— *No lixão pode ter crianças?*

— *Onde estão os pais dessas crianças?*

— *Meu Deus, os resíduos que minha família coloca no lixo vêm parar aqui?*

— *Professora, os vidros quebrados podem machucar os lixeiros?* [Na época, chamavam os catadores e catadoras de materiais recicláveis de "lixeiros"].

Os catadores e as catadoras de materiais recicláveis, atentos a tudo, não tiravam o olhar da entrada do lixão, no aguardo da chegada dos carros que transportavam os resíduos sólidos, especialmente aqueles gerados em supermercados. Estes eram bastante esperados, por conterem alimentos que, mesmo vencidos, eram consumidos por eles.

Com a chegada do carro coletor, os estudantes ficaram ainda mais chocados. Observavam cenas jamais vistas. Homens, mulheres e crianças brigavam para conseguir os melhores resíduos, aqueles com valores econômicos ou que servissem de alimentos.

Ainda no lixão, abriam iogurte vencido e tomavam. Separavam as carnes, lavavam e colocavam ao sol. Eles acreditavam que o sol deixaria a carne saudável; mataria os microrganismos patogênicos.

Os estudantes passaram a conversar com os catadores de materiais recicláveis e estes, mesmo submersos no cenário desolador, dialogavam sem censura e com presteza.

Um diálogo, especificamente, chamou atenção de todos e todas: "*As pessoas vêm aqui, choram ao ver a nossa situação. Voltam para as suas casas e não fazem nada por nós*".

Um dos estudantes, tomado pela emoção, expressou a sua preocupação com os vidros quebrados e confessou:

— *Professora, estou com vergonha... Muitas vezes escondi os cacos de vidros que quebrei entre os demais resíduos para minha mãe não brigar comigo. Eu não sabia que podia prejudicar alguém. Vejo agora que os pedaços de vidros podem ferir muita gente; podem ferir esses homens e essas crianças.*

Aquele estudante sugeriu:

— *Vamos conseguir alimentos e entregar para esses catadores.*

A visita foi concluída com o pedido de uma criança que vivia e sobrevivia no lixão. Uma criança que teve sua infância roubada:

— *Professora, da próxima vez que a senhora vier ao lixão, traga um cuscuzinho.*

Retornamos ao lixão, na semana seguinte, na ocasião, levando várias cestas básicas e brinquedos.

Para os estudantes, a experiência vivenciada nunca foi esquecida. Para nós docentes, o pedido do *menino catador* marcou a nossa vida profissional e, a partir daquela data, vários projetos foram postos em prática e provocaram mudanças significativas na vida de diversos catadores de materiais recicláveis; dentre estas, destacamos a criação da Associação de Catadores e Catadoras de Materiais Recicláveis, cujos profissionais reconhecem a importância da profissão para o meio ambiente e para a sociedade e que lutam para alcançar a efetivação de seus direitos previstos em lei. Uma associação que atualmente é um exemplo de organização e que comprova que, quando a Educação Ambiental faz a diferença, vidas são transformadas.

Era uma vez... "lixeiros" que agiam no lixão, atualmente catadores e catadoras de materiais recicláveis, que fazem a diferença trabalhando organizados em associação.

4.2 Mensagem

Muros e pontes

Monica Maria Pereira da Silva

Há muros que nos separam
Há pontes que nos unem
Há obstáculos que paralisam
Há sonhos que movem
Há desânimo que entristece
Há esperança que aquece
Há vida que segue
O desejo de transformação permanece

4.3 Trecho de música

"Lixo no lixo"

Compositor: Tato
Interpretação: Falamansa

Se no dia em que o mar enlouquecer
O dia em que o sol se esconder
O dia em que a chuva não conter
O choro que caí, pra te dizer
Que acabou o mundo e não sobrou mais nada
[...]
E você
Salvou o mundo?
Ou se acabou com ele
[...]
Jogando lixo no lixo, no lixo, no lixo
Jogando lixo no lixo, no lixo, no lixo[2]

4.4 Poema

"Mãos dadas"

Autor: Carlos Drummond de Andrade

Não serei o poeta de um mundo caduco.
Também não cantarei o mundo futuro.
Estou preso à vida e olho meus companheiros.
Estão taciturnos, mas nutrem grandes esperanças.

---

[2] Letra completa disponível em: https://www.vagalume.com.br/falamansa/lixo-no-lixo.html. Acesso em: 6 jul. 2020.

Entre eles, considero a enorme realidade.

O presente é tão grande, não nos afastemos.

Não nos afastemos muito, vamos de mãos dadas.

Não serei o cantor de uma mulher, de uma história,

não direi os suspiros ao anoitecer, a paisagem vista da janela,

não distribuirei entorpecentes ou cartas de suicida,

não fugirei para as ilhas nem serei raptado por serafins.

O tempo é a minha matéria, o tempo presente, os homens presentes,

a vida presente.[3]

4.5 Mensagem final

Monica Maria Pereira da Silva

O conhecimento é validado quando partilhado.
Partilhando conhecimento, provocamos mudanças.
Ganhamos nova oportunidade,
a de viver com dignidade.
Plantamos sementes de esperança.
Recuperamos o oxigênio.
O mundo é energizado.
A vida segue com sabores e cores.
A vida segue em movimento.
A vida segue com sentimento.

Transforme a sua vida num mundo de cores, sabores, movimento e sentimento. Temos direito a uma vida plena, mas não se esqueça do mandamento do Criador de todas as coisas: amai ao próximo como a si mesmo. Para amar ao próximo, é necessário amar a si mesmo.

(A autora)

---

[3] Disponível em: https://www.culturagenial.com/poemas-de-carlos-drummond-de-andrade/. Acesso em: 5 fev. 2020.

2

PERCEPÇÃO SOBRE RESÍDUOS SÓLIDOS E IMPORTÂNCIA DA EDUCAÇÃO AMBIENTAL PARA A GESTÃO INTEGRADA

Figura 2.1 – Pôr do sol às margens do Açude Velho, Campina Grande, estado da Paraíba, Brasil

Fonte: a autora (2024)

Contemplar a beleza da natureza expressa pelo pôr do sol constitui
uma atitude de renovação e de oxigenação da alma.

Apreciemos o pôr do sol.

Agradeçamos por mais um dia.

Se hoje não foi bom, amanhã teremos uma nova oportunidade.

Acreditemos em dias melhores.

Façamos os dias melhores acontecerem.

(A autora)

2.1 Considerações iniciais

A forma como o ser humano percebe o meio ambiente interfere diretamente sobre a sua ação. Comumente, esse olhar não está em conformidade com as leis naturais; contrapõe as interações e interdependências existentes nos distintos sistemas ambientais, as quais permitem a homeostase ambiental.

A ação antrópica guiada por esse tipo de percepção provoca rupturas na dinâmica ambiental, distanciando os sistemas da estabilidade, trazendo impactos adversos que põem em risco a vida em suas diferentes faces e facetas.

A percepção de que tudo que descartamos constitui rejeitos, anteriormente denominados de "lixo", influencia as formas de acondicionamento, destinação e disposição final indevidas. Em geral, a única preocupação é o descarte. É livrar-se daquilo que nos incomoda. Por outro lado, o entendimento de que os resíduos sólidos constituem materiais, recursos ambientais que podem ser reutilizados e/ou reciclados promove a seleção na fonte geradora e o retorno desses materiais ao setor produtivo, as indústrias, por meio de profissionais habilitados para esse fim, os catadores e as catadoras de materiais recicláveis. Estes passam a ser enxergados enquanto profissionais indispensáveis à gestão de resíduos sólidos; na sua ausência, os recursos ambientais que foram transformados em objetos de consumo e em seguida descartados são aterrados ou dispostos em espaços inconvenientes, a exemplo de terrenos baldios, rios e canais.

O papel de Educação Ambiental é expressivo no contexto de mudança de percepção sobre os resíduos sólidos e para a adoção de ações que observem e respeitem as leis que regem os diferentes sistemas ambientais. Requer, todavia, um conjunto de estratégias metodológicas que favoreçam a visão crítica sobre o meio ambiente que o rodeia e sobre as suas ações cotidianas.

O olhar crítico sobre o meio ambiente onde o ser humano está inserido propicia a extensão da visão sistêmica sobre os demais sistemas ambientais. Favorece a apropriação do princípio de corresponsabilidade e, por conseguinte, motiva o sentimento de pertencimento. Esse sentimento é essencial ao empoderamento dos atores sociais sobre a gestão de resíduos sólidos.

Essas estratégias demandam do educador e da educadora ambiental adjetivos que os qualificam para o agir cotidiano: criticidade, criatividade, ludicidade, afetividade, paciência, persistência e o desejo de provocar transformação. Significa romper com as correntes paradigmáticas, o reducionismo e antropocentrismo, e com as premissas da educação bancária. Significa, outrossim, romper com as ideologias do modelo de desenvolvimento econômico predominante e da sociedade de consumo.

Ser educador e educadora ambiental alude a assumir o compromisso com a justiça ambiental e social. Implica escolher o lado onde a vida é prioridade e onde estão os excluídos da sociedade. Implica provocar pequenas revoluções que desencadearão grandes revoluções.

O fato de você estar lendo esta obra é um ato revolucionário. Denota a sua sede em beber de várias fontes para a sua formação profissional qualificada e, desse modo, potencializar os seus dons. Em Educação Ambiental, não convém amadorismo, principalmente na área de gestão de resíduos sólidos, área subestimada, complexa, multifacetada, que demanda olhares de profissionais de diferentes áreas do conhecimento e o processo contínuo de sensibilização, formação e mobilização social.

O educador e a educadora ambiental devem estar seguros em relação aos princípios que orientam a gestão ambiental e a própria Educação Ambiental, como os princípios de prevenção, precaução, corresponsabilidade e sustentabilidade, sobre os quais discorreremos no capítulo 4 desta obra.

Acreditamos que você detém a percepção apropriada sobre os resíduos sólidos, mas deve ter dúvidas em relação à cientificidade do conteúdo, em decorrência das críticas feitas aos trabalhos dos profissionais da área. Há quem ateste, equivocadamente, que qualquer pessoa pode trabalhar nessa área, não requerendo a qualificação profissional; o resultado dessa visão é a ocupação da área por oportunistas ou por pessoas indicadas simplesmente por critérios políticos ("QI" ou "quem indique") que ficam ziguezagueando, sem saber nem mesmo dar o primeiro passo. Cenário comum nas várias secretarias dos municípios brasileiros.

Há, porém, aqueles e aquelas que, ao assumirem a responsabilidade de coordenar a gestão de resíduos sólidos no município, procuram superar as suas fragilidades bebendo de várias fontes. Buscam novas leituras, fazem cursos de curta ou longa duração, conversam com profissionais com mais experiências, realizam visitas técnicas, enfim, vão à luta para ficarem aptos a responder às demandas do cargo assumido. Fazem a diferença. Para essas pessoas, nós tiramos o chapéu.

A falta de qualificação profissional na área de resíduos sólidos e de Educação Ambiental acarreta prejuízos ao meio ambiente e à sociedade. Logo, louvamos o seu interesse em beber de várias fontes, buscando a qualificação profissional e a atuação no meio ambiente onde está inserido em consonância com as interações e interdependências que nele ocorrem.

Com o intuito de possibilitar a compreensão de que a área de resíduos sólidos e de Educação Ambiental é um importante universo científico e de que as pesquisas nessas áreas são essenciais à compreensão das potencialidades e fragilidades que as afligem, lançamos mãos de indagações que motivaram a elaboração deste capítulo: nos diferentes municípios brasileiros, os atores sociais compreendem o conceito de resíduos sólidos? Estão empoderados do princípio de corresponsabilidade? Reconhecem e valorizam o exercício profissional dos catadores e das catadoras de materiais recicláveis? Conhecem as formas de disposição final dos resíduos sólidos adotadas no seu município? A Educação Ambiental promove mudança de percepção sobre os resíduos sólidos e motiva a prática do princípio de corresponsabilidade? Por fim, há gestão de resíduos sólidos na ausência de Educação Ambiental? Possivelmente, você deve considerar óbvias as respostas; observemos, todavia, os resultados dos trabalhos pesquisados.

Para obter essas respostas, consultamos 30 artigos publicados em periódicos nacionais no período de 2018 a 2020. Confiamos que os trabalhos consultados auxiliem de forma positiva a provocar um olhar diferenciado sobre resíduos sólidos e Educação Ambiental.

Sigamos, estimado leitor! Sigamos, estimada leitora! Um cenário de homeostase ambiental ainda é possível. Contamos com a sua ação qualificada.

2.2 Procedimento metodológico

A pesquisa documental foi realizada com base em 30 artigos publicados em periódicos de 2018 a 2020, e acessados por meio da plataforma Google Acadêmico, utilizando-se o termo "percepção sobre resíduos sólidos". Não foi usado na pesquisa o termo "Educação Ambiental", com o fim de isentar possíveis induções em direção ao objeto de estudo.

Os critérios de exclusão foram artigos publicados por membros do Grupo de Extensão e Pesquisa em Gestão e Educação Ambiental (GGEA/

UEPB), devido ao conflito de interesse, haja vista a vinculação da autora desta obra com o referido grupo e confusão conceitual sobre resíduos sólidos expressa nos títulos das obras, para evitar a sua propagação.

Foram selecionados dez artigos por ano, totalizando 30 artigos (Quadro 4.1). Estes foram organizados segundo o ano de publicação, seguido de ordem de numeração, 0 a 10, conforme sequência de seleção e leitura.

Quadro 4.1 – Artigos consultados, municípios onde foram desenvolvidos e tipos de resíduo sólido

2018			
Artigos	**Município/estado**	**Tipos de resíduo sólido**	**Fonte**
2018.1	Lavras/MG	Urbanos	Bicalho e Pereira (2018)
2018.2	15 municípios do Paraná: Campina do Simão, Condói, Cantagalo, Foz do Jordão, Goioxim, Guarapuava, Laranjeiras do Sul, Marquinho, Nova Laranjeiras, Pinhão, Porto Barreiro, Reserva do Iguaçu, Rio Bonito do Iguaçu, Turvo e Virmond	Urbanos	Ferreira (2018)
2018.3	Varzelândia/MG	Urbanos	Queiroz e Vieira (2018)
2018.4	Macaé/RJ	Urbanos	Pinto e Nascimento (2018)
2018.5	9 municípios do Rio de Janeiro: Campos, Carapebus, Cardoso Moreira, Conceição de Macabu, Macaé, Quissamã, São Fidélis, São Francisco de Itabapoana e São João da Barra	Urbanos	Silva *et al.* (2018)
2018.6	Lagoa de Roça/PB	Urbanos	Querino, Pereira e Barros (2018)

2018			
2018.7	11 municípios da Regional de Palmas/TO: Aparecida do Rio Negro, Brejinho de Nazaré, Fátima, Ipueiras, Lajedo, Miracema do Tocantins, Monte do Carmo, Oliveira de Fátima, Porto Nacional, Tocantínia e Palmas	Urbanos	Hendges, Santos e Picanço (2018)
2018.8	Salgado de São Félix/PB	Urbanos	Leite, Andrade e Cruz (2018)
2018.9	Lages/SC	Urbanos	Rocca *et al.* (2018)
2018.10	Vitória/ES	Urbanos	Vieira *et al.* (2018)
2019			
2019.1	Belém/PA	Feiras livres	Raiol, Castro e Neves (2019)
2019.2	Vilhena/RO	Urbanos	Porto *et al.* (2019)
2019.3	São Roque/SP	Urbanos	Berto *et al.* (2019)
2019.4	MNI[(1)]/SC	Industriais	Souza e Broleze (2019)
2019.5	Rio de Janeiro/RJ	Urbanos	Mello e Lemos (2019)
2019.6	Mossoró/RN	Urbanos	Silva, Silva e Santos (2019)
2019.7	Araçuaí/MG	Urbanos	Lopes *et al.* (2019)
2019.8	São Paulo/SP	Serviços de saúde	Aquino, Zajac e Kniesse (2019)
2019.9	Bom Retiro/SP	Urbanos	Rosini *et al.* (2019)
2019.10	Natal/RN	Urbanos	Santos e Medeiros (2019)
2020			
2020.1	Piracuruca/PI	Urbanos	Santos e Santos (2020)

2018			
2020.2	Fortaleza/CE	Serviços de saúde	Moreira Júnior (2020)
2020.3	Caxias do Sul/RS	Urbanos	Porto, Scopel e Borges (2020)
2020.4	Santos/SP	Urbanos	Bet *et al.* (2020)
2020.5	MNI/RS	Serviços de saúde	Oliveira *et al.* (2020)
2020.6	Alcântara/MA	Espaciais	Pimenta *et al.* (2020)
2020.7	MNI Zona da Mata/PE	Serviços de saúde	Barros *et al.* (2020)
2020.8	Novo Mundo/MS	Urbanos	Anjos *et al.* (2020)
2020.9	Belo Horizonte/MG	Urbanos	Souza e Assis (2020)
2020.10	Américo Brasiliense/SP	Urbanos	Forte (2020)

(1) Município Não Indicado.

Fonte: elaborado pela autora

Os artigos foram pré-selecionados conforme lista apresentada durante a pesquisa na plataforma Google Acadêmico (Quadro 2.1). Após a leitura dinâmica (preliminar), aqueles que não focavam a temática ou que continham erros conceituais em relação aos resíduos sólidos foram excluídos. Evitamos inserir artigos cuja coleta de dados ocorreu no mesmo município, para abranger um número expressivo de municípios brasileiros (72 municípios).

Concluída a seleção dos artigos, foi feita leitura detalhada e o fichamento, ponderando-se as variáveis: compreensão do conceito de resíduos sólidos; empoderamento do princípio de corresponsabilidade pelo público estudado; reconhecimento e valorização do exercício profissional dos catadores e das catadoras de materiais recicláveis pelo público estudado; conhecimento das formas de disposição final dos resíduos sólidos adotadas no município onde o público-alvo está inserido; Educação Ambiental enquanto instrumento de mudança de percepção sobre os resíduos sólidos e para a prática do princípio de corresponsabilidade e importância de Educação Ambiental para a gestão de resíduos sólidos.

Sequenciando-se o fichamento, os dados foram analisados tomando-se por base os princípios da pesquisa qualitativa. De acordo com as autoras Marconi e Lakatos (2011), o método qualitativo diverge do quantitativo por não empregar instrumentos estatísticos e pela forma de coleta e análise dos dados.

2.3 Resíduos sólidos e importância da Educação Ambiental para gestão integrada de resíduos sólidos

A importância de Educação Ambiental para Gires foi atestada em todos os trabalhos examinados, reafirmando-a como instrumento essencial à efetivação da Política Nacional de Resíduos Sólidos, todavia, o processo de Educação Ambiental isolado e desconectado não é suficiente. Há imperativo de infraestrutura apropriada, participação social, aplicação da legislação ambiental, vontade política e inclusão socioeconômica dos catadores e das catadoras de materiais recicláveis, entre outros. Na sua ausência, porém, por mais avançadas que sejam a infraestrutura e a vontade política, não motivarão a participação e o comprometimento dos diferentes segmentos sociais, travando a obtenção dos objetivos almejados.

A gestão integrada de resíduos sólidos compreende um conjunto de ações e alternativas que disciplinam o manejo dos resíduos sólidos da geração à disposição final, evitando e mitigando múltiplos impactos negativos. Essa disciplina se fundamenta nos princípios de gestão ambiental e Educação Ambiental, entre os quais: precaução, prevenção, corresponsabilidade ou responsabilidade compartilhada, sustentabilidade e solidariedade com as gerações atuais e futuras. Essa conduta permite a ação ambiental sob o olhar de uma nova ética, a "ética do cuidado". Cuidado com a nossa "casa comum", a Terra. Nosso habitat, para o qual desenvolvemos diferentes adaptações morfofisiológicas que permitem a evolução e perpetuação de nossa espécie, assim como procede com os demais seres vivos.

Os vários autores pesquisados (30) mostram-nos os aspectos positivos relevantes instigados pelo processo de Educação Ambiental, como também as lacunas observadas no desenvolvimento dos trabalhos. Ratificando o nosso argumento em relação ao conceito e aos princípios de Educação Ambiental, enfatizam a análise de percepção ambiental enquanto estratégia basilar ao delineamento desse processo educativo e à gestão ambiental. Um dos primeiros objetivos de Educação Ambiental é possibilitar ampliação ou mudança de percepção ambiental, aproximando esse olhar e compreensão da dinâmica do meio ambiente às leis naturais.

Bicalho e Pereira (2018) reafirmaram a importância de Educação Ambiental ao analisarem a participação social na gestão de resíduos sólidos em Lavras/MG. Verificaram que, na sua ausência, não há o engajamento, tampouco a adoção do princípio de corresponsabilidade. Já o processo de Educação Ambiental provocaria a inserção dos diferentes segmentos sociais, culminando na emancipação cidadã. No entanto, afirmam os autores, o público estudado, na sua maioria, não detinha conhecimento sobre essa gestão no seu município e desconhecia a importância da coleta seletiva.

Ferreira (2018) estudou as práticas de gestão de resíduos sólidos em 15 municípios do Paraná, detectando avanços em relação à coleta seletiva e à eliminação dos lixões, no entanto identificou várias dificuldades enfrentadas pelos gestores para resolver essa problemática, sobretudo por falta de recursos financeiros e envolvimento da sociedade. O autor destaca que o município de Guarapuava/PR tem coleta seletiva desde 1992 e há trabalho de Educação Ambiental nas escolas públicas e privadas, como também em outros setores da sociedade, entretanto o envolvimento da sociedade ainda não é integral, apontando para necessidade de ampliação e intensificação do processo de Educação Ambiental.

Assim, é importante que as estratégias de Educação Ambiental aplicadas no município sejam avaliadas. Não há transformação no contexto de Educação Ambiental vazio e descontextualizado. Educação Ambiental exige um conjunto de estratégias que favoreçam o processo ensino e aprendizagem dinâmico, crítico, criativo, contextualizado e participativo, o que requer investimento na formação dos educadores e das educadoras ambientais. Em Educação Ambiental, não convém amadorismo, nem improviso.

Ao longo deste tópico você verá que as estratégias empregadas fazem a diferença no contexto de Educação Ambiental formal e não formal.

Queiroz e Vieira (2018), analisando a gestão de resíduos sólidos em Varzelândia/MG, verificaram que os moradores não sentiam responsabilidade com o destino dos resíduos sólidos produzidos. Os autores apontaram a necessidade de formação em Educação Ambiental para todos os níveis de ensino.

Pinto e Nascimento (2018) estudaram-na em Macaé/RJ, constatando que a preocupação predominante entre os gestores públicos era a coleta dos resíduos sólidos, o Plano Municipal de Resíduos Sólidos prever a capacitação em Educação Ambiental e programas e ações em Educação Ambiental. Essa análise assinala a percepção equivocada dos gestores públicos e da população. O único cuidado verificado foi o de se livrar dos resíduos sólidos. Eles ressaltam a importância de Educação Ambiental no que tange à gestão integrada de resíduos sólidos, especialmente no que se refere ao alcance dos objetivos da coleta seletiva e ao reconhecimento e à valorização dos catadores e das catadoras de materiais recicláveis.

Silva *et al.* (2018) analisaram a gestão de resíduos sólidos de nove municípios da região norte do Rio de Janeiro, concluindo que aqueles municípios ainda têm um longo caminho a percorrer, principalmente em termos de coleta seletiva. Assim como foi identificado por outros autores, Silva *et al.* (2018) averiguaram que os gestores se preocupam unicamente em coletar os resíduos sólidos e os geradores em descartar.

Conforme Silva *et al.* (2018), Macaé/RJ destaca-se em relação aos demais municípios, logo, ponderando as afirmativas de Pinto e Nascimento (2018), compreendemos que os programas e projetos de Educação Ambiental constituem um diferencial para esse município.

Querino, Pereira e Barros (2018) verificaram em São Sebastião de Lagoa de Roça/PB que os agentes de combate a endemias entrevistados não compreendiam os conceitos relacionados aos resíduos sólidos, não se sentiam responsáveis pelo seu destino e pela disposição final e não entendiam que, na ausência de gestão, são causados impactos negativos. Esses resultados refletem a falta de Educação Ambiental. Destacaram a importância do estudo sobre percepção ambiental para o conhecimento do nível de sensibilização e de consciência ambiental dos envolvidos e para o planejamento de estratégias que possam possibilitar mudanças no cenário identificado.

Como afirmam Silva e Leite (2008), a análise da percepção ambiental constitui estratégia essencial ao trabalho de Educação Ambiental e à gestão ambiental. Silva (2020) alude que Educação Ambiental visa, entre outros objetivos, provocar mudança de percepção ambiental. Um objetivo difícil de ser obtido, porque a percepção está intrinsecamente ligada à cultura e às crenças, porém não é impossível.

Compreendemos que a percepção ambiental inadequada da realidade ou em discrepância com as leis naturais se reflete na atividade antrópica desenfreada e insustentável, no uso abusivo de recursos ambientais e na sua transformação em rejeitos.

Segundo Querino, Pereira e Barros (2018, p. 237), "*a preocupação que as pessoas têm com os resíduos é ínfima, parecendo não fazer parte do seu cotidiano*". De acordo com os autores, os atores sociais entrevistados disseram que, até aquele momento, não refletiam sobre o potencial poluidor dos resíduos sólidos, a exemplo das embalagens, atinando para a possibilidade de modificações. Nesse contexto, a maioria respondeu que havia possibilidade de reaproveitamento dos resíduos sólidos (73%) e que sabia o conceito de coleta seletiva (67%).

Logo, questiona-se: se têm ciência, por que não propiciam o aproveitamento? Por que não realizam a coleta seletiva? Provavelmente, por não estarem sensibilizados. Têm conhecimento, mas não estão comovidos com a problemática. Assim, observamos uma importante lacuna: a ausência de Educação Ambiental.

Querino, Pereira e Barros (2018) concluíram que, prevaleceu entre os atores sociais estudados, a percepção equivocada sobre os resíduos sólidos; e defendem que o processo de sensibilização seja posto em prática conforme delibera a Política Nacional de Resíduos Sólidos, por meio da Lei 12.305 (Brasil, 2010). A gestão de resíduos sólidos em São Sebastião de Lagoa de Roça, de acordo com os autores, é insuficiente. Não há plano de gestão, e a população mostrou-se descomprometida com a causa, evidenciando a falta de aplicabilidade do princípio de corresponsabilidade.

Já Hendges, Santos e Picanço (2018) investigaram a percepção de diferentes atores sociais da regional de Palmas/TO sobre a gestão de resíduos sólidos (11 municípios), verificando que os atores sociais pesquisados tinham consciência dos problemas que envolviam os resíduos sólidos e demonstraram preocupação com a sua geração. Citam, porém, a necessidade de difundir hábitos sustentáveis que promovam qualidade de vida e garantam a homeostase ambiental.

Observando a metodologia adotada, destacamos que, no trabalho de Hendges, Santos e Picanço (2018), houve interferência sobre a percepção ambiental por meio das oficinas ministradas. Recomendamos que a apreciação da percepção anteceda a intervenção, para evitar a compilação de dados que não condizem com a realidade investigada e para beneficiar o delineamento de estratégias que promovam mudança sobre o cenário estudado. Esta pode ser comprovada ao avaliar a percepção após a intervenção, sendo possível fazer uma análise comparativa entre a percepção inicial e final, confirmando-se ou não as transformações incitadas pela intervenção.

Hendges, Santos e Picanço (2018) compreendem que a falta de coleta seletiva é uma realidade brasileira, assim como a ausência de programas e projetos em Educação Ambiental, mesmo diante da determinação da Lei 12.305/2010 de que Educação Ambiental compreende um dos instrumentos da Política Nacional de Resíduos Sólidos. Ressaltam que os entrevistados transferiram a responsabilidade de gestão de resíduos sólidos para os gestores públicos, eximindo-se de suas obrigações com a destinação e disposição final. Os autores corroboram, ainda, a importância da participação social, por conseguinte, com o papel de Educação Ambiental para o alcance dos objetivos descritos à gestão de resíduos sólidos.

Leite, Andrade e Cruz (2018) identificaram a percepção de docentes e discentes de uma escola pública situada no Agreste da Paraíba, Salgado de São Félix, averiguando que a maioria apresentava confusão conceitual sobre os resíduos sólidos (90%), vendo-os como algo ruim, não expressando a compreensão de que há possibilidade de reaproveitamento desses materiais (confunde-os com rejeitos). A maioria afirmou que havia coleta seletiva na escola (67%), todavia, as autoras não observaram essa ação. A comunidade escolar demonstrou desconhecimento sobre os resíduos sólidos, expondo a carência de formação em Educação Ambiental, tanto para os docentes quanto para os discentes. Em suma, as autoras reconhecem a importância de Educação Ambiental para gestão dos resíduos sólidos e comprovaram essa importância ao verificarem que os docentes confundiam os conceitos relativos aos resíduos sólidos e não realizavam ações ambientais, apesar de o afirmarem positivamente. É essencial que a escola desperte no discente a capacidade de compreender e atuar no mundo em que vive, afirmam as autoras, mas, para isso, os docentes precisam de receber formação em Educação Ambiental. Semelhante aos cenários anunciados, os docentes concebiam a importância da coleta seletiva, entretanto a não praticavam. Afirmavam compreender o princípio de corresponsabilidade, no entanto não o colocavam em prática.

Atestamos assimetria entre a teoria e a prática. Fato lamentável, ponderando-se todos os esforços daqueles e daquelas que vêm lutando há décadas para que Educação Ambiental seja inserida nos diferentes níveis e modalidades de ensino, de forma transversal e interdisciplinar.

As autoras Leite, Andrade e Cruz (2018) verificaram que a percepção dos discentes sobre os resíduos sólidos segue o perfil dos docentes, relacionando-os como algo ruim, sem utilidade. Conheciam a importância da coleta seletiva, no entanto não a praticavam.

Ratificamos que esses conceitos devem estar bem definidos entre os docentes, haja vista que são responsáveis pela formação de vários seres humanos, os discentes, e por meio destes, outros segmentos sociais poderão ser atingidos.

Já Rocca *et al.* (2018) estudaram a percepção de moradores de Lages/SC sobre a coleta domiciliar e empreendimentos de catadores e catadoras de materiais recicláveis, denominados pelos autores de "empreendimentos solidários", constatando que a maioria das pessoas entrevistada não separava os resíduos sólidos, mesmo com a coleta seletiva no município. Conferiram que a coleta diferenciada dos resíduos sólidos recicláveis secos não ocorria regularmente, prejudicando o processo de sensibilização dos moradores. Mesmo para aqueles moradores que concebiam a importância da coleta seletiva e a punham em prática, a falta de regularidade na coleta diferenciada constituía um desestímulo, pois passavam vários dias aguardando o seu recolhimento, sobretudo em residências que não tinham espaço suficiente para o armazenamento de resíduos sólidos recicláveis secos por longo período. Mas, concluem os autores, os moradores reconheciam o papel dos catadores e das catadoras de materiais recicláveis e compreendiam que o papel exercido era degradante, sem o apoio necessário do governo municipal, mas não colaboravam para que o exercício profissional fosse desempenhado com segurança e dignidade.

Vieira *et al.* (2018), investigando a percepção de discentes do ensino médio sobre resíduos sólidos, na região metropolitana da capital Vitória, constataram que a maioria afirmou que conhecia o conceito de resíduos sólidos (76,9%) e de coleta seletiva (92%) e compreendia que todos seriam responsáveis pelos resíduos sólidos gerados, todavia concebia resíduos sólidos como rejeitos (75%), desconhecia o papel dos catadores e das catadoras de materiais recicláveis (63%), mesmo existindo uma associação no município, e 100% não separavam os resíduos sólidos.

Assim, como concebem resíduos sólidos como rejeitos (100%), não os separam. Cenário que causa estranheza, porque, em visita técnica à cidade de Vitória, em 2002, já havia um programa de coleta seletiva bastante promissor; com coleta e transporte diferenciados dos resíduos sólidos recicláveis secos e o encaminhamento destes para uma organização de catadores e catadoras de materiais recicláveis, com uma excelente infraestrutura e disposição dos rejeitos para um aterro sanitário, que na época era modelo para vários outros municípios brasileiros. Havia, outrossim, pontos de recebimento de eletrodomésticos e móveis usados que eram consertados e enviados às instituições beneficentes. Na oportunidade, visitamos o aterro sanitário, cuja estrutura e organização encheu os corações dos visitantes de esperança para continuar lutando em favor da Política Nacional de Resíduos Sólidos que tramitava no Congresso Nacional.

Ainda de acordo com Vieira *et al.* (2018), no cenário estudado, a coleta de resíduos sólidos é realizada por uma empresa terceirizada, pelo poder público e por profissionais da Secretaria de Meio Ambiente. Os catadores e as catadoras de materiais recicláveis fazem a triagem e o beneficiamento. Estes não coletam, diferentemente de outros municípios brasileiros. Com isso concluíram que havia necessidade de reconhecimento do papel dos catadores e das catadoras de materiais recicláveis e que a gestão de resíduos sólidos demandava o processo de Educação Ambiental para favorecer a participação social.

Compreendemos que tanto os gestores quanto os geradores devem estar sensíveis à problemática de resíduos sólidos para assumirem o princípio de corresponsabilidade, consequentemente adotarem hábitos que respeitem a capacidade de suporte de diferentes sistemas ambientais, isto é, ações sustentáveis.

Raiol, Castro e Neves (2019), avaliando a percepção de feirantes sobre coleta seletiva, na capital Belém, diagnosticaram que a maioria não conhecia o termo (62%) e não sabia a forma de disposição final dos resíduos sólidos produzidos (82%). A maioria admitiu que não existia problemas relacionados aos resíduos sólidos no ambiente onde estava inserida (74%). Os autores, no entanto, detectaram, em visita técnica, que não ocorriam o acondicionamento e a destinação corretas, não identificaram nenhum tipo de tratamento empregado aos resíduos sólidos, e verificaram que o transporte era feito por caminhões compactadores. Inferirmos que no município são vários os problemas que os afetam, mas eram invisíveis aos olhos do público estudado.

O cenário identificado, segundo Raiol, Castro e Neves (2019), ratifica a percepção de que a população não tem interesse em saber o destino de seus resíduos sólidos, contanto que sejam coletados. Não se sentem responsáveis, seguindo o perfil dos demais atores sociais mencionados neste trabalho em outros municípios brasileiros. No entanto, após a intervenção dos autores, o público estudado mostrou-se receptivos às mudanças, reafirmando a importância de Educação Ambiental. Por fim, os autores recomendam a implantação de programa e ações educativas para o fomento de boas práticas de separação de resíduos sólidos na fonte geradora e, posteriormente, o tratamento daqueles materiais que requerem tal procedimento.

Porto *et al.* (2019), em pesquisa com moradores de Vilhena/RO, identificaram que a maioria não sabia destinar os resíduos eletroeletrônicos. Descartava-os junto aos demais resíduos sólidos. Esse procedimento comprova que a percepção errada gera ação equivocada diante do meio ambiente e não favorece a observação do princípio de corresponsabilidade. Confirmando a importância de Educação Ambiental, afirmam os autores que a ausência de Educação Ambiental voltada ao descarte de resíduos eletroeletrônicos é demonstrada por meio do descarte incorreto e da falta de conhecimento do princípio de logística reversa. Em Belém do Pará, há 39 Pontos de Entrega Voluntária (PEVs) para descarte desse tipo de resíduos, no entanto aqueles que sabiam disseram que não os destinavam para esses pontos, descartavam-nos misturados aos demais resíduos, atitude que expressa total descompromisso com o meio ambiente e com a própria sociedade humana.

Não é questão apenas de ter conhecimento, mas de estar sensível e comprometido com o meio ambiente e com a sociedade. A falta de sensibilização e de conhecimento **é** ponto-chave à percepção ambiental equivocada, por conseguinte, para a ação equivocada que resultará na degradação ambiental. Educação Ambiental, porém, é a chave que permite abrir novos horizontes que favorecerão um mundo um pouco melhor do que recebemos (Figura 2.2).

Figura 2.2 – Consequência da ação centrada na percepção ambiental equivocada

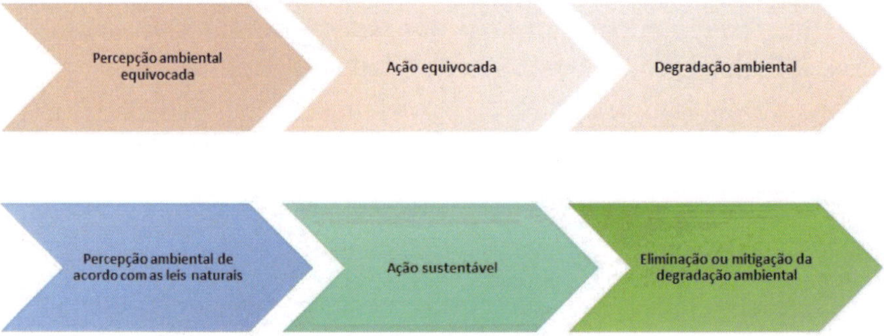

Fonte: a autora (2024)

Em relação ao manejo dos resíduos sólidos, a compreensão do conceito e dos objetivos da coleta seletiva proporciona a destinação dos resíduos sólidos recicláveis secos às organizações de catadores e catadoras de materiais recicláveis, o encaminhamento dos recicláveis úmidos ao reaproveitamento ou tratamento, e a disposição final dos não recicláveis, os rejeitos, em aterro sanitário.

Berto *et al.* (2019) diagnosticaram a percepção dos moradores de um bairro em São Roque/SP sobre resíduos sólidos, constatando que estes desconheciam o destino dos resíduos sólidos após o descarte, consideravam-nos sem serventia. Resultado que expressa clara confusão conceitual e induz inoperância do programa de coleta seletiva no município. Neste, apesar de haver coleta seletiva, a coleta e o transporte diferenciados só ocorriam uma vez por mês. Disso, os autores concluíram que a falta de conhecimento sobre a destinação final dos resíduos sólidos produzidos promove a dificuldade de entendimento sobre a necessidade de cooperação na gestão de resíduos sólidos municipal, inviabilizando o empoderamento do princípio de corresponsabilidade e, consequentemente, limitando a participação social.

Inferimos que as ações de Educação Ambiental provocam mudanças de percepção sobre os resíduos sólidos que beneficiam a sua gestão e contribuem para a conservação ambiental (Figura 2.3).

Figura 2.3 – Ação centrada na percepção ambiental de acordo com as leis naturais, atingindo o principal objetivo da gestão ambiental, a conservação ambiental

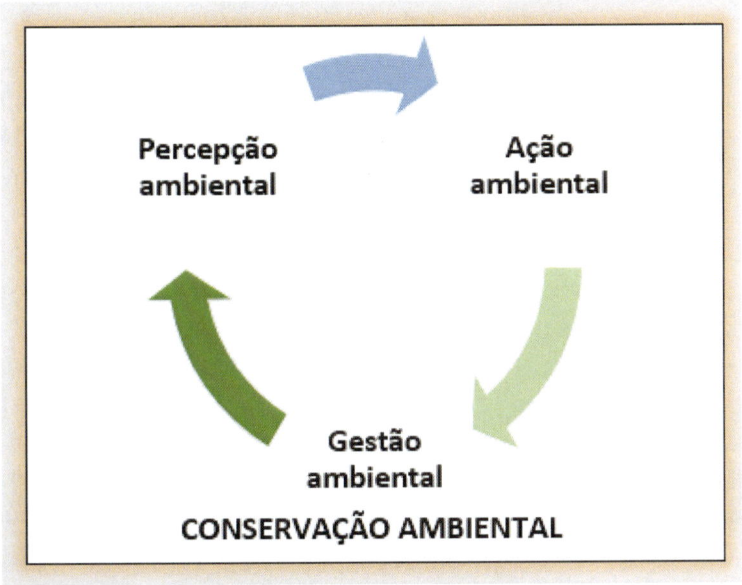

Fonte: a autora (2024)

Souza e Broleze (2019), ao estudarem a gestão de resíduos sólidos em indústrias instaladas no estado de Santa Catarina (107), identificaram que as indústrias apresentavam práticas corretas e percepção positiva a respeito dos custos despendidos para essa gestão; ainda, que o comportamento ambiental não seguia um perfil-padrão por segmento.

Grande parte dos representantes das indústrias em Santa Catarina, segundo os autores, entende a importância da gestão dos resíduos sólidos; concebe que esta não demanda o aumento de custos, pelo contrário, melhora a competitividade inerente ao mercado, especialmente quando recebem um rótulo, certificado de que os produtos foram fabricados com menor impacto ambiental negativo, comparando-se a outros de igual categoria. Souza e Broleze (2019) destacam que a maioria dos representantes das indústrias afirmou que não há problemas referentes aos resíduos sólidos. Entre aqueles que citaram, estão as indústrias cerâmicas e metalúrgicas. Dentre as dificuldades mencionadas, sobressaem o "treinamento" de funcionários para separação dos resíduos sólidos, de forma a realizar o descarte lucrativo, acompanhando-se a lógica do capitalismo, e, apesar de a maioria dos entrevistados não considerar que havia problemas, os autores identificaram problemas com os resíduos inertes.

A gestão apropriada de resíduos sólidos nas instituições públicas e particulares reduz o desperdício e os custos com os resíduos sólidos; a correta destinação evita e diminui passivos ambientais; expressa oportunidade de reaproveitamento e ciclagem da matéria e gera benefícios sociais; potencializa o retorno da matéria-prima ao setor produtivo, amortizando a pressão sobre os recursos ambientais.

Mello e Lemos (2019), nos seus estudos realizados no Centro Universitário da Zona Oeste, cidade do Rio de Janeiro-RJ, comprovaram a importância do processo de Educação Ambiental para alcançarmos os objetivos previstos para Gires. Por meio de várias oficinas sobre resíduos sólidos, denominadas de "oficinas ambientais", as autoras provocaram mudança de percepção e construção de conhecimentos. No entanto, no primeiro momento, a maioria dos participantes das oficinas não praticava a reutilização e a reciclagem dos resíduos sólidos gerados; na realidade, desconhecia a temática, evidenciando a ausência de conhecimento e de prática de coleta seletiva antes das oficinas. As autoras concluírem que a Educação Ambiental tem papel importante na sensibilização e conscientização de seres humanos quanto a sua integração e dependência no meio ambiente; promove a compreensão do princípio da sustentabilidade e contribui para o desenvolvimento sem comprometer a existência das gerações atuais e futuras.

Silva, Silva e Santos (2019), investigando a concepção de discentes do curso de Gestão Ambiental da Universidade Estadual do Rio Grande do Norte, constataram que a maioria do público estudado não sabia qual era a matéria-prima empregada na produção de plásticos (56,25%), mas reconhecia os impactos adversos em decorrência da destinação incorreta. Concluíram que é indispensável discutir e informar às pessoas os impactos negativos de suas ações. Cobraram medidas para solucionar a problemática, o que, segundo os autores, exige mudanças estruturais da sociedade de consumo.

Lopes *et al.* (2019), ao pesquisarem a percepção de trabalhadores do comércio em Araçuaí/MG (funcionários, 81,54%; gerentes, 12,50%; proprietários, 5,56%), verificaram que a maioria admitia que a responsabilidade com os resíduos sólidos era do município; eximiu-se da responsabilidade, contrariando o que está previsto na Lei 12.305/2010: todos são responsáveis pelos resíduos sólidos gerados. Esse tipo de percepção denota a falta de conhecimento dos comerciantes e comerciários sobre a temática em foco. Fato confirmado por meio dos resultados apresentados pelos autores: desconheciam os materiais relativos à logística reversa e apontavam o aterro sanitário como alternativa para destinação dos resíduos sólidos gerados nos seus estabelecimentos.

Sabemos que a maior parte dos resíduos sólidos produzidos em estabelecimentos comerciais tem potencial para reutilização e/ou reciclagem, logo o principal procedimento em relação ao destino é encaminhá-la às organizações de catadores e catadoras de materiais recicláveis. Os estabelecimentos comerciais que geram resíduos sólidos inseridos no contexto da logística reversa devem encaminhar esses resíduos às indústrias responsáveis pela sua fabricação, conforme determina a Lei 12.305 (Brasil, 2010): viabilização da "*coleta e restituição dos resíduos sólidos ao setor empresarial, para reaproveitamento, em seu ciclo e em outros ciclos produtivos, ou outra destinação final ambientalmente adequada*".

Ainda segundo Lopes *et al.* (2019), a maioria dos comerciantes e comerciários afirmou que conhecia os termos "coleta seletiva" e "materiais recicláveis" e conferia a estes muita importância, contudo não aplicava o conhecimento declarado e contradizia a si mesma, ao mencionar que o melhor destino dos resíduos sólidos seria o aterro sanitário.

Percebemos reiteradamente a assimetria entre a teoria e a prática. Condição que culmina com cizânia com as leis naturais e com a intensificação da problemática ambiental, apontando para a falta de sensibilização ambiental.

Segundo Silva (2020), é preciso provocar simultaneamente a formação e a sensibilização ambiental para fomentarmos mudanças de percepção e de ação, motivando a adoção de ações sustentáveis.

Assim, Lopes *et al.* (2019) concluíram que os comerciantes e comerciários estudados detêm percepção ambiental restrita sobre a temática trabalhada, sendo refletida na prática cotidiana equivocada: descartam com o único objetivo de se livrar dos resíduos sólidos; acreditam que não têm responsabilidade sobre o seu destino e disposição final.

Essa conduta do público envolvido contrapõe a Política Nacional de Resíduos Sólidos e requer a implantação de Programas de Educação Ambiental voltados à temática e às ações que constituem a gestão integrada de resíduos sólidos e o encaminhamento dos resíduos sólidos recicláveis secos às organizações de catadores e catadoras de materiais recicláveis.

Aquino, Zajac e Kniess (2019) analisaram a percepção de diabéticos insulinodependentes em São Paulo capital sobre a responsabilidade ambiental da geração de resíduos sólidos, bem como de profissionais da saúde e farmacêuticos, apurando que a maioria dos portadores de diabetes estudados não descartava corretamente os seus resíduos (81%), nem mesmo os perfurocortantes. Esses pacientes receberam dos profissionais da saúde informações sobre o procedimento adequado, mas não o colocavam em prática. Por outro lado, os farmacêuticos consultados alegaram que recolher os resíduos de saúde, tipo E, representa um custo adicional à empresa, principalmente porque não aplicam mais injeções para não se preocuparem com o destino desse material.

De acordo com a Resolução 358 do Conselho Nacional de Meio Ambiente (Conama), os resíduos de serviços de saúde devem ser acondicionados conforme exigências legais referentes ao meio ambiente, à saúde e à limpeza urbana, e às normas da Associação Brasileira de Normas Técnicas (ABNT), ou, na sua ausência, às normas e aos critérios internacionalmente aceitos (Brasil, 2005). Desse modo, os resíduos sólidos gerados em atendimento domiciliar também caracterizam resíduos de serviços de saúde e requerem atenção diferenciada em relação aos demais tipos de resíduos. Essa atitude representa cuidado com o meio ambiente e com a sociedade.

Os resíduos do grupo E devem ter tratamento específicos de acordo com a contaminação química, biológica ou radiológica (Brasil, 2005). A Resolução da Diretoria Colegiada (RDC) 222, de 28 de março de 2018, determina que "*os materiais perfurocortantes devem ser descartados em recipientes identificados, rígidos, providos com tampa, resistente à punctura, ruptura e vazamento*".

Alertamos que o descarte indevido de resíduos de serviço de saúde domiciliar (*home care*) põe em risco a saúde dos profissionais que lidam diretamente com os resíduos sólidos. Devem, então, ser acondicionados e recolhidos pelos próprios agentes de atendimento ou pessoa formada para a atividade e encaminhados ao estabelecimento de saúde de referência.

As autoras Aquino, Zajac e Kniess (2019) consideram imprescindível implantar Programas de Educação Ambiental nos serviços de saúde voltados aos profissionais e aos usuários de insulina, como também fornecer recipientes apropriados, a exemplo de caixa rígida.

Acrescentamos que um caminho comum, para solucionar ou amenizar a problemática dos resíduos de serviços de saúde, é a educação continuada e a formação dos profissionais da saúde, assim como dos pacientes e farmacêuticos.

Rosini *et al.* (2019) fizeram um levantamento sobre o conhecimento dos discentes do ensino médio, em Bom Retiro/SC, a respeito dos resíduos sólidos, verificando que a maioria compreendia lixos e resíduos sólidos enquanto sinônimos e citou os materiais recicláveis como representantes de lixo, expondo confusão conceitual (86,76%), como ocorrera em outros trabalhos mencionados; e a maioria não praticava a coleta seletiva (64,84%). Atitude compreensiva ao ponderarmos a falta de conhecimento sobre a temática e a ausência de coleta seletiva no município. Os resíduos sólidos são encaminhados misturados ao aterro sanitário situado em outro município, Lages.

Outro ponto importante destacado pelos autores é que grande parte dos discentes citou que sabia separar os resíduos sólidos (68,95%), todavia, quando indagados sobre os recicláveis, nenhum discente, mesmo do ensino médio, acertou todos os itens. Nesse contexto, há desconhecimento e assimetria entre as respostas. Perguntamos: se não sabem quais são os resíduos sólidos recicláveis, como podem separá-los? Como podem ter boas práticas?

Os autores verificaram que a maioria dos discentes não participava de projetos de Educação Ambiental (74%), e alertam para os impactos negativos em decorrência da destinação indevida de resíduos tecnológicos destinados e dispostos junto aos resíduos sólidos comuns. Diante dos resultados da pesquisa, Rosini *et al.* (2019, p. 495) concluíram que "*a educação ambiental não fará sentido aos adolescentes caso os conhecimentos adquiridos não sejam aplicados*". Acrescentam que a falta de conhecimento e de ações ambientais na escola estudada não propicia a consciência ambiental. Educação Ambiental na escola pode estimular futuras ações ambientais em todo município, já que a educação, asseguram os autores, é o melhor caminho para levar as pessoas a sensibilização e mudança de percepção. É preciso agir no âmbito local, para alcançar mudanças no mundo, como prever os princípios norteadores de Educação Ambiental.

Santos e Medeiros (2019) identificaram a percepção ambiental de discentes de uma escola de ensino fundamental situada na capital Natal sobre a problemática de resíduos sólidos, observando, no início do processo de sensibilização, a confusão conceitual em relação aos resíduos sólidos e a ausência da prática de coleta seletiva. Após o processo de sensibilização, intervenções por meio de aulas e elaboração de projetos, constataram mudança de percepção, todavia esta não foi suficiente para a adoção de práticas cotidianas positivas, possivelmente por não ser um trabalho de formação continuada. A visão dos discentes, conforme os autores, confirma a visão da sociedade, ótica incorreta em relação aos resíduos sólidos e a sua problemática e situação que acarreta ação em discrepância com as leis naturais e intensificam os impactos ambientais adversos. Este tipo de olhar motivaria, dizem, a população a se livrar dos resíduos sólidos, sem a preocupação com as consequências desse ato, daí concluírem que o público pesquisado carecia de formação ambiental em relação às questões ambientais, de maneira a provocar também modificações nas práticas cotidianas. Na contramão, propõem, para vencer os desafios sobre a temática em discussão e amenizar os impactos negativos, a inserção de Educação Ambiental de forma interdisciplinar e em todos os níveis de educação formal e informal.

Santos e Santos (2020) iniciaram o seu trabalho com importante indagação: quais são os motivos que levam a comunidade acumular resíduos sólidos em locais inapropriados, mesmo com tantas campanhas de conscientização e preservação ambiental em nível mundial? Para encontrar respostas, pesquisaram a percepção de moradores de um bairro em Piracuruca/PI, verificando que estes detinham certa preocupação com os resíduos sólidos; a maioria considerou-os um problema grave, porém não entendia quanto a sua disposição incorreta era prejudicial à saúde, como também não conhecia o destino dos resíduos sólidos gerados e a maioria não tinha o hábito de separá-los; enfim, não se sentia responsável pelos resíduos sólidos produzidos, apontando para o desconhecimento do princípio de corresponsabilidade.

Os autores Santos e Santos (2020) defendem que, quanto maior o grau de escolaridade dos indivíduos envolvidos, maior será o seu nível de percepção em relação ao meio onde está inserido. No entanto, os nossos trabalhos, e a maioria dos trabalhos apresentada nesta obra, mostram que não há essa relação. Estudamos a percepção ambiental de diferentes atores sociais brasileiros ao longo de nossa trajetória na Universidade Estadual da Paraíba, e tampouco a encontramos. Assim, conferimos que quando os autores sociais passam continuamente por formação ambiental centrada na metodologia dinâmica, crítica, libertadora, cujo ponto de partida é o meio ambiente onde eles estão inseridos (contextualização), há realmente mudança de percepção e, em consequência, ocorre a adoção de ações cotidianas que respeitam a capacidade de suporte dos distintos sistemas. Por exemplo: em escola onde o tema "meio ambiente" é trabalhado de forma transversal e interdisciplinar, observamos a percepção ambiental mais próxima às leis naturais e à realidade dos discentes.

Santos e Santos (2020) mencionam também que a percepção da população pode variar em função da cultura e do lugar onde vive. Uma pessoa que não teve oportunidade de estudar os aspectos ambientais concernentes aos resíduos sólidos considera o desperdício e acúmulo aleatório, ações normais; nesse contexto, a percepção ambiental não pode estar desligada da educação. Uma sociedade mais consciente a respeito do meio ambiente requer subsídios e instrumentalização que só a educação é capaz de conceder.

Ressaltamos a importância da inserção da temática ambiental de forma transversal e interdisciplinar nos diferentes níveis e modalidades de ensino, tendo como ponto de partida o meio ambiente onde o educando e a educanda estão inseridos. Nessa corrente de educação, o meio ambiente é o ponto de partida e de chegada do processo educativo, como defende veementemente Silva (2020).

Destacamos que, além dos conhecimentos relativos aos resíduos sólidos, saber os dias agendados para coleta municipal é essencial para evitar a disposição em locais indevidos, como os terrenos baldios e córregos.

Moreira Júnior *et al.* (2020) concordam com a importância de Educação Ambiental para gestão integrada de resíduos sólidos e enfatizam a relevância da capacitação dos geradores e geradoras. Compreendemos que os gestores de instituições públicas e privadas também devem ser inseridos no processo de capacitação.

A afirmativa de Moreira Júnior *et al.* (2020) resultou do diagnóstico sobre a percepção de responsáveis por estabelecimentos veterinários sobre resíduos sólidos de serviços de saúde, em Sobral/CE (13 estabelecimentos). Conforme pesquisa, os responsáveis pelos estabelecimentos tinham conhecimentos sobre a gestão de resíduos de serviços de saúde

(929%) e sobre os impactos negativos originados quando descartados inapropriadamente, entretanto a maioria dos estabelecimentos não contava com Plano de Gerenciamento. Alegaram ter ciência da necessidade de realizar a gestão desses resíduos, mas não a colocavam em prática, revelando descumprimento da legislação ambiental, a exemplo da RDC 222/2018 e da Resolução Conama 358/2005. Esse descumprimento se efetiva com o encaminhamento dos resíduos de serviços de saúde ao aterro sanitário pela maioria dos estabelecimentos estudados (62%). Apenas uma minoria os encaminhava a uma empresa especializada no tratamento desse tipo de resíduo.

Moreira Júnior *et al.* (2020) recomendam como alternativa a aplicação de ações de fiscalização por parte do município sobre os estabelecimentos veterinários de Sobral, de maneira a motivar e/ou obrigar o cumprimento da legislação ambiental vigente, evitando-se e/ou minimizando-se os impactos negativos causados ao meio ambiente e à sociedade, contribuindo para a melhoria da qualidade de vida.

Observamos, mais uma vez, a assimetria entre a teoria e a prática, e neste caso de pessoas que com um certo nível de ensino (pressupomos que os responsáveis pelos estabelecimentos veterinários apresentam no mínimo o curso técnico na área). Essa constatação contraria a ideia de Santos e Santos (2020) de que, quanto maior o grau de escolaridade dos indivíduos envolvidos, maior será o seu nível de percepção em relação ao meio onde está inserido, e reafirma a nossa compreensão de que é necessário, além da formação inicial e continuada, o processo de sensibilização contínua com base no contexto em que os atores sociais estão envolvidos. É preciso a formação continuada, mas que essa formação provoque novos olhares sobre o meio ambiente e gere a adoção do princípio de corresponsabilidade nas atitudes cotidianas: dessa forma poderemos conseguir simetria entre a teoria e a prática.

Perceber o meio ambiente em que vive, em conformidade com Palma (2005), é o mesmo que senti-lo. É impossível perceber sem sentir, por meio da visão, gustação, audição e olfação.

O processo de Educação Ambiental, para promover modificações de percepção e de ação, requer um conjunto de estratégias metodológicas que estimule os diversos órgãos do sentido, a visão crítica sobre o meio ambiente onde os atores sociais estão inseridos, e a compreensão das interações e interdependências que nele sucedem. Sensíveis, comovidos e compreendendo o meio ambiente em que estão fincados, passam a atuar no meio ambiente de forma qualificada, ou seja, alicerçados nos princípios de prevenção, precaução, corresponsabilidade, sustentabilidade e solidariedade e na ética do cuidado. Cuidado com o meio ambiente-corpo, meio ambiente-casa, meio ambiente-rua, meio ambiente-bairro, meio ambiente-cidade, meio ambiente-estado, meio ambiente-região, meio ambiente-país, meio ambiente-continente, meio ambiente-Terra, nossa "casa comum", meio ambiente-universo. Nessa ótica, provocamos sensibilização e comoção. Sensibilizados e comovidos, atuamos e transformamos.

Porto, Scopel e Borges (2020) corroboram a importância de Educação Ambiental para o alcance dos objetivos da Gires. Alegam que, por meio de Educação Ambiental, é possível criar estratégias de conservação e preservação, buscando reconhecer os impactos negativos determinados pela destinação inapropriada de resíduos sólidos nos sistemas ambientais. Elas analisaram ações em Educação Ambiental aplicadas a discentes do quinto ano de ensino fundamental de uma escola em Caxias do Sul/RS, entre as quais palestras, contação de história, filme, confecção de robôs e de cartazes, observando que, após as ações, eles passaram a empreender o conceito de resíduos sólidos, as cores da coleta seletiva, os materiais que podiam ser encaminhados à reutilização ou à reciclagem e compreenderam a importância do destino e da disposição final acertadas. Passaram a ter atitudes de cuidado com os resíduos sólidos gerados, encaminhando-os à reciclagem.

Podemos verificar que as ações em Educação Ambiental disseminaram conceitos e atitudes que contribuem para conservação ambiental, mesmo em proporção ínfima. São gotinhas que se unem para provocar tempestades. Ademais, sabemos que encontrar soluções para problemática de resíduos sólidos é urgente e que requer ações conjunta de diferentes segmentos sociais; o processo de Educação Ambiental, nesse caso, é ainda mais a mola mestra para sensibilizar, formar e possibilitar transformação.

As autoras Porto, Scopel e Borges (2020) discorrem que a escola é um espaço ideal para promover a sensibilização ambiental, ideia comungada por Silva (2008) ao afirmar que as transformações ocorridas no espaço escolar transpõem as suas paredes e atingem outros segmentos sociais.

Bet *et al.* (2020) questionaram aos moradores de condomínios localizados em Santos/SP: qual é o futuro que queremos e como chegaremos até lá? Santos é um dos municípios mais verticalizados do Brasil, cenário que, segundo os autores, demandou o Programa Condomínios Sustentáveis, cujo elemento principal é a Educação Ambiental. Nesse programa, foram aplicadas variadas estratégias para comunicar conceitos. Bet *et al.* (2020) afirmam que o processo de promoção de práticas sustentáveis em relação aos resíduos sólidos por meio de Educação Ambiental tem potencial de transformar moradores, colaboradores e síndicos em multiplicadores dos conceitos de sustentabilidade. Complementam-no com a tese de que, diante da crise climática, é fundamental organizar e responsabilizar a sociedade sobre a problemática de resíduos sólidos. A pandemia do coronavírus, de acordo com os autores, evidencia essa necessidade e aponta que hábitos precisam ser ressignificados para garantir o futuro comum – afinal, a Terra é a nossa casa comum, como defende Papa Francisco (Franciscus, 2015).

Um futuro sustentável é uma estratégia de sobrevivência para a humanidade e demais espécies do planeta, e não identificamos outro caminho.

Bet *et al.* (2020) valorizam e ratificam o papel de Educação Ambiental: somente por meio de uma efetiva educação e conscientização ambiental em todos os níveis, com base interdisciplinar, será possível avançar com responsabilidade para o "novo normal" que se anuncia. Propõem repensar os hábitos individuais com vista ao consumo consciente e o combate ao desperdício e ao consumo desenfreado. Dentre as ações aplicadas por Bet *et al.* (2020), sobressaíram-se o *Manual do condomínio sustentável*, disponível para download em www.comdominiosustentavel.eco.br, a divulgação nas redes sociais, as visitas técnicas, elaboração e distribuição de folder, a elaboração e apresentação de relatórios aos condôminos.

Oliveira *et al.* (2020) estudaram a contribuição de ações de formação para construção de conhecimentos de discentes do curso de Química da Universidade Federal do Rio Grande do Sul sobre o tratamento de resíduos sólidos e líquidos, constatando que a maioria dos discentes (82%), mesmo cursando o ensino superior, não sabia o conceito de aterro sanitário, não o diferenciava de lixão e de aterro controlado, assim como não tinha conhecimento sobre o tratamento de resíduos sólidos (94%). Conforme os autores, com as ações de Educação Ambiental, os discentes apropriaram-se desses conceitos.

Alertamos, no entanto, que o processo de sensibilização, formação e mobilização em Educação Ambiental deve ser contínuo, uma vez que campanhas geralmente não fomentam novos hábitos. Os atores sociais envolvidos podem ter o conhecimento, todavia não o põem em prática, como mostramos por meio dos trabalhos apresentados neste capítulo.

Segundo Oliveira *et al.* (2020), pensar a qualificação de futuros profissionais com ênfase na Educação Ambiental crítica pode favorecer a reorientação de concepções e práticas dos profissionais que contribuirão para melhor qualidade de vida. Conforme os referidos autores, a finalidade da universidade é desenvolver a formação sólida dos discentes, por intermédio de uma aprendizagem que privilegie experiências vividas por estes e os faça refletir sobre a realidade que os cerca, contribuindo, assim, para que possam se tornar cidadãos críticos e reflexivos. Educação Ambiental crítica e reflexiva, asseguram Oliveira *et al.* (2020, p. 384), "*adquire especial relevância quando se tem em vista o contexto social em que os discentes vivem*".

Defendemos que, quando a realidade do discente é o ponto de partida para o processo ensino e aprendizagem, como também é o espaço que será modificado conforme a ação do próprio discente, há o fomento de ações que observam a capacidade de suporte dos diferentes sistemas ambientais, portanto são ações qualificadas e sustentáveis. Consideramos ações sustentáveis aquelas aplicadas sob os princípios da gestão ambiental e da Educação Ambiental e que observam a capacidade de suporte dos diferentes sistemas ambientais.

A teoria crítica na Educação Ambiental, na visão de Chassot (2010), apresenta a finalidade primordial de formar cidadãos que possam transformar a sociedade em que vivem, assim como defendemos: o principal objetivo de Educação Ambiental é provocar transformação.

Pimenta *et al.* (2020) analisaram a gestão de resíduos sólidos no município de Alcântara/MA por meio de aplicação de entrevistas aos servidores das secretarias municipais diretamente ligadas a essa gestão e a moradores da área onde havia um lixão. Alcântara é uma cidade turística, nunca teve aterro sanitário ou controlado. Ao longo dos anos foram desativados três lixões. No primeiro, foram construídas residências, os demais estão sem utilização. Esses lixões têm característica peculiar e preocupante, acondicionam resíduos de experimentos espaciais. A ocupação de áreas de lixões desativados não é recomendável para instalação de empreendimentos sem a recuperação. No caso de uso imobiliário, põe em risco a saúde e a vida dos moradores residentes.

Comumente, a imprensa falada e escrita expõe desastres causados por deslizamento de terras em áreas de lixões desativados ocupadas por moradores que habitualmente desconhecem os riscos que estão submetidos, a exemplo do Morro do Bumba, em Niterói-RJ, que em abril de 2010 foi palco de uma das maiores tragédias ocorridas no Brasil. Segundo Cunha (2016), após dias de chuvas fortes, aconteceu um imenso "*deslizamento de terra que se estendeu por 600 m, levando casas e toda infraestrutura urbana que havia instalada no Morro*". De acordo com Alexandre (2020), esse deslizamento causou 267 mortes, mas apenas 46 corpos foram encontrados e várias famílias ficaram desabrigadas.

O lixão atual de Alcântara, chamado Lixão do Pavão, devido **à** denominação do povoado onde está instalado (Povoado do Pavão), recebe todos os resíduos sólidos coletados no município, inclusive os espaciais. Não há Plano Municipal de Resíduos Sólidos, não há coleta seletiva; há catadores e catadoras de materiais recicláveis (adultos, jovens e crianças), não reconhecidos pelo poder público e pelos geradores, atuando no lixão, que recebe resíduos sólidos da base espacial. Uma constatação bastante preocupante e que denota a falta de responsabilidade dos gestores públicos e a omissão dos geradores e dos demais órgãos competentes.

De acordo com Pimenta *et al.* (2020), somente com o Plano Municipal de Resíduos Sólidos haverá diretrizes seguras para o manejo dos resíduos sólidos. Explicam que a Secretaria de Meio Ambiente tem trabalhado em projetos em Educação Ambiental em todo município, no entanto com raio de alcance limitado, por falta de infraestrutura.

Compreendemos que Educação Ambiental é indispensável à gestão de resíduos sólidos, no entanto, na ausência de outras ações, como implantação de plano de gestão, coleta seletiva, construção de aterro sanitário e inserção socioeconômica de catadores e catadoras de materiais, não haverá milagre. Sem Educação Ambiental, porém, toda infraestrutura é em vão.

A gestão de resíduos sólidos constitui um conjunto de alternativas que propiciarão a extinção e/ou minimização de impactos negativos e transformarão problema em solução, uma vez que favorecerá a redução da quantidade de resíduos sólidos que se transformarão em rejeito e motivará o aumento do montante de resíduos sólidos que retornarão ao setor produtivo, abrandando-se, entre outros impactos adversos, a pressão sobre os recursos ambientais.

Pimenta *et al.* (2020) recomendam, entre outras ações, a formação de cooperativas e associação de catadores e catadoras de materiais recicláveis, investimento em coleta seletiva, Educação Ambiental para mobilização social, com o fim de promover mudança de atitude da população. Mas chamamos atenção para isto: as mudanças não serão obtidas sem alteração da percepção ambiental.

Barros *et al.* (2020) avaliaram a percepção dos profissionais de saúde sobre a gestão de resíduos de serviços de saúde, no Hospital Geral e em Unidade Básica de Saúde de um município da Zona da Mata de Pernambuco (enfermeiras, auxiliares de enfermagem, dentistas e auxiliares de saúde bucal, de atendimento médico, de odontólogos), constatando que a maioria tem conhecimento sobre o manejo de resíduos sólidos de serviço de saúde (82%); e, entre os estabelecimentos, a maioria está em concordância com as normas estabelecidas em lei, contudo a maioria dos responsáveis pelos estabelecimentos não sabe se há Plano de Gerenciamento. Essa ausência reflete a realidade de outros municípios brasileiros. Os autores concluíram que os profissionais conscientes da importância da melhoria do meio ambiente e da garantia da própria saúde ocupacional oferecerão melhores serviços à sociedade e um atendimento seguro. Citam que um dos aspectos a serem melhorados é o reforço de Educação Ambiental aos profissionais do serviço de saúde.

Na nossa concepção, no entanto, esse reforço não é suficiente, mas investimentos no processo de sensibilização e de formação sob as premissas da Educação Ambiental sociocrítica, transformadora e libertadora.

Anjos *et al.* (2020) estudaram a percepção da população urbana de Mundo Novo/MS sobre os resíduos sólidos e catadores e catadoras de materiais recicláveis, averiguando que a maioria dos pesquisados (70%) não conhecia a realidade do reuso (reutilização e reciclagem); compreendia os resíduos sólidos enquanto algo que não tinha serventia (sem importância); não reconhecia os problemas que os envolviam (75%); e desconhecia o princípio de responsabilidade compartilhada, todavia entendia a importância do trabalho exercido pelos catadores e catadoras de materiais recicláveis.

A compreensão de que os resíduos sólidos não têm serventia, de acordo com os autores, impede o manejo correto, concentrando a preocupação apenas no ato de descarte; assim, a coleta seletiva não acontece de forma apropriada, ocasionando vários prejuízos ao meio ambiente e a própria sociedade humana. Esse cenário, afirmam os autores, advém da ausência de Educação Ambiental, por meio da qual várias mudanças podem ser obtidas.

Anjos *et al.* (2020) pesquisaram igualmente a percepção dos catadores e catadoras de materiais recicláveis, verificando a prevalência da percepção de resíduos sólidos relativa à reciclagem e à renda. O nome da associação de catadores e catadoras de materiais recicláveis atuante no município, Associação de Recicladores Mundo Novo (Aram), exemplifica esse tipo de percepção, porque provavelmente eles não são recicladores, mas sentem-se recicladores, negam a profissão reconhecida pelo Sistema Brasileiro de Ocupações, por meio do código 5192, de 2002 (Brasil, 2002).

Os autores complementam que o público pesquisado não se vê responsável pelo espaço público e pelo seu cuidado, como também não reconhece que os problemas que atingem o meio ambiente os afetam. Assim, Anjos *et al.* (2020) atribuem a percepção equivocada sobre os resíduos sólidos à falta de Educação Ambiental e recomendam a implantação de programas voltados ao manejo correto, à gestão integrada dos resíduos sólidos.

Souza e Assis (2020) buscaram provocar o processo de sensibilização e conscientização da população sobre resíduos sólidos por meio de aplicativo em Belo Horizonte. Segundo os autores, o aplicativo constitui uma ferramenta de sensibilização que propicia benefícios para os setores privado e público, como a redução do volume de resíduos sólidos encaminhado ao aterro sanitário. Para elaborar o aplicativo, realizaram o diagnóstico sobre a percepção de resíduos sólidos de diferentes atores sociais (32), identificado que a maioria afirmou que sabia o conceito de Educação Ambiental (94,1%), conhecia o termo "coleta seletiva" (88,1%) e compreendia o conceito de reciclagem (100%), mas a maioria não praticava a coleta seletiva (57,2%) e não tinha noção dos pontos de coleta voluntária de resíduos sólidos recicláveis (55%), reafirmando a assimetria entre teoria e prática, ilustrada pelo pequeno percentual de resíduos sólidos destinado aos catadores e às catadoras de materiais recicláveis (20 t/dia = 0,71%).

Os autores mencionam que a carência de informações acerca dos resíduos sólidos oportuniza o desenvolvimento de estratégias em Educação Ambiental, como o aplicativo Vem Reciclar, e é favorecido pelas condições da população, pois o uso de telefone celular é unânime na região objeto de estudo. Por conseguinte, o principal objetivo do aplicativo é favorecer a entrega voluntária dos resíduos sólidos recicláveis, apontando o mapeamento dos pontos de coleta. Esse aplicativo, além do mapa dos pontos de coleta voluntária, conta com uma seção de Educação Ambiental com informações sobre os resíduos sólidos, seção com notícias ambientais, seção com curiosidades ambientais e uma seção com jogos.

Os autores concluíram que o aplicativo permitirá o alcance de grande número de usuários e de disseminação de informações de forma dinâmica. Será um facilitador de acesso a conhecimentos e informações e provocará benefícios aos setores privados e públicos. Influenciará a destinação correta dos resíduos sólidos, reduzindo o montante que será disposto no aterro sanitário de Belo Horizonte, diminuindo os custos e elevando a sua vida útil. Incentivará boas práticas ambientais, contribuirá para geração de emprego e renda e facilitará o sistema de logística reversa. O uso do aplicativo é viável não apenas pela abordagem da temática, mas em qualquer assunto que envolva o tema "meio ambiente".

Entendemos que Educação Ambiental, enquanto processo educativo centrado na vertente sociocrítica, requer um conjunto de estratégias que beneficiem a sensibilização, formação e mobilização social. As ferramentas tecnológicas devem se somar a essas estratégias, especialmente àquelas empoderadas pela população em intervenção.

Forte (2020) analisou a percepção de munícipes adultos de Américo Brasiliense/SP sobre resíduos sólidos, constatando que estes compreendem os problemas provocados pela falta de gestão, sentem-se responsáveis pela gestão, consideram importante a coleta seletiva e praticam-na e repassam a parcela reciclável seca aos catadores e às catadoras de materiais recicláveis informais; todavia no município não há coleta seletiva institucionalizada e não existem organizações de catadores e catadoras de materiais recicláveis.

Entre os 30 artigos estudados e apresentados neste capítulo, este foi o único em que identificamos simetria entre a teoria e a prática, embora a maioria não tenha ciência da forma de disposição final dos resíduos sólidos produzidos em Américo Brasiliense. Em conformidade com os autores, a prefeitura dispõe os resíduos sólidos ao aterro sanitário particular, em Guatapará/SP, a 45 km de distância do município.

Na ótica de Forte (2020), há distintas formas de observar a paisagem que se encontra ao seu redor, cada cidadão percebe o que acontece na sua vizinhança com base no tempo que passa em sua residência, nos horários em que está lá, na capacidade de percepção do seu entorno e de interação com as pessoas. Entretanto, discordamos em parte dessa afirmativa, uma vez que a percepção ambiental depende de vários outros aspectos, a exemplo do processo de sensibilização e de envolvimento do cidadão e da cidadã para os problemas que o rodeiam.

Forte (2020) concluiu que, mesmo inexistindo política municipal de resíduos sólidos, os moradores realizam a coleta seletiva e passam-na aos catadores e às catadoras de materiais recicláveis informais. São estes os únicos responsáveis pelo retorno dos resíduos sólidos recicláveis secos ao setor produtivo, as indústrias. Uma potencialidade que deve ser considerada por ocasião da elaboração da Política Municipal.

Apontamos que provavelmente este município conte com trabalhos de Educação Ambiental desenvolvidos por instituições de ensino superior e organizações não governamentais. Lançamos essa afirmativa porque em Campina Grande/PB, até 2018, a única forma de coleta seletiva realizada no município originou da ação direta dos catadores e catadoras de materiais recicláveis, organizados em cooperativas e associações pelas instituições de ensino superior e organizações não governamentais, sobretudo em consequência dos trabalhos de extensão e de pesquisa aplicados pelos docentes e discentes da Universidade Federal de Campina Grande e da Universidade Estadual da Paraíba. Os trabalhos provocaram a sensibilização dos geradores e das geradoras, ao passo que motivaram a organização dos catadores e das catadoras de materiais recicláveis. Atualmente, encontra-se em implantação a Política Municipal de Gestão Integrada de Resíduos Sólidos; entre as ações que a compõem, está o Projeto Recicla Campina, que institucionaliza a coleta seletiva em alguns bairros. As organizações de catadores e catadoras de materiais recicláveis, porém, ainda continuam à frente, pois o número de residências, órgãos públicos e empresas atendido é maior do que aquele atendido pela prefeitura.

2.4 Considerações finais

Nos diferentes municípios brasileiros, a maioria dos atores sociais estudados não compreende o conceito de resíduos sólidos; confunde-os com rejeitos e considera-os sem serventia, por conseguinte a ação resultante dessa percepção é o descarte imediato, sem a separação prévia e preocupação com a destinação e disposição final. Não há inquietação em relação aos impactos negativos que serão provocados ao meio ambiente e à sociedade. Tipo de percepção que constitui entrave à adoção do princípio de corresponsabilidade e ao alcance dos objetivos previstos para a coleta seletiva, primeira alternativa que compõe a gestão integrada de resíduos sólidos.

Naqueles raros municípios em que há pessoas empoderadas do princípio de corresponsabilidade, observamos a prática da coleta seletiva, mesmo na ausência de sua institucionalização, a exemplo de Américo Brasiliense, no estado de São Paulo, Brasil.

Observamos que a percepção incorreta sobre os resíduos sólidos também propicia a cegueira em relação ao papel realizado pelos catadores e pelas catadoras de materiais recicláveis. Esses profissionais, embora desempenhem papel indispensável à Gires, ainda são invisíveis aos olhos da sociedade. Fato lamentável, ao ponderarmos o esforço do Movimento Nacional de Catadores de Materiais Recicláveis em direção à valorização profissional e de tantos outros atores sociais espalhados pelo Brasil que lutam incansavelmente para que as determinações da Política Nacional de Resíduos Sólidos, previstas na Lei 12.305/2010, sejam postas em prática.

Naqueles municípios onde foi identificada a valorização dos catadores e das catadoras de materiais recicláveis, a coleta seletiva acontece de forma mais efetiva e positiva, reduz expressivamente a quantidade de recursos ambientais que é encaminhada ao aterro sanitário, aumenta a sua vida útil, potencializa o retorno dos resíduos sólidos recicláveis secos ao setor produtivo, eleva a renda desses profissionais e amortiza os riscos a que eles estão submetidos.

Todos os trabalhos consultados comungaram da premissa de que Educação Ambiental promove mudança de percepção sobre os resíduos sólidos e motiva a prática do princípio de corresponsabilidade. É, portanto, imprescindível à gestão integrada de resíduos sólidos. Na sua ausência, não há gestão ambiental. O município pode ter Plano Municipal de Gestão de Resíduos Sólidos e a melhor infraestrutura, mas, sem o processo de sensibilização, formação e mobilização dos diferentes segmentos sociais, os geradores e as geradoras, os objetivos não serão obtidos.

É fundamental que a Equipe Multidisciplinar responsável pela Gires seja constituída também por profissionais que tenham formação e experiência em Educação Ambiental, principalmente porque em Educação Ambiental não convém amadorismo, nem improviso.

Educação Ambiental, enquanto processo educativo, cujo ponto de partida e de chegada é o meio ambiente, requer investimentos na formação dos profissionais que estão envolvidos na gestão de resíduos sólidos, como também para os distintos geradores e geradoras. Afinal, na gestão ambiental é necessário participação social.

A elaboração desta obra tem por principal propósito contribuir para a sensibilização e formação na área de Educação Ambiental e gestão de resíduos sólidos de diferentes atores sociais, visando à ação sobre os sistemas ambientais observando as suas peculiaridades e a capacidade de suporte, fomentando, em consequência, a prevenção e a amortização dos impactos negativos, assegurando, no mínimo, a conservação ambiental. Esperamos ter alcançado esse intuito.

Acreditamos na força das mãos que se unem para cuidar da Criação. Cremos que você, estimado leitor, estimada leitora, provocará inquietações e mudanças de percepção e de ações.

Confiamos que você será fermento na massa. Sigamos rumo ao mundo um pouco melhor do que recebemos.

Referências

ALEXANDRE, Juliana Alves. Os 10 anos da tragédia no Morro do Bumba. *Jornal a Verdade*. 17 abr. 2020. Disponível em: https://averdade.org.br/2020/04/os-10-anos-da-tragedia-no-morro-do-bumba/. Acesso em: 29 jun. 2024.

ANJOS, Elisângela de Oliveira *et al.* Case study of solid waste and the perception of urban inhabitants and waste pickers in the town of Mundo Novo – Mato Grosso do Sul. *Journal of Environmental Management & Sustainability*, v. 9, n. 1, p. 1-19, set. 2020.

AQUINO, Simone; ZAJAC, Maria Antonieta Leitão; KNIESS, Cláudia Terezinha. Percepção de diabéticos e papel de profissionais de saúde sobre a educação ambiental de resíduos sólidos perfuro-cortantes produzidos em domicílios. *Revista Brasileira de Educação Ambiental*, São Paulo, v. 14, n. 1, p. 186-206, 2019.

BARROS, Paula M. G. de Alencar *et al.* Percepção dos profissionais de saúde quanto a gestão dos resíduos sólidos de serviços de saúde. *Revista Ibero-Americana de Ciências Ambientais*, v. 11, n.1, p. 201-210, jan. 2020.

BERTO, Amanda Maciel *et al.* A percepção ambiental sobre a geração de resíduos sólidos no bairro Paisagem Colonial, São Roque-SP. *Revista Scientia Vitae*, v. 10, n. 31, p. 38-57, jul./dez. 2019.

BET, Luís Gustavo *et al.* Educação ambiental aplicada à gestão de resíduos sólidos; a iniciativa inovadora do Programa Condomínio Sustentável. *Revista Brasileira de Educação Ambiental*, v. 15, n. 5, p. 282-298, 2020.

BICALHO, Marcondes Lomeu; PEREIRA, José Roberto. Participação social e a gestão dos resíduos sólidos urbanos: um estudo de caso de Lavras (MG). *Revista Gestão e Regionalidade*, v. 34, n. 100, p. 183-201, jan./abr. 2018.

BOFF, Leonardo. *Saber cuidar*: ética do humano-compaixão pela terra. Petrópolis: Vozes, 1999.

BRASIL. *Classificação brasileira de ocupações*. Brasília: Ministério do Trabalho e Emprego, 2002.

BRASIL. *Lei 12.305 de 02 de agosto de 2010*. Institui a Política Nacional de Resíduos Sólidos. Brasília, 2010. Disponível em: http://www.planalto.gov.br/ccivil_03/_ato2007-2010/2010/lei/l12305.htm. Acesso em: 17 fev. 2020.

BRASIL. *Resolução Conama nº 358, de 29 de abril de 2005*. Dispõe sobre o tratamento e a disposição final dos resíduos dos serviços de saúde e dá outras providências. Brasília: Ministério da Saúde, 2005.

CHASSOT, Attico. *Alfabetização científica*: questões e desafios para educação. 5. ed. Ijuí: Editora Unijuí, 2010.

CUNHA, Bruno Pereira. O desastre dentro da tragédia. *Revista Insight Inteligência*, ano 19, n. 74, jul./set. 2016. Disponível em: https://inteligencia.insightnet.com.br/morro-do-bumba-o-desastre-dentro-da-tragedia/. Acesso em: 30 set. 2021.

FERREIRA, Arildo. Gestão de resíduos sólidos urbanos em municípios do Paraná. *Revista Capital Científico*, v. n. 2, p. 105-119, abr./jun. 2018.

FORTE, João Pedro Panagassi. Análise da percepção ambiental sobre geração de resíduos sólidos no município de Américo Brasiliense. *Periódico Eletrônico Fórum Ambiental da Alta Paulista*, v. 16, n. 3, p. 32-42, 2020.

FRANCISCUS (Santo Padre Francisco). *Encíclica Laudato Si'*. Vaticano: Libreria Editrice Vaticana, 24 maio 2015. Disponível em: https://www.vatican.va/content/francesco/pt/encyclicals/documents/papa-francesco_20150524_enciclica-laudato-si.html. Acesso em: 30 set. 2021.

HENDGES, Cristina; SANTOS, Dorcas Ribeiro; PICANÇO, Aurélio Pessoa. Percepção atual dos diversos atores sociais da regional de Palmas em relação à gestão dos resíduos sólidos. *Revista Novos Cadernos NAEA*, v. 21, n. 3, p. 113-117, set./dez. 2018.

LEITE, Andrea Amorim; ANDRADE, Maristela Oliveira; CRUZ, Denise Dias. Percepção ambiental do corpo docente e discentes sobre resíduos sólidos em uma escola no agreste paraibano. *Revista Eletrônica do Mestrado em Educação Ambiental*, v. 35, n. 1, p. 58-75, jan./abr. 2018.

LOPES, Manamares de Souza Coutinho *et al.* Percepção de comerciantes sobre o gerenciamento de resíduos sólidos urbanos em Araçuaí-MG. *Revista Natural Resources*, v. 9, n. 3, jul./out. 2019.

MARCONI, Marina de Andrade; LAKATOS, Eva Maria. *Metodologia científica*. 6. ed. São Paulo: Atlas, 2011.

MELLO, Marise Costa; LEMOS, Judith Liliana Solórzano. A importância da difusão de práticas ambientais sustentáveis para a gestão de resíduos sólidos. *Revista Episteme Transversalis*, v. 10, n. 3, p. 29-47, 2019.

MOREIRA JÚNIOR, Francisco Amilcar *et al.* Avaliação da percepção quanto ao gerenciamento dos resíduos sólidos em estabelecimentos veterinários de Sobral-CE. *Revista Conexões, Ciência e Tecnologia*, Fortaleza, v. 14, n. 3, p. 94-98, jul. 2020.

OLIVEIRA, Diego B. *et al.* A construção de conceitos sobre gestão e tratamento de resíduos químicos; uma experiência de formação de estudantes de química. *Revista Química Nova*, v. 4, n. 3, p. 382-390, 2020.

PALMA, Ivone Rodrigues. *Análise da percepção ambiental como instrumento de planejamento da educação ambiental*. 2005. Dissertação (Mestrado em Engenharia de Minas, Metalúrgica e de Materiais) – Universidade Federal do Rio Grande do Sul, Porto Alegre, 2005.

PIMENTA, Samuel Soares *et al.* Análise da gestão de resíduos sólidos urbanos em Alcântara (Maranhão-Brasil). *Revista Meio Ambiente*, v. 2, n. 1, p. 25-33, 2020.

PINTO, Augusto Eduardo Miranda; NASCIMENTO, Raphael Motta. Sustentabilidade e precaução: uma avaliação do plano municipal de gerenciamento de resíduos de Macaé referenciados na Política Nacional de Resíduos. *Revista de Direito da Cidade*, v. 10, n. 1, p. 78-94, 2018.

PORTO, Fernanda Patel; SCOPEL, Janete Maria; BORGES, Daniela. Contribuição das práticas de educação ambiental sobre os resíduos sólidos para a sensibilização ambiental. *Revista Scientia cum Industria*, v. 8, n.3, p. 44-48, 2020.

PORTO, Wellington Silva *et al.* Resíduos de equipamentos eletroeletrônicos: um diagnóstico da destinação na percepção do consumidor final de Vilhena/RO. *Revista Amazônia, Organizações e Sustentabilidade*, v. 8, n. 2, jul./dez. 2019.

QUEIROZ, Neucy Teixeira; VIEIRA, Eloir Trindade Vasques. Gestão de resíduos sólidos na zona urbana do município de Varzelândia, Minas Gerais, Brasil: um olhar pela via da gestão municipal e impressões da população. *Revista Brasileira de Gestão Ambiental e Sustentabilidade*, v. 5, n. 9, p. 141-156, 2018.

QUERINO, Luana Andrade Lima; PEREIRA, Jogerson Pinto Gomes; BARROS, Mara Karinne Lopes Veriato. Análise da percepção dos moradores de São Sebastião de Lagoa de roça (PB) quanto a redução, reutilização e reciclagem de resíduos sólidos. *Revista Brasileira de Educação Ambiental*, v. 13, n.2, p. 228-245, 2018.

RAIOL, Ivanúsia do Nascimento; CASTRO, Lucilla Raphaelle Carmo; NEVES, Deborah Ingrid da Silveira. Diagnóstico do gerenciamento de resíduos sólidos na feira livre 08 de maio no distrito administrativo de Icoaraci em Belém-Pará. *Revista Gestão & Sustentabilidade Ambiental*, v. 8, n. 4, p. 182-198, out./dez. 2019.

ROCCA, Graciel Alessandra Dela *et al.* Análise da percepção de moradores sobre a separação e reciclagem de resíduos sólidos e do empreendimento "Renascer da Cidadania", Lages-SC. *Revista Conexões Ciência e Tecnologia*, Fortaleza, v. 12, n. 1, p. 18-28, mar. 2018.

ROSINI, Daniely Neckel *et al.* Percepção e sensibilização ambiental dos alunos do ensino médio sobre os resíduos sólidos no município de Bom Retiro, SC. *Revista Gestão e Sustentabilidade Ambiental*, Florianópolis, v. 8, n.3, p. 482-498, jul./set. 2019.

SANTOS, Adriana Souza; MEDEIROS, Nísia Maria Paris. Percepção e conscientização ambiental sobre resíduos sólidos no ambiente escolar: respeitando os 5 R's. *Revista Geografia Ensino & Pesquisa*, v. 23, n. 8, p. 1-30, 2019.

SANTOS, Luciana Sousa; SANTOS, Francílio de Amorim. Educação e percepção ambiental sobre resíduos no bairro Mutirão, no município de Piracuruca-PI. *Revista Formação*, v. 27, n. 51, maio/ago. 2020.

SILVA, Antônio Heverton Martins *et al.* Avaliação da gestão de resíduos sólidos urbanos do município utilizando multicritério: região norte do Rio de Janeiro. *Brazilian Journal of Development*, v. 4, n.2, p. 410-429, abr./jun. 2018.

SILVA, Márcia Regina Farias; SILVA, Larissa Fernandes; SANTOS, Enaira Liany Bezerra. Produção, consumo e destinação de resíduos sólidos: a percepção dos discentes do curso de gestão ambiental da Uern sobre sacolas plásticas. *Revista Cidades Verdes*, v. 7, n. 16, p. 98-109, 2019.

SILVA, Monica Maria Pereira. *Manual de educação ambiental*: uma contribuição à formação de agentes multiplicadores em educação ambiental. Curitiba: Appris Editora, 2020.

SILVA, Monica Maria Pereira; LEITE, Valderi Duarte. Estratégias para realização de educação ambiental em escolas do ensino fundamental. *Revista Eletrônica do Mestrado em Educação Ambiental*, Rio Grande, v. 20. p. 372-392, 2008.

SOUZA, Abel Correa; BROLEZE, Fernando Moro. Práticas e percepções quanto ao gerenciamento de resíduos industriais no estado de Santa Catarina. *Revista Brasileira de Educação Ambiental*, São Paulo, v. 14, n. 4, p. 386-404, 2019.

SOUZA, Luís Carlos de Oliveira; ASSIS, Camila Moreira. Uso de novas tecnologias para educação ambiental em prol da gestão dos resíduos sólidos recicláveis em Belo Horizonte/MG (Vem Reciclar). *Revista Gestão e Sustentabilidade Ambiental*, Florianópolis, v. 9, n. especial, p. 1.021-1.039, maio 2020.

VIEIRA, Leandro Moreira *et al.* Percepção dos alunos de ensino médio sobre os resíduos sólidos. *Revista Humanidades e Inovação*, v. 5, n. 11, p. 335-343, 2018.

SUGESTÕES DE ATIVIDADES:

CAPÍTULO 2

1 Atividades para serem aplicadas antes da leitura do capítulo

1.1 Construindo e reconstruindo o conceito de resíduos sólidos: mutirão de ideias

Convidamos os participantes do curso, da aula ou do encontro a escreverem uma palavra que simbolize "resíduos sólidos". A palavra pode ser registrada em quadro, papel madeira, cartolina, papel jornal ou em aplicativos.

Os participantes apresentam as suas respectivas palavras. Em seguida, formamos grupos com no máximo quatro pessoas para formulação de frases conforme o mutirão de ideias. Cada grupo elabora uma única frase.

O grupo exibe a sua respectiva frase, discute as possíveis modificações e posteriormente a apresenta aos demais participantes.

Depois da leitura do texto, voltamos a observar se os conceitos sobre resíduos sólidos expostos pelos grupos estavam corretos e/ou se requeriam ampliação.

1.2 Discutindo a produção de resíduos sólidos

Cada participante estima a quantidade de resíduos sólidos que produz diariamente. De posse desse dado, o participante é motivado a quantificar a geração mensal e anual. Esses resultados podem ser partilhados por meio de tabela elaborada em planilha de Excel.

Concluímos a atividade debatendo sobre a nossa contribuição em relação à produção de resíduos sólidos, comparando os resultados com as estatísticas oficiais e verificando as formas adequadas para destinação e disposição final.

1.3 Discutindo o acondicionamento dos resíduos sólidos em grupo

Observando os resultados da atividade 1.2, constatamos que a média da nossa produção diária é expressiva, ____________ [*inserir a média*]. Indagamos:

a. Do total de resíduos sólidos que geramos, qual é o percentual de rejeitos?

b. De acordo com a nossa produção diária, quais são rejeitos?

c. Que percentual pode ser destinado aos catadores e às catadoras de materiais recicláveis?

d. De acordo com a nossa produção diária, quais resíduos sólidos podem ser destinados aos catadores e às catadoras de materiais recicláveis?

e. Você separa os resíduos sólidos que produz? Por quê?

f. Todos os membros do grupo costumam separar os resíduos sólidos que geram?

Sugerimos que cada grupo escolha um relator. Este apresenta o resultado do debate aos demais grupos, e o ministrante conclui o debate explicando se os participantes estão procedendo de maneira correta e faz o "polimento necessário".

1.4 Discutindo sobre a destinação dos resíduos sólidos

Incentivamos os participantes a refletirem sobre o papel desempenhado pelos catadores e catadoras de materiais recicláveis com base nos seguintes questionamentos:

a. Há catadores ou catadoras de materiais recicláveis na sua rua e no seu bairro?

b. Os catadores e as catadoras de materiais recicláveis estão organizados em associação ou cooperativa?

c. Você repassa aos catadores e às catadoras de materiais recicláveis os resíduos sólidos selecionados e higienizados?

d. Os catadores e as catadoras de materiais recicláveis têm condições de vida dignas?

Após a problematização, podemos encerrar a atividade solicitando que os participantes escrevam uma importância relacionada aos catadores e às catadoras de materiais recicláveis.

Nas aulas on-line, podem ser usados aplicativos como lousa interativa ou lousa digital.

1.5 Discutindo formas de tratamento para os resíduos sólidos

Os participantes recebem figuras com resíduos sólidos que requerem tratamento, tais como: cascas de frutas, cascas de verduras, restos de comidas, folhas, flores, agulhas e seringas, papel higiênico e absorventes.

Ao lado de cada resíduo sólido, o participante escreve a forma de tratamento. Em seguida, em grupo, discutem se a forma apontada é adequada.

Para favorecer a construção e reconstrução do conhecimento, devemos disponibilizar várias reportagens ou resumos de pesquisas que mostrem as diferentes formas de tratamento para os resíduos sólidos.

Durante a leitura do texto, veremos se as formas citadas estavam coerentes.

2 Leitura do texto

2.1 Leitura individual

Como o texto é longo, a leitura deve ser uma atividade extraclasse.

Os participantes são incentivados a ler fazendo referência **às** ideias centrais e relacionando-as com os debates que o antecederam. São então motivados a corrigir os possíveis erros, ou a ampliar o conhecimento prévio sobre: conceito de resíduos sólidos, produção per capita, acondicionamento (formas e separação na fonte), destino dado aos resíduos sólidos recicláveis secos, formas de tratamento dos resíduos sólidos recicláveis úmidos e formas e local de disposição final.

3 Atividades para serem aplicadas após a leitura do texto

3.1 Fichamento e resenha

Após a leitura do texto, instigamos os participantes a destacarem as ideias centrais do texto no que tange às etapas da gestão de resíduos sólidos, seguindo com o debate.

Concluímos a atividade expondo as etapas da gestão de resíduos sólidos e as mudanças necessárias para atingirmos os seus objetivos.

3.2 Visita técnica

Organizamos uma visita técnica a uma organização de catadores e catadoras de materiais recicláveis que atue, de preferência, no estado que tem maior número de participantes do evento (curso, aula, palestra).

3.3 Percepção ambiental e Educação Ambiental

Possibilitamos o debate sobre as possíveis mudanças de percepção relativos aos resíduos sólidos e ao papel desempenhado pelos catadores e pelas catadoras de materiais recicláveis.

As mudanças identificadas podem ser publicadas em cartazes ou compartilhadas em PowerPoint ou em outros aplicativos disponíveis.

3.4 Seminário

Organizamos um seminário com a participação de gestores e pesquisadores que atuam na área de gestão de resíduos sólidos. A configuração do seminário deve ser debatida com os participantes. Pode ser realizado de forma on-line para atingir maior número de pessoas.

4 Atividades para reflexão e conclusão do tema

4.1 História

Da invisibilidade à visibilidade com dignidade

Monica Maria Pereira da Silva

Andavam rua acima, rua abaixo, fizesse chuva ou sol, procurando entre os resíduos sólidos materiais que tivessem potencial para comercialização.

Apalpavam criteriosamente as sacolas que acondicionavam os resíduos sólidos. Raramente os encontravam selecionados. Arriscavam-se constantemente, não havia opção.

Eram invisíveis aos olhos da sociedade. Eram invisíveis aos olhos dos próprios vizinhos.

Quando eram percebidos, ouviam gritos estridentes:

— *Deixem o meu lixo aí, vagabundos!*

— *Vão embora!* Não sujem a minha calçada!

E assim se seguiu, dia após dia.

Andavam quilômetros diariamente (em média 12 km). Às vezes alimentados por café e pão seco. Estendiam-se até a noite, quando havia coleta noturna.

Coletavam e vendiam no outro dia para comprar pão, café, açúcar, às vezes feijão e arroz. Não conseguiam adquirir os alimentos necessários à sua nutrição, pois a renda mensal não ultrapassava R$ 89 por família.

Acondicionavam os resíduos sólidos recicláveis secos em casa. Não se podia distinguir o quarto que dormiam do depósito de resíduos sólidos. Acumulavam-nos no interior das residências, evitando roubo desses materiais.

Atendendo à inspiração de uma líder comunitária, resultado de um processo de formação em Educação Ambiental que oferecemos a 60 líderes comunitários de Campina Grande/PB, iniciamos um lindo percurso em direção ao novo tempo. Um caminho cheio de pedras, cheio de obstáculos. Quantos obstáculos!

Não tínhamos espaço físico para desenvolver as nossas atividades. Eles não confiavam em nosso trabalho. Estavam calejados de promessas vãs, de promessas não cumpridas. Os nossos encontros aconteciam em salão de igreja, Clube de Mães e Associação de Amigos de Bairro (SAB). Não ficávamos nesses locais por muito tempo. Éramos expulsos, por pura discriminação. A maior parte de nossos encontros acontecia sob árvores ou sentados em calçadas ou mesmo ao meio-fio.

Íamos buscá-los em casa. Fazíamos sorteios de cestas básicas. Oferecíamos lanches. Entregávamos brindes. Aplicávamos diferentes estratégias para motivar a participação. Foram momentos difíceis! Quão difíceis!

Nos encontros desenvolvíamos estratégias de sensibilização, formação e mobilização que aguçavam o senso crítico sobre a realidade a que eles estavam submetidos.

Depois de tanta insistência, adotamos a estratégia de fotografar suas respectivas residências. Apresentamos os nossos registros usando a tecnologia que tínhamos disponível na época, TV e aparelho de DVD. Fotografamos e configuramos tudo em formato para apresentação em TV. Na oportunidade, tivemos uma grande surpresa, os registros das residências provocaram uma atmosfera de indignação e inquietação. Foi muita comoção! Quão grata emoção!

— *Professora, eu moro nesse lixão?*

— *Professora, essa é a minha casa?*

— *Eu moro nesse lugar?*

— *Professora, o que a senhora pode fazer por nós?*

Perguntamos:

— *O que vocês querem que façamos?*

A partir daquela ocasião, o nosso trabalho provocou inquietações, desejo de mudanças, desejo de uma vida melhor. Foi como se os olhos e os ouvidos naquele momento fossem abertos. O nosso trabalho passou a promover significativas transformações. Eles atentaram para o fato de que também tinham direito à vida digna e que Deus não queria ninguém de barriga vazia e maltratado.

Motivamos a organização dos catadores e das catadoras de materiais recicláveis. Optaram por formar uma associação. Já são 13 anos de formação atuando em vários bairros de Campina Grande. Coletam os resíduos sólidos recicláveis secos de residências, empresas, hospitais, repartições públicas, entre outros. Comumente, recolhem esses resíduos selecionados e higienizados.

A maioria dos geradores e geradoras também passou pelo processo de sensibilização, formação e mobilização em Educação Ambiental promovido por nós e por extensionistas de outras instituições de ensino superior público.

São 13 anos de intenso e contínuo trabalho de Educação Ambiental. Trabalhamos mutuamente com catadores e catadoras de materiais recicláveis e geradores e geradoras de resíduos sólidos.

Aqueles catadores e aquelas catadoras de materiais recicláveis invisíveis aos olhos da sociedade atualmente têm renda mensal superior ao salário mínimo. Trabalham oito horas por dia, de segunda a sexta-feira. Fazem palestras em escolas, universidades e empresas. Viajam aos municípios para ajudarem na formação de outras organizações de catadores e catadoras de materiais recicláveis. São atualmente bastante visitados. Exemplos de experiência exitosa! São inspiração para homens e mulheres que lidam diariamente com resíduos sólidos! São inspiração para nós pesquisadoras e extensionistas!

Contam com uma boa infraestrutura: galpão organizado com espaços individualizados para triagem, acondicionamento, secretaria, banheiros, cozinha, sala de repouso, refeitório, entre outros. Têm mesa de triagem projetada às suas condições, carrinhos de tração manual projetados com base em suas indicações, carrinho adaptado para bicicleta, caminhão cedido pela prefeitura, caminhão compartilhado por outras organizações de catadores e catadoras de materiais recicláveis, prensa, entre outros.

Voltaram à escola. Entre eles, há quem sonhe em chegar à universidade:

— *Professora, um dia chegarei à universidade. Um dia serei professora, como a senhora.*

Recordamos o dia em que conheceram a praia. Uma catadora falou:

— *Professora, eu não sabia que tinha direito a lazer.*

Sim, vocês têm direito a lazer. Todos os seres humanos têm direito a lazer. Atualmente, buscam o lazer em fins de semana e dias feriados.

Reconhecem a importância da profissão e lutam em sua defesa. Discutem frente a frente com os gestores públicos sobre os seus direitos. Estavam em conjunto com as demais organizações de catadores e catadoras de materiais recicláveis de Campina Grande numa luta incansável para conquistar a assinatura de contrato de prestação de serviço com a prefeitura. Finalmente, o sonho foi realizado e o contrato foi assinado.

— Professora, sabe por que somos organizados? Porque a gente recebeu formação. A gente sabe o que é Educação Ambiental. A gente sabe que ajudamos o meio ambiente. Deixamos o meio ambiente limpo. O material volta a ser um novo objeto por conta da gente.

— Agora a gente sabe que o trabalho da gente é importante.

— A gente hoje tem casa, tem instrumento de trabalho. Tem muita maquinaria. Tem prensa, tem mesa de triagem, tem carrinhos [...].

— A nossa associação é cidadã. É tratada como cidadã.

— A gente tem um avanço muito grande. O povo sabe do trabalho da gente. E a prefeitura está agora apoiando. E a gente está acreditando que com a assinatura do contrato vamos melhorar mais.

Aquelas pessoas que os maltratavam hoje os tratam com respeito. São reconhecidos na cidade e no estado. Não são mais invisíveis aos olhos da sociedade, inclusive dos gestores públicos municipais. Há bairros aos quais são convidados a entrar; e nas casas, a sentarem-se à mesa e lancharem. Fazem palestras e oficinas para aqueles que os insultaram.

Compõem uma linda história! Uma história que nos mostra que, quando Educação Ambiental é trabalhada de forma contínua e na perspectiva sociocrítica, vidas são transformadas, da invisibilidade à visibilidade, com dignidade.

4.2 Mensagem

Viver as batidas do coração

Monica Maria Pereira da Silva

A vida é árdua.
Requer atitude e coragem.
A vida é bela!
Não podemos nos curvar diante dos obstáculos.
A vida é movimento.
Impõe estratégias para harmonização.
Viver é acordar com a certeza
de que a vitória é possível.

A vida é uma luta constante.
É um grande milagre!
Um milagre cotidiano.
Viver é mágico.
Quando provocamos transformação.
Viver é um ato amoroso.
Enche-nos de emoção.
Viver é seguir as batidas do coração.

4.3 Trecho de música

"Reciclagem"

Compositor e intérprete: Marcelo Torca

O importante é reciclar
Reciclar plástico, papel
O importante é reciclar
Para economizar
Se o papel vem da árvore
Para que derrubar mais uma
O importante é reciclar
Se o plástico vem do petróleo
Para que retirar mais
O importante é reciclar
Se o papel é jogado na rua
Vira poluição
Se o plástico é jogado na rua
Vira poluição...[4]

[4] Letra completa disponível em: https://www.letras.mus.br/marcelo-torca/1027997/Poema. Acesso em: 15 out. 2021.

4.4 Poema

"Andorinha"

Autor: Manuel Bandeira

Andorinha lá fora está dizendo:

- "Passei o dia à toa, à toa!"

Andorinha, andorinha, minha cantiga é mais triste!

Passei a vida à toa, à toa...[5]

4.5 Mensagem final

Monica Maria Pereira da Silva

Não passe a vida à toa.
Faça a diferença cotidianamente.
Na vida acumulei tesouros mais valiosos do que prata, ouro, pérola e diamante.
Acumulei o respeito e o carinho daqueles e daquelas com os quais compartilhei conhecimentos.

[5] Disponível em: https://www.revistabula.com/564-os-10-melhores-poemas-de-manuel-bandeira/. Acesso em: 15 out. 2021.

3

PROBLEMAS RELACIONADOS AOS RESÍDUOS SÓLIDOS: IMPACTOS ADVERSOS DA GERAÇÃO À DISPOSIÇÃO FINAL

Figura 3.1 – Caraibeira com mais de 300 anos, segundo moradores de Caraúbas, estado da Paraíba, Brasil. A árvore-símbolo do município de Caraúbas sofreu vários incêndios e tombou em fevereiro de 2022

Foto: a autora (2024)

Os organismos do bioma caatinga são exemplos de resistência e resiliência. As suas estratégias de sobrevivência permitem a expressão de uma beleza inigualável.

Sejamos imitadores e imitadoras desses organismos. Não desistamos diante dos obstáculos. Transformemos nosso bioma interior num verdadeiro oásis.

(A autora)

3.1 Considerações iniciais

Vamos iniciar o capítulo fazendo a seguinte reflexão: você costuma separar os resíduos sólidos que produz? Encaminha os resíduos sólidos recicláveis secos previamente selecionados aos catadores e às catadoras de materiais recicláveis? Preocupa-se com o destino dos resíduos sólidos que gera? Esses questionamentos nos permitem analisar se estamos realizando a gestão de resíduos sólidos em nossa residência.

Se você leu atentamente os dois primeiros capítulos desta obra, deve ter compreendido que a pauta pertinente aos resíduos sólidos é séria e demanda ações conjuntas, mas tudo começa na fonte geradora, por conseguinte essas respostas hão de proporcionar reflexões e impulsionar novas ações.

Se suas respostas forem negativas, você não está considerando os princípios de precaução, prevenção, sustentabilidade e corresponsabilidade no seu cotidiano. Você não pratica a gestão de resíduos sólidos na sua residência e, provavelmente, nem em outros ambientes. O que significa que está contribuindo para originar impactos negativos sobre o meio ambiente e sobre a própria sociedade humana.

Todavia, se suas respostas forem afirmativas, parabéns! Você mostra-se um ser humano que segue os princípios citados e adota a ética do cuidado. É um ser humano que observa o princípio de corresponsabilidade. Exerce a cidadania ambiental. O mundo seria diferente se a maioria dos seres humanos tivesse esse cuidado.

A geração de resíduos sólidos somada à falta de gestão causa inúmeros impactos negativos sobre o meio ambiente e sobre o ser humano. Isso impõe tomada de decisão urgente, visando mudar o cenário de degradação ambiental.

Você pode estar pensando: os impactos negativos relacionados aos resíduos sólidos são ínfimos. Não, não são ínfimos.

Você deve estar ainda questionando: como as embalagens de plástico provocam danos ao meio ambiente? Descartar papéis acarreta prejuízos ao meio ambiente? As latinhas de refrigerante e de cerveja descartadas aleatoriamente provocam estragos ao meio ambiente? Como as cascas de frutas e de verduras degradam o meio ambiente? Ratificamos que esses procedimentos acarretam impactos adversos que ameaçam a estabilidade ambiental, e a maioria desses impactos é grave e de longa duração.

Se você ainda não entendeu que faz parte do meio ambiente, deve estar fazendo a seguinte reflexão: descartar resíduos sólidos sem o devido cuidado pode até provocar problemas ambientais, porém estes não me afetam. Engana-se. Tudo que fazemos ao meio ambiente recai sobre nós; desse modo, cuidar do meio ambiente consiste em cuidar dos seres humanos. Compreende cuidar da nossa qualidade de vida e das condições de vida da geração que nos sucederá.

Neste capítulo discorreremos sobre os problemas atinentes aos resíduos sólidos de maneira a motivar mudanças de olhares e de ação. Conforme mencionamos nos capítulos 1 e 2, a raiz dessa problemática está fincada na visão equivocada e na ausência do entendimento de que todos nós somos meio ambiente. Reafirmamos que esse tipo de visão determina ações insustentáveis, com efeitos adversos de magnitude expressiva e durável.

Almejamos que, ao finalizar a leitura deste capítulo, tenhamos possibilitado a compreensão de que a falta de gestão dos resíduos sólidos origina vários impactos adversos aos distintos sistemas ambientais e o entendimento da necessidade da prática da gestão para a prevenção desses impactos. Não poderemos sonhar com o meio ambiente ecologicamente equilibrado e socialmente justo para as atuais e futuras gerações sem cuidarmos dos resíduos sólidos que geramos.

Contamos com você, caríssimo leitor; contamos com você, caríssima leitora, para efetivar as mudanças em direção ao mundo melhor do que recebemos de nossos ancestrais, por isso envidamos esforços para possibilitar a formação em Educação Ambiental. Esta obra tem esse fim!

3.2 Impactos adversos da geração à disposição final

3.2.1 Considerações gerais

A geração de resíduos sólidos de forma exponencial, a destinação e a disposição final de forma indevida suscitam diferentes problemas de ordem ambiental, social, econômica e sanitária. As implicações afetam a saúde do meio ambiente e da própria sociedade humana e dificultam a homeostase ambiental, distanciando o alcance do tão sonhado desenvolvimento sustentável. Embora saibamos que esse modelo de desenvolvimento já recebe inúmeras críticas, não identificamos outro modelo que vislumbre a garantia de condições de vida dignas para as atuais e futuras gerações.

Admitimos que não é possível o desenvolvimento sem a preocupação ambiental. A sociedade humana depende mais da natureza do que a natureza depende da sociedade humana. A natureza não é frágil. Sempre aplicará estratégias de sobrevivência para garantir a perpetuação da espécie.

Nós, seres humanos, dependemos da natureza como nosso habitat, para realizarmos o nosso nicho ecológico, para o nosso bem viver e para a perpetuação de nossa espécie.

Barros *et al.* (2020) assinalam que, entre os problemas ambientais que assolam a humanidade, a produção de resíduos sólidos constitui uma das principais formas de degradação ambiental.

Entendemos que a falta de gestão de resíduos sólidos acarreta múltiplos impactos adversos e que, dependendo do sistema e da intensidade, há consequências graves e irreversíveis que arriscam a estabilidade de diferentes sistemas. Na realidade, a percepção discrepante sobre as leis naturais reflete-se em atividades antrópicas desenfreadas e no uso impróprio dos recursos ambientais, ocasionando, assim, vários efeitos negativos.

De acordo com Silva *et al.* (2018), os impactos potenciais negativos atinentes aos resíduos sólidos podem ser catastróficos. Leite, Andrade e Cruz (2018) citam como exemplos desses impactos: a proliferação de vetores, a poluição hídrica e a exclusão de catadores e catadoras de materiais recicláveis. Problemas que comumente são invisíveis aos olhos da sociedade e até da maioria de docentes brasileiros, como verificaram os referidos autores.

Porto, Scopel e Borges (2020) mencionam que a busca de soluções para mitigar os impactos negativos deve ser considerada urgente, com o propósito de garantir a qualidade de vida à humanidade. Bet *et al.* (2020) afirmam que, diante da crise climática que atinge o planeta Terra, é fundamental organizar e responsabilizar a sociedade sobre a problemática dos resíduos sólidos, pois compõe um dos seus desencadeadores.

A pandemia que vem afetando o mundo desde dezembro de 2019, provocada pela covid-19, doença causada pelo vírus SARS-CoV-2 (*Severe Acute Respiratory Syndrome*/Síndrome Respiratória Aguda Grave), popularmente denominado coronavírus, segundo Bet *et al.* (2020), permite a ampla reflexão sobre a forma como a sociedade extrai, utiliza e descarta os recursos do planeta. A reflexão também é direcionada à forma como trabalhamos, deslocamo-nos e comunicamo-nos. Consideramos isso uma oportunidade para refletirmos sobre o nosso modo de vida: o que consumimos? Como consumimos? Consumimos o que precisamos? O que descartamos? Como descartamos?

A pandemia evidencia essa necessidade e assinala que novos hábitos precisam ser ressignificados para garantir o futuro comum. Um futuro sustentável é uma estratégia de sobrevivência para humanidade e para as demais espécies do planeta Terra.

Souza e Assis (2020) apontam que um olhar mais minucioso pode revelar que os resíduos sólidos não são uma massa indiscriminada de materiais, e sim materiais que necessitam de atenção para que o descarte não acarrete prejuízos socioambientais.

Conforme Beck (2011, p. 23), "na modernidade tardia, a produção social de riqueza é acompanhada sistematicamente pela produção social de riscos". Nesse contexto, atestamos que a falta de gestão de resíduos sólidos implica diversos riscos que podem gerar danos irreversíveis em curto, médio e longo prazos.

Ainda de posse da visão de Beck (2011, p. 25), "no processo de modernização, cada vez mais forças destrutivas também acabam sendo desencadeadas, em tal medida que a imaginação humana fica desconcertada diante delas". Observamos que em muitas ocasiões há paralisia. São forças destrutivas fruto da modernização, acompanhada pela falta de controle, de modo que "prevalece a carência em meio a abundância", como cita Beck (2011, p. 10). A este respeito, Odum e Barrett (2007) alertam: somos aprendizes de bruxo, fazemos a bruxaria e não conseguimos controlá-la; em decorrência disso, a continuidade de diversas formas de vida é ameaçada.

Barbault (2011) explana que a tomada de consciência das ameaças que pesam sobre o meio ambiente, especialmente sobre a biodiversidade, contribui para reforçar as críticas formuladas contra as espécies protegidas como elementos-chave de uma estratégia eficaz de conservação ambiental. Proteção, segundo Barbault (2011), é o elemento-chave. Nós, porém, acrescentamos a adoção dos princípios de prevenção, precaução, corresponsabilidade e sustentabilidade. Princípios que devem ser empoderados pelos seres humanos, o que reforça e ratifica a importância de Educação Ambiental, principalmente em relação à compreensão das relações, interações e conexões que advêm do meio ambiente.

Barbault (2011) assegura que compreender as relações e interações que acontecem nos vários sistemas ambientais é igualmente essencial para implementar estratégias de combate e prevenção eficazes contra o arsenal de doenças emergentes e reemergentes. O autor alerta: não basta combater o parasita, é necessário quebrar o ciclo.

No que diz respeito à pandemia que vivenciamos desde 2019, é preciso interromper a transmissão do coronavírus. Formar barreiras que bloqueiem a sua circulação. Neste ponto, o processo de sensibilização e de formação é fundamental e trará impactos positivos sobre a saúde ambiental e humana.

Afirmamos que a problemática dos resíduos sólidos envolve vários sistemas ambientais e que são provocados impactos adversos da sua geração à disposição final. Estes ocorrem durante todo o caminho por aqueles percorrido, especialmente na ausência de gestão. Esta não é possível sem o processo de Educação Ambiental envolvendo os diferentes segmentos sociais.

3.2.2 Impactos adversos relacionados à geração de resíduos sólidos

Na maior parte dos países, a geração de resíduos sólidos é desproporcional ao aumento da população. A produção per capita não tem relação direta com o acréscimo da população; comumente, relaciona-se aos padrões de consumo, que, por sua vez, conectam-se aos princípios do capitalismo e da sociedade do Ter, oriundo de um modelo de desenvolvimento econômico que tem por alicerce o acúmulo de riquezas, a exploração predatória dos recursos ambientais, assim como a exploração do ser humano pelo próprio ser humano.

Os processos de exploração e apropriação dos recursos ambientais, à medida que se intensificam, desencadeiam alterações na dinâmica dos sistemas ambientais, sociais e econômicos.

O consumo não consciente compõe outro fator responsável pela produção excessiva de resíduos sólidos e pela destinação e disposição indevida. O consumidor submerso pelos caprichos do capitalismo compra compulsoriamente, sem deter inquietação com a origem do produto, com a sua durabilidade e com o seu descarte.

Os padrões de produção, igualmente acalorados pelo modelo econômico predominante, somam-se à percepção equivocada e ao consumo desenfreado, até mesmo irresponsável. Esses padrões, na maioria dos países, persistem sem considerar os princípios de sustentabilidade, prevenção, precaução e de logística reversa. O interesse focado no lucro em curto prazo ofusca a preocupação com a durabilidade do produto, com o retorno das embalagens ao setor produtivo e com o tempo de degradação no meio ambiente.

A ganância aprisiona o ser humano e torna invisíveis aqueles que, às margens da sociedade, abdicam do modelo de desenvolvimento econômico e de sociedade vigente.

Atestamos que a geração de resíduos sólidos é diretamente proporcional aos padrões de produção e de consumo adotados pelas sociedades humanas. Esses padrões dependem da forma como os geradores e as geradoras percebem os resíduos sólidos, como também da concepção de qualidade de vida e de felicidade.

Quando os geradores e as geradoras percebem os resíduos sólidos constituídos por grande parte de recursos ambientais, há o entendimento de que, ao reduzir a produção, estará poupando recursos ambientais e evitando impactos adversos. Consolida-se a compreensão da necessidade de reduzir a sua geração, e aumentam-se as possibilidades de retorno ao setor produtivo, as indústrias. Assim, amortiza-se a exploração dos recursos ambientais, potencializa-se a ciclagem da matéria e favorece-se o fluxo de energia.

Esta compreensão é essencial para evitar, entre outros problemas, a transformação de recursos ambientais em rejeitos, anteriormente denominados "lixos".

De acordo com o relatório *Panorama dos resíduos sólidos no Brasil 2021*, em 2020 cada brasileiro ou brasileira produziu em média 1,07 kg de resíduos sólidos urbanos, totalizando a média brasileira diária de 225.965 toneladas (Abrelpe, 2022). Comparando-se com a geração per capita diária de 1,04 kg de resíduos sólidos urbanos registrada em 2018, o aumento foi, de certo modo, significativo (2,88%). Segundo a Abrelpe, essa elevação está relacionada às novas dinâmicas sociais impulsionadas pela pandemia da covid-19. Na nossa ótica, essa nova condição soma-se aos demais fatores que pautam a produção e o consumo sem responsabilidade ambiental.

De acordo com a Abrelpe (2021), do total de resíduos sólidos urbanos produzidos no Brasil em 2020, 40% foram coletados e encaminhados para lixões e aterros controlados, formas de disposição final inadequadas. Verificamos que uma quantidade expressiva de resíduos sólidos urbanos gerados no Brasil em 2020 (40%) foi transformada em rejeitos.

No processo de Educação Ambiental voltado à gestão integrada de resíduos sólidos, é fundamental começarmos com a diferenciação de resíduos sólidos de rejeitos (lixo) e a relação com os recursos ambientais (naturais e/ou modificados) para impedir que esses materiais sejam transformados em rejeitos, evitando-se também, dessa forma, o desperdício de matéria e energia. Os conteúdos e as atividades contidos nos capítulos 1 e 2, como também neste capítulo e no próximo capítulo, possibilitam essa compreensão e motivam mudanças de percepção e de ação. É o que almejamos.

A redução da geração de resíduos sólidos e de sua transformação em rejeitos previne e evita impactos adversos sobre os sistemas ambientais que foram usados na sua produção e aqueles onde estariam dispostos; do local de produção à disposição final.

Ratificamos que a falta de gestão de resíduos sólidos ocasiona vários impactos adversos e, dependendo do sistema afetado e da intensidade, as consequências são irreversíveis, ameaçando a sobrevivência de várias espécies.

Nesse contexto, é fundamental motivar a percepção de que os resíduos sólidos são constituídos por recursos ambientais, naturais ou modificados, que são finitos, e que grande parte desses resíduos pode retornar ao setor produtivo e compor a matéria-prima para novos produtos, amortizando a pressão sobre os recursos ambientais, e mitigando e/ou prevenindo impactos adversos.

Na ótica de Pimenta *et al.* (2020), o consumo estimulado pelo modo de vida urbano contemporâneo favorece a produção de resíduos sólidos de modo mais ágil que a capacidade de absorção do nosso planeta. Segundo Bicalho e Pereira (2018), o aumento do consumo ultrapassa o nível de crescimento da população. A taxa de geração de resíduos sólidos é superior à de crescimento populacional. De acordo com Berto *et al.* (2019), os impactos ambientais negativos resultantes da geração de resíduos sólidos perpassam a educação e a percepção ambiental, por estarem associados ao princípio de inesgotabilidade. Usam-se os recursos ambientais como se fossem infinitos, logo, quanto maior produção de produtos, maiores serão o consumo e a geração de resíduos sólidos, resultando no aumento dos impactos adversos.

Lima *et al.* (2020) notificam que a sociedade contemporânea, fincada nos pressupostos do sistema capitalista, passou a consumir excessivamente, gerando o aumento da produção e do descarte de resíduos sólidos. Isso constitui um dos maiores problemas dessa sociedade, que comumente não os acondiciona nem os destina corretamente, situação que compromete a qualidade ambiental e de vida da população humana.

É imprescindível propiciar o entendimento de que a produção e o consumo de produtos gerarão maior quantidade de resíduos sólidos. Estes, na ausência de gestão, se transformarão em rejeitos, cuja disposição final indevida causa impactos adversos que afetam os diferentes sistemas ambientais e põem em risco a saúde ambiental e humana (Figura 3.2).

Figura 3.2 – Consequências da falta de gestão integrada de resíduos sólidos

Falta de Gires				
↑	↑	↑	↑	↑
Produção	**Consumo**	**Geração de resíduos sólidos**	**Quantidade de resíduos sólidos transformada em rejeitos**	**Impactos adversos**

Fonte: a autora (2024)

Este tipo de entendimento não será alcançado sem o processo de Educação que tenha como ponto de partida e de chegada o meio ambiente (Figura 3.3). Não haverá esse entendimento sem Educação Ambiental. Os diversos setores da sociedade humana precisam compreender a importância de Educação Ambiental para a gestão de resíduos sólidos. Não haverá gestão sem Educação Ambiental.

Figura 3.3 Meio ambiente: ponto de partida e de chegada da educação; toda educação deveria ser ambiental

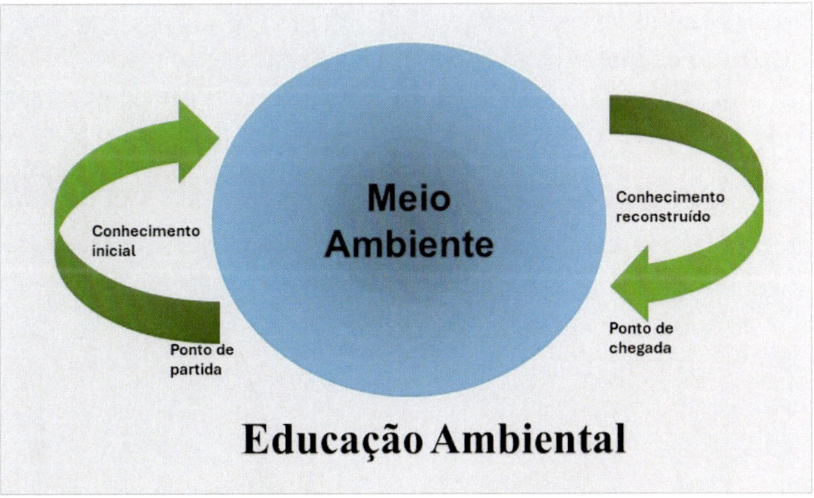

Fonte: a autora (2024)

3.2.3 Impactos adversos relacionados ao descarte e à destinação de resíduos sólidos

O descarte sem a seleção prévia é uma das principais causas dos problemas relativos aos resíduos sólidos. Esses resíduos misturados provocam a contaminação da parcela reciclável, inviabilizam o processo de catação exercido pelos catadores e pelas catadoras de materiais recicláveis, reduzem o potencial econômico e põem em risco a vida dos profissionais que lidam com esses materiais, a exemplo de garis. Habitualmente, acarretam a poluição de diferentes sistemas (liminólogos, edáficos, marítimos, sociais, entre outros), sobretudo quando dispostos em locais indevidos (terrenos baldios, mares, rios, córregos, canais de captação de águas pluviais, entre outros).

Chamamos, outrossim, atenção para o cenário de pandemia mundial ocasionado pelo coronavírus, porque outros componentes foram incorporados aos resíduos sólidos, cuja falta de separação na fonte favorece a presença de luvas, máscaras, entre outros materiais contaminados, aos resíduos sólidos.

É urgente que a problemática de resíduos sólidos seja considerada grave. Os geradores e os gestores públicos e privados devem adotar medidas preventivas e corretivas que envolvam todas as etapas da gestão desses materiais, da geração à disposição final.

Quando os resíduos sólidos recicláveis secos são encaminhados ao aterro sanitário, são aterrados recursos ambientais que demandarão tempo para a sua decomposição (Quadro 3.1), impulsionando a pressão sobre esses recursos e a sua escassez. Isso contribui para diminuição do tempo de vida útil do próprio aterro sanitário, como também para acelerar e intensificar os impactos adversos inerentes a esse tipo de disposição final.

Quadro 3.1 – Tempo de decomposição de resíduos sólidos à luz de diferentes autores

Material	Tempo médio de decomposição de diferentes tipos de resíduos sólidos			
	Ecycle (2022)	Ecoassist (2022)	Norte Ambiental (2022)	Ambiente Brasil (2022)
Aço	-	-	-	100 anos
Alumínio	200 anos	200 anos	-	200 a 500 anos
Baterias	-	-	-	100 a 500 anos
Borracha	indeterminado	-	600 anos	indeterminado
Cerâmica	-	-	-	indeterminado
Chiclete	-	-	5 anos	5 anos
Copo de plástico descartável	-	-	40 anos	-
Corda de nylon	-	-	-	30 anos
Couro	-	-	-	50 anos
Embalagem longa vida	-	-	100 anos	100 anos
Esponjas	-	-	-	indeterminado
Filtro de cigarro	5 anos	-	100 anos	-
Fralda biodegradável	-	-	1 ano	-
Fralda descartável	-	-	450 anos	450 a 600 anos
Garrafa de plástico	-	-	400 anos	
Isopor	-	-	indeterminado	150 anos
Jornal	-	-	7 meses	-
Latas de aço	-	-	10 anos	10 anos
Latas de alumínio	-	-	100 anos	-
Lenços de papel	-	-	3 meses	-
Linha de pesca	-	-	600 anos	600 anos

Material	Tempo médio de decomposição de diferentes tipos de resíduos sólidos			
	Ecycle (2022)	Ecoassist (2022)	Norte Ambiental (2022)	Ambiente Brasil (2022)
Louças	-	-	-	Indeterminado
Luva de algodão	-	-	3 meses	-
Luva de borracha	-	-	-	indeterminado
Madeira	13 anos	15 anos	6 meses	13 anos
Meias de poliéster	-	-	30 anos	-
Metal	100 anos	-	100 anos	-
Metal (componentes e equipamentos)	-	-	-	450 anos
Nylon	20 anos	20 anos	-	-
Óleo de cozinha	-	-	-	indeterminado
Palito de fósforo	-	-	6 a 12 meses	2 anos
Palito de sorvete	-	-	6 meses	-
Papel	3 a 6 meses	3 a 6 meses	3 meses a vários anos	6 meses
Papel plastificado	-	-	-	1 a 5 anos
Papelão	-	-	2 meses	6 meses
Pilhas	-	-	500 anos	100 a 500 anos
Plástico	400 anos	500 anos	100 anos	450 anos
Pneus	-	-	indeterminado	indeterminado
Ponta de cigarro	-	-	5 anos	-
Recipiente de plástico	-	-	50 a 80 anos	-
Saco ou sacola de papel	-	-	1 mês	-

Material	Tempo médio de decomposição de diferentes tipos de resíduos sólidos			
	Ecycle (2022)	Ecoassist (2022)	Norte Ambiental (2022)	Ambiente Brasil (2022)
Sacos e sacolas de plásticos	-	-	200 a 450 anos	100 anos
Sapato de couro	-	-	25 a 40 anos	-
Tampinha de garrafa	-	-	150 anos	100 a 150 anos
Tecido	6 meses a 12 meses	-	6 a 12 meses	6 a 12 meses
Tecido de algodão	-	-	10 a 20 anos	1 a 5 meses
Tecido sintético	-	-	100 a 300 anos	-
Vidro	100 anos	-	1 milhão de anos	Indeterminado

Fontes: Ecycle (2022), Ecoassist (2022), Norte Ambiental (2022) e Ambiente Brasil (2022). Elaborado pela autora

Como podemos observar no Quadro 3.1, à luz de diferentes autores, a maior parte dos resíduos sólidos requer vários anos para ser decomposta, e, para alguns tipos, não há como mensurar esse tempo (indeterminado). Isto significa que os resíduos sólidos, ao serem dispostos no meio ambiente, permanecerão causando impactos ambientais adversos durante décadas ou até mesmo séculos. Dependendo do ambiente onde foram depositados, poderão colocar em risco a saúde de vários seres vivos, como ocorre em mares e oceanos; por conseguinte, destinar e dispor de maneira correta é essencial para redução e prevenção desses impactos.

Dentre os materiais que demandam maior tempo de decomposição (Quadro 3.1), destacam-se alumínio, borracha, embalagem longa vida, isopor, metal, plástico e vidro. Alertamos para a diferença temporal em relação à decomposição de fraldas descartáveis (450 a 600 anos) e fraldas biodegradáveis (1 ano); luvas de algodão (3 meses) e luvas de borracha (indeterminado); papel (6 meses) e papel plastificado (1 a 5 anos); e sacos ou sacolas de papel (1 mês) e sacos ou sacolas de plástico (200 a 450 anos). Alertamos ainda para o tempo de decomposição de copos de plásticos descartáveis (40 anos) e embalagens de isopor (indeterminado), materiais bastante usados em nossas atividades cotidianas. Esses dados nos impulsionam a refletir sobre o nosso consumo; mostram-nos que é necessário repensar as nossas atitudes. E o momento permite-nos refletir sobre a necessidade de adotarmos formas de produção e de consumo sustentáveis.

Lima *et al.* (2020), analisando a problemática de resíduos sólidos num município de pequeno porte da Paraíba, Brasil, constataram que a falta de gestão de resíduos sólidos está ocasionando distintos impactos negativos sobre a caatinga, um bioma eminentemente brasileiro, sobressaindo-se: poluição, desmatamento, erosão do solo, criadouros de animais e queimadas. As autoras acrescentam que estes culminam em efeitos negativos sobre o solo, a água, o ar, a biodiversidade e a saúde humana. Esses impactos compreendem entraves à dinâmica do bioma, contribuem para a degradação e dificultam a recuperação. As autoras advertem para a urgência de ação dos poderes competentes, que devem focar seus olhares para a caatinga, de modo a evitar danos irreparáveis a esse bioma. Sugerem que os autores sociais brasileiros persistam lutando em favor dessa pauta ambiental.

Silva e Oliveira (2020) citam que, devido à lenta decomposição e à alta toxicidade dos componentes de que são formados os equipamentos eletroeletrônicos, principalmente metais pesados, o seu descarte causa problemas, comumente irreversíveis, ao meio ambiente e à saúde humana. Propiciam os efeitos da bioacumulação.

O correto e coerente, em primeiro instante, é substituir as embalagens e os objetos descartáveis e de maior tempo de decomposição. O segundo é separar os resíduos sólidos na fonte geradora (residência, instituição de ensino, instituição de saúde, comércio, entre outros). O terceiro passo consiste em repassar a parcela reciclável seca (papel, papelão, plástico, metal e vidro) aos catadores e às catadoras de materiais recicláveis. O quarto passo é encaminhar a parcela úmida (orgânica; cascas de frutas e de verduras, restos de comida, folha, flores e frutos) ao tratamento ou à alimentação animal. Este, no entanto, requer restrição, para evitar a contaminação dos animais.

Os resíduos sólidos recicláveis secos, quando são selecionados e destinados às organizações de catadores e catadoras de materiais recicláveis, transformam-se em fonte de renda e em matéria-prima para fabricação de novos produtos. Desse modo, são evitados e/ou reduzidos vários impactos negativos, como a pressão sobre os recursos ambientais, poluição, contaminação, efeito estufa e vários outros.

Os autores Silva, Silva e Santos (2019) expõem que a destinação indevida de resíduos sólidos, especialmente aqueles compostos por polímeros sintéticos, ocasiona a poluição das águas, do solo e do ar, além da morte de animais aquáticos; e ainda expressa potenciais riscos à saúde humana. Alegam que é indispensável discutir e informar às pessoas os impactos negativos de suas ações, como também cobrar medidas para solucionar a problemática, o que implica mudança estrutural da sociedade de consumo, como defendemos em outros tópicos.

Mello e Lemos (2019) destacam a produção excessiva de resíduos sólidos, o crescimento populacional, o consumo desenfreado e a precariedade de gestão por órgãos competentes e da própria sociedade como os principais problemas que dizem respeito aos resíduos sólidos.

Santos e Santos (2020) citam que comumente os seres humanos não têm ideia do destino que é dado aos resíduos sólidos por eles gerados. Entendemos que esse desconhecimento expressa, por um lado, a incompreensão do princípio de corresponsabilidade e, por outro, denota a falta de cuidado com o nosso lar, o planeta Terra. Em nossos trabalhos aplicados em diversos municípios paraibanos, constatamos que a preocupação prevalente entre os geradores e as geradoras era unicamente de se livrarem dos resíduos sólidos produzidos.

A destinação incorreta dos resíduos sólidos, além dos impactos adversos citados, não favorece a reutilização e a reciclagem da matéria (plástico, papéis, papelão, metal e vidro). Impede o retorno da matéria ao setor produtivo, as indústrias. Esta poderia ser utilizada como matéria-prima para fabricação de novos produtos, reduzindo-se a pressão sobre os recursos ambientais, principalmente os não renováveis, como petróleo, porquanto a destinação incorreta de resíduos sólidos não favorece a ciclagem da matéria e desperdiça energia, aumentando a entropia.

No estudo de Ribeiro *et al.* (2014), verificamos que a reciclagem de resíduos sólidos, propiciada pela coleta seletiva na fonte geradora e pelo encaminhamento aos catadores e às catadoras de materiais recicláveis, constitui uma medida econômica, social e ambientalmente viável, por favorecer a economia de recursos ambientais e financeiros, a exemplo de água, energia e matéria-prima predominante que constituem os resíduos sólidos (alumínio/bauxita, papel/árvore, plástico/petróleo e vidro/areia).

O trabalho realizado por Santos, Curi e Silva (2020) com cinco empreendimentos de catadores e catadoras de materiais recicláveis em Campina Grande, estado da Paraíba, ratifica o estudo de Ribeiro *et al.* (2014). Esses empreendimentos promoveram no período estudado, 2018 a 2019, o retorno de significativa quantidade de matéria-prima ao setor produtivo. As autoras constataram a média mensal de recuperação de 51 t de papel e papelão, 11,2 t de plástico, 3,8 t de metal, 0,17 t de vidro e 0,61 t de outros materiais, perfazendo a média mensal de 66,78 toneladas de materiais recicláveis. As autoras estimam que ocorreu a economia de 3.033,33 MW de energia elétrica, com base na reciclagem de alumínio, papel e plástico. Na reciclagem de papel, foram poupados 58.872,52 m^3 de água e 18 árvores; e, na reciclagem de alumínio, foram economizadas 53,5 t de bauxita. Foram também poupados 5.529,22 barris de petróleo na produção de papel e plástico.

Os dados constatados por Ribeiro *et al.* (2014); e Santos, Curi e Silva (2020) reafirmam a importância da coleta seletiva e da destinação dos resíduos sólidos recicláveis secos aos catadores e às catadoras de materiais recicláveis.

A Figura 3.4 retrata a importância do exercício profissional dos catadores e das catadoras de materiais recicláveis que coletam, transportam, fazem a triagem, organizam e propiciam o retorno dos resíduos sólidos recicláveis secos ao setor produtivo; todavia nem sempre a população percebe a importância da coleta seletiva e do exercício profissional desses trabalhadores e dessas trabalhadoras, como mostram Anjos *et al.* (2020) e Silva (2020).

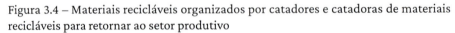

Figura 3.4 – Materiais recicláveis organizados por catadores e catadoras de materiais recicláveis para retornar ao setor produtivo

Fotos: a autora (2024)

Anjos *et al.* (2020) verificaram em seus trabalhos que a população de Mundo Novo/MS, seguindo o perfil de outros municípios brasileiros, dava pouca importância à coleta seletiva, não conseguia perceber seus benefícios. Havia pouca valorização dos catadores e das catadoras de materiais recicláveis. Os autores atribuem esse cenário, entre outros fatores, à falta de Educação Ambiental. Comungam com a importância de Educação Ambiental para o alcance dos objetivos previstos para gestão integrada de resíduos sólidos, como mencionamos nos dois primeiros capítulos desta obra, sobretudo no segundo capítulo.

Nesse ínterim, Mello e Lemos (2019) asseguram que Educação Ambiental tem o papel de sensibilizar o ser humano quanto a sua integração e dependência em relação ao meio ambiente, no intuito de fazê-lo compreender o princípio da sustentabilidade, para atingir o desenvolvimento sem comprometer as condições de vida e a existência das gerações atuais e futuras.

Compreendemos que é necessário reduzir a geração de resíduos sólidos, evitar que estes se transformem em rejeitos, praticar a coleta seletiva na fonte geradora, destinar a parcela reciclável seca aos profissionais habilitados para este fim, os catadores e as catadoras de materiais recicláveis, e encaminhar a parcela orgânica ao tratamento ou à alimentação animal. Atentamos que a Educação Ambiental favorece a diminuição de impactos adversos e motiva ações sustentáveis.

3.2.4 Impactos adversos relacionados à disposição final de resíduos sólidos

No Brasil prevalecem três formas de disposição final de resíduos sólidos urbanos: lixão, aterro controlado e aterro sanitário. Destes, apenas o aterro sanitário é considerado a forma correta de disposição final para os rejeitos, como delibera a Lei 12.305/2010, atualizada em 2012 (Brasil, 2012); e a Lei 14.026/2020 (Brasil, 2020). As demais também contrariam a Constituição do Brasil de 1988 (Brasil, 1988); e a Lei 9.605/1998 (Brasil, 1998).

Lixão compõe uma forma imprópria e ilegal de disposição de resíduos sólidos, caracterizada pela simples descarga sobre o solo, sem nenhum critério técnico, sem nenhum tipo de tratamento, sem nenhum cuidado. Em consequência, são provocados diversos impactos adversos:

Ramos (2014) afirma que lixões são locais nos quais os resíduos sólidos são despejados, não existindo nenhum tipo de tratamento com relação ao meio ambiente. Essa forma de disposição origina poluição do ar, do solo e dos lençóis freáticos. Na visão de Brito *et al.* (2019), lixão corresponde a local de descarga de materiais sem nenhuma técnica ou controle.

Silveira *et al.* (2019) conceituam lixão como um local onde se descartam materiais sem utilidade para quem os rejeita, podendo resultar em doenças, contaminação do solo, entre outros problemas ambientais, uma vez que são depositados sem nenhum cuidado. Já o Plano Nacional de Resíduos Sólidos (Brasil, 2022) expõe lixão como uma forma indevida de disposição final de resíduos sólidos e rejeitos, por ausência de medida técnica.

Ratificamos, assim, que lixões são áreas de disposição de resíduos sólidos onde não há nenhum cuidado com os impactos adversos que serão provocados. Não há preocupação em evitar os desperdícios de matéria e de energia, tampouco em mitigar os problemas que serão ocasionados à saúde dos seres humanos e dos demais seres vivos. É uma forma de disposição de quem deseja apenas se livrar dos resíduos sólidos gerados, resultando numa falta de responsabilidade ambiental.

Aterro controlado, por sua vez, compreende local onde os resíduos sólidos recebem uma cobertura de solo ao fim de cada jornada, no entanto não possui impermeabilização do solo e sistema de dispersão de chorume e gases, contaminando as águas subterrâneas (Ferreira; Rosolen, 2012), o solo e o ar.

Segundo Alcantara, Iwata e Baptista (2022), em aterros controlados não há: quantificação dos resíduos sólidos (pesagem dos caminhões), controle para evitar poluição e monitoramento do lençol freático.

A Norma Brasileira Reguladora (NBR) 8849/1985 (ABNT, 1985), que previa condições mínimas exigíveis para apresentação de projetos de aterros controlados de resíduos sólidos urbanos, foi cancelada, haja vista não ser aceitável ambientalmente e legalmente essa forma de disposição final.

Na nossa ótica, aterro controlado constitui um lixão maquiado. Recebe como maquiagem a cobertura dos resíduos sólidos dispostos no fim do dia; por conseguinte, também não há cuidado com os impactos adversos gerados, nem preocupação em evitar o desperdício de matéria e de energia. Não há cuidado com a saúde ambiental e humana.

Aterro sanitário diferencia-se das demais formas citadas por corresponder a uma técnica de disposição final que observa os princípios de engenharia, na tentativa de evitar, mitigar e/ou eliminar diversos impactos adversos.

Conforme Alcantara, Iwata e Baptista (2022), este sim é um local apropriado ao recebimento dos resíduos sólidos por aplicar técnicas de impermeabilização do solo, compactação e cobertura diária; coleta e tratamento de gases, pois a concentração de resíduos gera gases tóxicos ao meio ambiente; além de tratamento do chorume, líquido proveniente da decomposição da matéria orgânica misturada à água. Somados a outros procedimentos técnicos e operacionais que protegem os distintos sistemas ambientais.

Marchi (2015) conceitua aterro sanitário como um empreendimento projetado para receber e tratar os resíduos sólidos urbanos gerados pelos habitantes de uma cidade, com base em estudos de uma cidade e em estudos de engenharia e geologia com o fim de minimizar os impactos negativos. São projetados para uma vida útil superior a dez anos e após o licenciamento ambiental.

Layane e Fernanda (2020) entendem aterro sanitário como um sistema de impermeabilização do solo de base: sistema de drenagem e tratamento de chorume, afloramento do chorume, homogeneidade da cobertura e compactação e recobrimento dos resíduos sólidos e o monitoramento das águas subterrâneas.

De acordo com a Companhia Ambiental do Estado de São Paulo (Cetesb, 2018), um aterro sanitário deve ter como estrutura mínima: a) estrutura de apoio, isto é, portaria, balança e vigilância, isolamento físico e visual e acesso à frente de trabalho; b) frente de trabalho, ou seja, dimensões da frente de trabalho, compactação dos resíduos sólidos e recobrimento dos resíduos sólidos; c) taludes e bermas, como dimensões e inclinações, cobertura de terra, proteção vegetal e afloramento de chorume; e d) superfície, ou nivelamento de superfície.

A NBR 13896/1997 (ABNT, 1997) fixa as condições mínimas exigíveis para projeto, implantação e operação de aterros de resíduos não perigosos, com a finalidade de proteger corretamente as coleções hídricas superficiais e subterrâneas próximas, os operadores das instalações e as populações vizinhas.

Toda instalação de aterro sanitário deve ter o projeto conforme NBR 8419/1992 (ABNT, 1992) e deve ser previamente analisada pelo Órgão de

Controle Ambiental. A NBR 13896/1997 (ABNT, 1997) estabelece condições gerais e específicas para funcionalidade para esse tipo de disposição final. Dentre as condições gerais, ressaltamos: critérios de localização, isolamento e sinalização, acessos, iluminação e força, comunicação, análise de resíduos e treinamento. Dentre as condições específicas, destacamos: proteção das águas subterrâneas e superficiais, impermeabilização do aterro, drenagem e tratamento do líquido percolado, captação e tratamento de gases, segurança do aterro (prevenção de fogo, explosão, derramamento ou vazamento), plano de emergência, inspeção e manutenção e correção de problemas eventuais, registro de operação e plano de encerramento e cuidado para fechamento do aterro.

Em conformidade com a NBR 8419/1992 (ABNT, 1992, p. 1), aterro sanitário é uma

> [...] técnica de disposição de resíduos sólidos urbanos no solo, sem causar danos à saúde pública e à segurança, minimizando os impactos ambientais, método que utiliza princípios de engenharia para confinar os resíduos sólidos à menor volume permissível, cobrindo-os com uma camada de terra na conclusão de cada jornada, ou a intervalos menores, se necessário.

Compreendemos que a técnica de aterro sanitário não implica impactos adversos "zero". Haverá impactos negativos, mas em menor quantidade e intensidade em curto, médio e longo prazos. Isso nos aponta a necessidade de reduzir a produção de resíduos sólidos e evitar que estes se transformem em rejeitos. Quanto maior for a produção de rejeitos, maior será a demanda por aterro sanitário.

Na nossa visão, sempre haverá impactos adversos, no entanto, comparando-se aterro sanitário com as demais formas de disposição final, lixão e aterro controlado, ocorre a mitigação e a prevenção de vários impactos negativos. No contexto da gestão ambiental, almejamos evitar e/ou reduzir o máximo possível os impactos adversos sobre o meio ambiente e sobre a sociedade. Verificamos, então, a importância de optarmos por ação e tecnologias de menor impacto adverso.

No Brasil, embora tenhamos legislação que determina a disposição final de resíduos sólidos não recicláveis (rejeitos) em aterros sanitários, os lixões continuam sendo uma forma comum em vários municípios brasileiros (40%) e não recebem apenas rejeitos. Apesar de serem considerados locais de disposição inadequada, escolhe-se uma área comumente distante dos centros urbanos e os resíduos sólidos são depositados sem observação técnica, tão necessária para evitar e/ou reduzir os impactos negativos; no local tampouco são observados os princípios que baseiam a gestão ambiental. Desse modo, a capacidade de suporte dos sistemas é negligenciada.

Depositam-se os resíduos sólidos misturados, e são armazenados até se exaurir a capacidade da área, raramente sob a ação de um trator que os vá compactando. Não há interesse em reaproveitar os materiais que chegam, exceto quando há catadores e catadoras de materiais recicláveis, que disputam entre si os materiais com potencial de comercialização, um cenário proibido por lei, mas que persiste em diversos municípios brasileiros, afinal ainda são mais 2.612 lixões, como mostra o *Panorama de resíduos sólidos no Brasil 2021*, publicado pela Abrelpe (2022).

São 2.612 lixões que ainda estão em operação no Brasil, somados aqueles que foram simplesmente abandonados. São áreas que representam fontes potenciais de poluição e de contaminação do solo e das águas. Fato no mínimo contraditório, ao considerarmos a escassez dos recursos hídricos e a degradação dos sistemas edáficos no Brasil, mais precisamente no semiárido nordestino, local de maior número de lixões em atividade, 54,6% (1.426 lixões). Além da poluição do ar, que contribui de forma expressiva para a problemática que envolve o efeito estufa.

Quando os resíduos sólidos são dispostos em lixões, local de disposição final inapropriado, irregular e ilegal, vários impactos adversos são provocados, com destaque para a inviabilidade de separação e a contaminação da parcela reciclável seca ou úmida, a transformação de recursos ambientais contidos na composição dos resíduos sólidos em rejeitos e a poluição suscitada pelos subprodutos da decomposição anaeróbia dos resíduos sólidos recicláveis úmidos (resíduos sólidos orgânicos), chorume e gases relacionados, especialmente, ao efeito estufa.

Isso contribui, em grande medida, para tornar o exercício profissional dos catadores e das catadoras de materiais recicláveis insalubre, pois disputam entre si e com animais os resíduos sólidos que podem ser reaproveitados e comercializados, além de aterramento de materiais que poderiam retornar ao setor produtivo, as indústrias.

O lixão apresentado na Figura 3.5 encontra-se desativado, no entanto o cenário continua em diversos municípios paraibanos, seguindo o perfil de outros municípios brasileiros.

Figura 3.5 – Catadores de materiais recicláveis informais atuando no lixão de um município da Paraíba, Brasil

Fotos: a autora (2010)

Os catadores e as catadoras de materiais recicláveis que persistem trabalhando em lixões estão submetidos a diferentes riscos ambientais, físicos, químicos e sanitários, além dessa situação acentuar a sua invisibilidade social e afetar a sua autoestima. Compõe também uma ação ilegal, porque a legislação relativa aos resíduos sólidos proíbe a atividade de catação em área de disposição final de resíduos sólidos, como citamos anteriormente.

A Lei 12.305/2010, que instituiu a Política Nacional de Resíduos Sólidos, determinava o fechamento dos lixões até 8 de agosto de 2014 (Brasil, 2012), mas a lei não foi cumprida; o número persistiu elevado. Segundo a Associação Brasileira de Empresas de Tratamento de Resíduos e Efluentes (Abetre, 2021), até 2019 existiam 3.257 lixões no Brasil. Entre 2019 e o primeiro trimestre de 2021, foram encerrados 621 lixões. Assim, conforme a Abetre (2021) e a Agência Brasil (2021), ainda há um número considerável (2.612 lixões) em operação no Brasil.

Em face do cenário brasileiro, foi dado um novo prazo para o encerramento dos lixões por meio da Lei 14.026/2020 (Brasil, 2020), previsto no Plano Nacional de Resíduos Sólidos (Brasil, 2022):

a. 2 de agosto de 2021: capitais de estados e municípios integrantes de regiões metropolitanas ou região integrante de desenvolvimento de capitais;

b. 2 de agosto de 2022: municípios com mais de 100 mil habitantes;
c. 2 de agosto de 2023: municípios com população maior de 50 mil habitantes e com menos de 100 mil habitantes;
d. 2 de agosto de 2024: municípios com população inferior a 50 mil habitantes.

Nos casos em que a disposição de rejeitos em aterros sanitários for inviável, a Lei 14.026/2020 (Brasil, 2020, 2022) delibera que poderão ser adotadas outras soluções, desde que sejam observadas as normas técnicas e operacionais, para impedir danos ou riscos à saúde pública e à segurança e minimizar os impactos negativos.

De acordo com a Abetre (2021, p. 1), 621 lixões encerrados "não significam que foram totalmente desativados, simplesmente foi colocado um cadeado naquele local para que não fosse despejado mais lixo". Geralmente, quando há desativação dos lixões, não é comum encontrarmos um Plano de Recuperação da Área Degradada; simplesmente, fecham-no. Essa é uma realidade que estamos vivenciando nos municípios paraibanos, a exemplo de Campina Grande e conforme relatado na literatura brasileira (Alcantara; Iwata; Baptista, 2022; Layane; Fernanda, 2020; Sales e Souza *et al.*, 2021; Silva *et al.*, 2022).

Os lixões são locais de intensos problemas ambientais, cujas consequências se estendem por quilômetros e perduram anos. São, pois, impactos negativos comumente graves, irreversíveis, abrangentes e de longa duração.

Conforme observação em vários lixões no Brasil, com maior frequência e quantidade nos municípios da Paraíba, não há impermeabilização do solo, nem sistema de drenagem do chorume e de gases; na maioria, não há cobertura do material acumulado, situação que justifica os vários impactos adversos.

A disposição final inadequada de resíduos sólidos em lixões, na visão de Mendes *et al.* (2020), provoca impactos negativos ao meio ambiente, tais como: poluição do solo, do ar e das águas superficiais e subterrâneas. Gera também consequências sérias à saúde pública. Isso se dá, conforme Marchi (2015), porque esses ambientes se formam da disposição indevida de resíduos sólidos em áreas baldias, distante dos centros urbanos e sem cuidado com os recursos ambientais, acarretando danos imensuráveis ao meio ambiente e à sociedade.

Brito *et al.* (2019) analisaram a disposição final dos resíduos sólidos em lixão situado em Marudá/PA e identificaram vários impactos adversos, entre os quais: aumento dos processos erosivos, compactação do solo, emissão de gases de efeito estufa, possível contaminação do solo e depreciação do lençol freático, estresse da fauna local, redução da capacidade de sustentação da flora, redução da biota do solo, poluição visual, proliferação de doenças. A maioria com incidência de efeito em médio prazo.

Os moradores entrevistados por Brito *et al.* (2019) sentem-se marginalizados por residirem próximo ao lixão de Marudá, reclamaram dos odores em decorrência da decomposição dos resíduos sólidos orgânicos e relataram que contraíram doenças. Entre as patologias, citaram diarreia, verminose, micoses e dengue.

Silveira *et al.* (2019) verificaram que o lixão localizado em Caiapônia/GO constitui um dos problemas mais relevantes no âmbito ambiental e administrativo para o município. Observaram ocorrências de incêndio, contaminação do solo, do lençol freático e dos corpos hídricos, mau cheiro, poluição ambiental e visual, inundações em períodos de chuvas, prejuízos ao turismo local, aumento dos gastos públicos com limpeza urbana e presença indevida de catadores e catadoras de materiais recicláveis. Os autores explicam também que o lixão estudado constitui um ambiente favorável a mosquitos como *Aedes aegypti*, responsável pela transmissão dos vírus que causam dengue, *zika* e *chikungunya*.

Os moradores entrevistados pelos autores Silveira *et al.* (2019) apontam que houve a diminuição de animais nativos na área do lixão, por conta da destruição do ecossistema, que os obrigou a migrar em busca de ambiente favorável.

Silveira *et al.* (2019) consideram que os problemas identificados na área do lixão de Caiapônia são graves e impõem tomada de providências de caráter emergenciais. Para resolvê-los, devem ser adotadas medidas mitigadoras evitando a ocorrência de maiores danos ao meio ambiente e à sociedade: construção de um aterro sanitário simplificado, desativação do lixão e promoção de ações em Educação Ambiental. Ressaltamos que os autores não incluíram a recuperação da área onde está localizado o lixão e que a construção do aterro sanitário sem as demais ações que constituem a gestão integrada de resíduos sólidos não resolverá a problemática. Apenas desativar não é solução; é necessário, entre outras ações, recuperar a área degradada.

Pereira, Teixeira e Alves (2020) estudaram o lixão de Xique-Xique/BA, motivados, especialmente pela observação de queimadas frequentes. Constataram a presença de catadores e catadoras de materiais recicláveis e que o lixão está localizado dentro do perímetro urbano, proporcionando condições insalubres à população adjacente, contrariando a NBR 13896 (ABNT, 1997), que determina a distância superior a 500 m dos núcleos populacionais. Os autores verificaram que a fumaça provocada pelas queimadas pode atingir áreas extensas, gerando a poluição atmosférica e, em consequência, causa prejuízos ao meio ambiente e à saúde pública.

A dispersão da fumaça na atmosfera e liberada pelas queimadas no lixão de Xique-Xique tem atingido, de acordo com Pereira, Teixeira e Alves (2020), não somente os catadores e as catadoras de materiais recicláveis ou populações adjacentes, mas todos os habitantes do município, porque os poluentes são dispersos na atmosfera pelas correntes do ar. Os moradores entrevistados (480 pessoas, de três bairros) confirmam os problemas citados ao afirmarem que eventualmente acontecem queimadas incontroláveis e que a fumaça atinge toda a cidade, obrigando muitas pessoas que residem às margens do lixão a se deslocarem para casa de familiares, principalmente aquelas que têm doenças crônicas, a exemplo de doenças respiratórias; além disso, há influência negativa na visibilidade dos motoristas que transitam a rodovia BA-052, situada ao lado direito deste, potencializando os riscos de acidentes.

Pereira, Teixeira e Alves (2020) atestam que a poluição atmosférica se caracteriza como um dos problemas ambientais mais preocupantes, provocando sérios impactos sobre a saúde e a economia do país. Em relação à saúde, a inalação constante de fumaça composta por várias substâncias tóxicas, retidas nas vias respiratórias, culmina com doenças respiratórias. Há também incidência de dermatites e alergias oculares. No que tange à economia, o pagamento de internações pelo Sistema Único de Saúde onera as despesas públicas.

As doenças respiratórias e cardiovasculares estão associadas à poluição atmosférica, bem como neoplasias e asmas estão conexas aos efeitos crônicos da contaminação (Rego; Coêlho; Barros, 2014). Origina transtornos sociais e, sobretudo, aquecimento global.

A respeito dos catadores e das catadoras de materiais recicláveis, os autores Pereira, Teixeira e Alves (2020) observaram que eles trabalhavam no lixão sem nenhum tipo de organização, e enfrentam a ausência de incentivo do poder público, principalmente em relação à seleção dos resíduos sólidos na fonte geradora, haja vista que não há coleta seletiva no município de Xique-Xique. Os autores apontam a ociosidade política, como a ausência de iniciativas de implementação do Plano de Gerenciamento de Resíduos Sólidos, como causa para os problemas identificados no lixão estudado.

Pensar em saúde e qualidade de vida morando a poucos metros de um lixão é contraditório ao conceito de saúde. As condições de saúde de uma população são decisivamente pautadas na qualidade do ambiente onde está inserida (Pereira; Teixeira; Alves, 2020). Para a Organização Mundial da Saúde (Who, 2011), o que determina a saúde de uma pessoa são as características e o comportamento do ambiente físico, social e econômico onde ela vive.

Os principais poluentes presentes na poluição atmosférica são: aldeídos (RCHO), dióxido de enxofre (SO_2), dióxido de nitrogênio (NO_2), hidrocarbonetos (HC), monóxido de carbono (CO), ozônio (O_3), Poluentes Climáticos de Vida Curta (PCVC) e material particulado (Brasil, 2022a). Grande parte desses poluentes deriva da queima dos resíduos sólidos. Dentre os PCVCs, destacamos o metano, com considerável potencialidade para o aquecimento global, cuja principal fonte, no que se refere à disposição final, é a decomposição anaeróbia de resíduos sólidos orgânicos. O controle da emissão desses poluentes é fundamental, por prejudicar a saúde ambiental e humana.

Layane e Fernanda (2020) pesquisaram o lixão de Cuiabá e constataram que, embora a capital conte com coleta seletiva, a parcela selecionada na fonte geradora é mínima. Verificaram que essa forma de disposição final desencadeia diversos impactos adversos, entre estes: contaminação do solo e da água, poluição do ar, ocorrência de animais, entre estes, vetores de doenças. Destacam como agravante a presença irregular e ilegal de catadores e catadoras de materiais recicláveis, que se encontravam em condições vulneráveis, expostos ao perigo de contaminação, acidentes, entre outros. A informalidade do trabalho motiva a precarização das condições de trabalho e a vulnerabilidade desses profissionais. Estes se encontravam misturados aos resíduos, enquanto os caminhões descarregavam os resíduos sólidos e ocorria a compactação pelos tratores. Layane e Fernanda (2020) atestaram que os catadores e as catadoras de materiais recicláveis exerciam a atividade de catação em meio aos rejeitos, uma situação que, além de perversa, é totalmente insalubre, penosa e perigosa.

As autoras Layane e Fernanda (2020) citam que a impermeabilização do solo é essencial, por evitar a contaminação das águas. A ausência de impermeabilização, uma das características de lixão, gera diversos impactos, o chorume no solo, contaminando o lençol freático. As águas do subsolo contaminadas entram em contato com os cursos d'água, provocando impactos ao meio ambiente e à saúde pública. O chorume é um líquido escuro que contém alta concentração de matéria orgânica, e detém elevada carga poluidora e reduzida biodegradabilidade, apresenta metais pesados e outras substâncias nocivas ao meio ambiente e à saúde humana, por isso precisa ser coletado e tratado.

Diante do cenário identificado no lixão de Cuiabá, Layane e Fernanda (2020) ressaltam a necessidade de mudanças estruturais e políticas. Sugerem a construção de um aterro sanitário, mas, seguindo o perfil de outros autores, não mencionam a recuperação da área do lixão.

Em Tucuruí, estado do Pará, o lixão foi desativado em 1996. Desde a desativação, a área foi ocupada por moradores, como constataram Sales e Souza *et al.* (2021). A área foi invadida e dividida em 620 lotes, 10 m x 25 m, distribuídos entre famílias carentes.

Os moradores recebem água do sistema público, mas utilizam água de poços rasos com vedação incorreta, procedimento que abre alta possibilidade para surto de doenças de veiculação hídrica. A opção por poço decorre da constante falta de água e da desconfiança da qualidade da água distribuída, principalmente em relação à cor. A água é usada para cozinhar e para ingestão. Para as demais atividades, os moradores usam água do sistema público. A água de poços rasos é consumida sem preocupação com os riscos de contaminação.

Sales e Souza *et al.* (2021) estudaram a qualidade da água subterrânea da área. Monitoraram dez poços rasos, cinco na área do lixão e cinco externos. Os dados foram comparados com a legislação vigente para consumo humano. Conforme resultados obtidos, sete parâmetros analisados na área do lixão estavam fora dos padrões de potabilidade previstos pela legislação vigente: cor, turbidez, pH, ferro, condutividade elétrica, coliformes totais e *E. coli*. Eles apontaram que a água consumida pelos moradores da área estudada (água subterrânea) estava inadequada ao consumo direto. Um dos fatores citados foi a degradação da matéria orgânica presente na área estudada, confirmando que esse tipo de ambiente requer recuperação, a qual demanda décadas e ação humana. A origem da contaminação encontra-se no chorume que percola o solo e atinge os lençóis freáticos.

Kjeldsen *et al.* (2002) estimam que a produção de chorume em área de disposição final de resíduos sólidos pode ocorrer por um período de 20 a 50 anos. Já Naveen *et al.* (2016) explicam que o chorume é uma manifestação líquida de cor escura e odor desagradável decorrente de interações entre o processo de biodegradação da fração orgânica e infiltração de água de chuva na massa dos resíduos sólidos, que é formada por partículas em suspensão, composto orgânicos e inorgânicos solúveis. Representa um poluente que atinge o abastecimento de água para o consumo humano e geralmente também afeta o consumo para animais; abrange os recursos ambientais e a saúde humana.

Sales e Souza *et al.* (2021) falam que o lixiviado é a principal consequência da disposição final incorreta dos resíduos sólidos, devido a sua composição: matéria orgânica, tal quais carbono orgânico total, nitrogênio amoniacal, metais pesados, como cobre e zinco, além de outros poluentes que expressam riscos ao solo, às águas subterrâneas e superficiais. Os autores recomendam o tratamento do lixiviado e alertam para os elevados dispêndios necessários à remediação da área, que requer um longo período.

Georges e Gomes (2021) avaliaram o lixão situado em Pedro II, no Piauí, verificando que naquela área havia impactos negativos que afetavam o meio ambiente físico e biótico. No meio ambiente físico, os autores identificaram: processos erosivos, compactação do solo, combustão de resíduos sólidos, emissão de gases do efeito estufa, emissão de odores, desfiguração da paisagem, desvalorização imobiliária, contaminação do solo e do lençol freático, e poluição. No meio ambiente biótico, averiguaram: estresse da fauna local, redução da biodiversidade nativa, diminuição da capacidade de sustentação da flora, redução da biota do solo, desvalorização imobiliária, desnudamento do solo, poluição visual e proliferação de vetores.

Os autores relatam que a poluição por meio da dispersão dos resíduos sólidos mais leves pelo vento atinge áreas circunvizinhas, junto ao aspecto visual, desfigurando as paisagens, resultando em desvalorização imobiliária. Eles destacam que a disposição dos resíduos sólidos realizada diretamente sobre o solo em lixões e aterros controlados sem medidas protetivas constitui fontes de poluição e produz agravos à saúde da população e ao meio ambiente. Esta prática de disposição favorece o carreamento de substâncias orgânicas e inorgânicas, a exemplo de metais pesados, para o interior do solo, contaminando-o e estendendo-a às águas subterrâneas.

Estes foram os únicos autores que mencionaram "poluição", distinguindo-a de contaminação. Sabemos que nem toda poluição constitui contaminação, mas toda contaminação constitui poluição.

A combustão espontânea, de acordo com Georges e Gomes (2021), causa transtorno à população do entorno, sobretudo no período de estiagem. Dentre os transtornos, os autores ressaltam a fumaça, os materiais particulados e os gases responsáveis pelo efeito estufa. A falta de cobertura dos resíduos sólidos, por sua vez, na visão desses autores, permite a produção de fortes odores que se intensificam durante o período chuvoso, favorece também a proliferação de micro e macro vetores de organismos patogênicos.

A redução da biodiversidade nativa, o estresse à fauna local, a redução da biota do solo, entre outros, combinados entre si, interferem negativamente nas relações ecológicas, provocando desequilíbrios do sistema ambiental, aumentando a entropia e o distanciamento do alcance da homeostase ambiental.

Georges e Gomes (2021) concluíram que a disposição de resíduos sólidos no lixão do município de Pedro II apresenta alta degradação em todos os parâmetros estudados, comprometendo a qualidade da água, do ar, do solo e, por conseguinte, a saúde da população humana. Apontam como alternativas a adoção de medidas mitigadoras para atenuar a magnitude e a abrangência dos impactos identificados, implantação de aterro sanitário, assim como implantação de um programa de recuperação da área degradada. Sugerem também a sensibilização da sociedade civil em relação à adoção de práticas de consumo sustentável.

Na nossa visão, este tipo de disposição final de resíduos sólidos aponta para a falta de compromisso e de cuidado com o meio ambiente de diferentes atores sociais, de geradores, gestores públicos e privados e daqueles que são responsáveis pela efetivação da política ambiental.

Alcantara, Iwata e Baptista (2022) analisaram a disposição final de resíduos sólidos na capital Teresina, na perspectiva do cumprimento da legislação vigente. O lixão analisado, construído em 1982, localizado na zona rural, transformou-se em aterro controlado em 2013. Na época do estudo, 2018, o aterro sanitário encontrava-se em construção. O aterro controlado, de acordo com os autores, opera com 50 hectares, 33 correspondentes ao próprio aterro controlado, e 17 hectares constituem a área do aterro sanitário em implantação. Constataram os autores que esse aterro controlado está sendo operado em caráter de emergência e que não são recebidos resíduos de serviços de saúde, de construção civil ou que não sejam trazidos pela prefeitura, como também resíduos sólidos orgânicos. Identificaram que o processo de disposição final apresentava vários entraves, entre eles, a estrutura precária do aterro controlado: não há balanceiros, fiscais, engenheiros e administradores; falta quantificação dos resíduos sólidos; no período chuvoso, a drenagem, a cobertura e o atraso dos caminhões geram problemas e a recusa dos catadores e das catadoras de materiais recicláveis para sair da área.

No Art. 48 da Política Nacional de Resíduos Sólidos, segunda edição (Brasil, 2012), é proibida a catação de resíduos sólidos, logo é proibida a presença de catadores e catadoras de materiais recicláveis. Todavia, o poder público municipal de Teresina, conforme os autores Alcantara, Iwata e Baptista (2022), teme retirá-los da área: "mexer com essa classe geraria significativos transtornos". Indagamos: o que está sendo feito para amparar e melhorar as condições desses profissionais? Não querer ter problema implica abandono desses profissionais e descumprimento da legislação vigente e da responsabilidade de garantir a segurança e saúde da população, como preveem os artigos 144 e 196 da Constituição Federal de 1988 (Brasil, 1988).

A prefeitura fez parceria com o Banco do Brasil para capacitar os catadores e as catadoras de materiais recicláveis, no entanto, segundo Alcantara, Iwata e Baptista (2022), não atingiu os objetivos. Os catadores e as catadoras de materiais recicláveis abandonaram o projeto. A Prefeitura de Teresina contratou esses profissionais para trabalharem na limpeza pública, com todos os direitos trabalhistas, todavia poucos aderiram à proposta. De acordo com nossa experiência profissional, esse cenário é lógico, porque os órgãos competentes desconsideraram a cultura, a identidade e a história de luta desses trabalhadores e dessas trabalhadoras, que, ao longo de décadas, se mobilizam por meio do Movimento Nacional dos Catadores de Materiais Recicláveis (MNCR) para alcançar o reconhecimento de sua profissão e a respectiva valorização.

O MNCR é um movimento nacional inspirador. Várias conquistas foram alcançadas, a exemplo do reconhecimento da profissão de catador de materiais recicláveis, cujo resultado foi a regulamentação pela Classificação Brasileira de Ocupações de 2002, por meio do código 5192 (Brasil, 2002). São trabalhadores da coleta e seleção de material reciclável responsáveis por coletar material reciclável e reaproveitável, vender material coletado, selecionar material coletado, preparar o material para expedição, realizar manutenção do ambiente e equipamento de trabalho, divulgar o trabalho de reciclagem, administrar o trabalho e trabalhar com segurança (Brasil, 2002). Não são trabalhadores da limpeza pública, e devem ser conhecidos conforme luta e interesse. Não devem ter o seu esforço desprezado. É necessário, pois, respeitar a história desses profissionais, já que as atribuições dos catadores e das catadoras de materiais recicláveis ultrapassam as dos trabalhadores e das trabalhadoras da limpeza urbana. Historicamente, lutam pelo seu reconhecimento profissional. A sua história e identidade devem ser consideradas nas políticas públicas municipais, estaduais e federais. São os principais atores da Gires. Favorecem a ciclagem da matéria e o uso eficiente da energia. Contribuem para a sustentabilidade ambiental, social e econômica.

Sem o exercício profissional dos catadores e das catadoras de materiais recicláveis, não há reutilização nem reciclagem. Não há retorno da matéria-prima ao setor produtivo. Não há gestão de resíduos sólidos.

Aferimos que a disposição final indevida, sobretudo em lixões, acarreta vários impactos adversos, que estão relacionados aos tipos de resíduos sólidos dispostos, à área ocupada, aos sistemas abrangidos e à forma de organização, evidenciando-se desequilíbrios nos diferentes sistemas ambientais, sociais e econômicos e riscos à saúde ambiental e humana em curto, médio e longo prazos.

Com a finalidade de facilitar a sua compreensão, estimado leitor, estimada leitora, apresentamos no Quadro 3.2, de forma sintética e em ordem alfabética, os principais impactos adversos e os seus respectivos efeitos.

Quadro 3.2 – Principais impactos adversos e respectivos efeitos da disposição final incorreta de resíduos sólidos

Disposição final de resíduos sólidos incorreta					
Impactos adversos	**Efeitos**				
Alterações das características físicas, químicas e biológicas do solo	Erosão	Compactação	Diminuição da capacidade produtiva do solo	Destruição de biodiversidade nativa	Rupturas nos ecossistemas
Combustão espontânea	Emissão de gases	Emissão de material particulado	Incêndios	Doenças respiratórias e alergias	Morte de seres vivos
Contaminação do ar	Emissão de gases	Toxicidade	Doenças respiratórias, alérgicas e cardiovasculares	Doenças cardiovasculares	Rupturas nos ecossistemas
Contaminação do solo	Excesso de metais pesados	Bioacumulação	Modificações na dinâmica do solo	Perda da capacidade produtiva do solo	Rupturas nos ecossistemas
Contaminação dos sistemas aquáticos	Bioacumulação	Interferência na dinâmica aquática	Redução de disponibilidade de água potável	Prejuízos à saúde humana	Rupturas nos ecossistemas
Emissão de gases	Poluição atmosférica	Contribuição para efeito estufa, chuva ácida e destruição da camada de ozônio	Doenças respiratórias e alérgicas	Maus odores	Rupturas nos ecossistemas

Disposição final de resíduos sólidos incorreta					
Impactos adversos	**Efeitos**				
Entrave à reutilização e à reciclagem	Inviabilização da catação dos resíduos sólidos recicláveis	Redução do potencial econômico dos resíduos sólidos recicláveis	Interrupção do ciclo da matéria	Desperdício de energia	Prejuízos ao exercício profissional de catadores e catadoras de materiais recicláveis
Loteamento indevido	Construção de residência em área degradada	Risco de desmoronamento	Risco de contaminação	Danos à saúde humana	Entrave à recuperação da área degradada
Poluição atmosférica	Emissão de gases	Contribuição para efeito estufa, chuva ácida e destruição da camada de ozônio	Emissão de material particulado	Doenças respiratórias e alergias	Rupturas nos ecossistemas
Poluição edáfica	Redução da biota do solo	Diminuição da capacidade produtiva do solo	Interferência na dinâmica do solo	Prejuízos aos sistemas agrícolas	Rupturas nos ecossistemas
Poluição hídrica (águas superficiais e subterrâneas)	Eutrofização	Mudanças na dinâmica dos sistemas aquáticos	Redução da biodiversidade	Limite aos usos múltiplos da água	Rupturas nos ecossistemas; prejuízos à saúde humana
Poluição visual	Desfiguração da paisagem	Desvalorização imobiliária	Isolamento social	Alteração na biodiversidade	Entrave à recuperação da área degradada

Disposição final de resíduos sólidos incorreta					
Impactos adversos	**Efeitos**				
Prejuízos à saúde humana	Doenças	Aumentos de gastos públicos com a saúde pública	Limite à produtividade no trabalho humano		Redução da qualidade de vida de seres humanos
Presença de catadores e catadoras de materiais recicláveis	Risco de acidentes	Risco de contaminação	Baixa renda	Baixa autoestima	Exercício profissional insalubre; desvalorização profissional e exclusão social
Produção e percolação do chorume	Contaminação do solo	Contaminação dos sistemas aquáticos	Prejuízos à biodiversidade		Limite aos usos múltiplos da água; rupturas nos ecossistemas
Proliferação de vetores	Potencialização da transmissão de doenças	Aumento de despesas com saúde pública	Perda de força produtiva	Redução da qualidade de vida	
Redução da biodiversidade nativa	Rupturas nas cadeias alimentares	Entrave à ciclagem da matéria	Interferência no fluxo de energia		Entrave à recuperação da área degradada

Disposição final de resíduos sólidos incorreta				
Impactos adversos	**Efeitos**			
Resíduos sólidos misturados	Redução do potencial econômico da parcela reciclável seca	Diminuição da quantidade de resíduos sólidos que retorna o setor produtivo (indústria)	Aumento da pressão sobre os recursos ambientais	Desperdício de energia; aumento do custo de produção na indústria
Uso ineficiente de energia	Desperdício de recursos ambientais	Desperdício de energia	Aceleração da pressão sobre os recursos ambientais; aumento da entropia	Entrave ao desenvolvimento econômico
Desequilíbrio nos diferentes sistemas ambientais, sociais e econômicos				

Fonte: a autora (2024)

Após o encerramento de um lixão, aterro controlado ou de um aterro sanitário, não há garantia de que inexistirão riscos ao meio ambiente e à sociedade de entorno, em virtude das atividades de decomposição, que persistem, mesmo depois da inativação da área. Há organismos, há matéria orgânica, há fatores físicos e químicos favoráveis, logo os organismos, especialmente os anaeróbios, terão condições de realizar o seu metabolismo, e, como subproduto, ocorre a produção de chorume e gases, que, na ausência de monitoramento e tratamento, têm impactos adversos graves, em curto, médio e longo prazos.

Silva *et al.* (2022) estudando o lixão de Iguaíba, desativado por decisão judicial em dezembro de 2018, situado na zona rural de Paço do Lumiar/MA. Seguindo o perfil de outros lixões, mesmo desativado, o lixão continua desencadeando vários impactos adversos, entre os quais: alteração do solo, queima de resíduos sólidos, poluição atmosférica, poluição hídrica (águas subterrâneas e superficiais), presença de vetores, modificação da paisagem, desvalorização imobiliária e danos à saúde humana.

Especificando a presença de lixões no bioma caatinga, Lima *et al.* (2020), ao estudarem um lixão em Gurjão/PB, constataram que a disposição indevida dos resíduos sólidos originou impactos negativos diversos: poluição do ar, da água e do solo, desmatamento, erosão do solo, criadouros de animais e queimadas, com consequências sobre os diversos sistemas ambientais, como mostra o Quadro 3.3. Segundo as autoras, esses impactos derivam da decomposição, do tempo de exposição dos materiais dispostos no lixão e às interações físicas, químicas e biológicas. Afirmaram ainda que o ambiente analisado se tornou propício à proliferação de vetores e de outros agentes de transmissão de doenças. Verificaram a emissão de partículas e outros poluentes atmosféricos, devido à queima dos resíduos sólidos ao ar livre. Há prejuízos aos seres humanos, especialmente sobre a sua saúde.

Na Paraíba, muitos lixões estão localizados no bioma caatinga, devido à percepção equivocada de que esse bioma é feio e pobre em biodiversidade. Áreas consideradas sem importância, transformadas em lixões e, depois de desativadas, abandonadas.

Quadro 3.3 – Impactos adversos provocados por um lixão situado em Gurjão, Paraíba, Brasil, e as consequências sobre os distintos sistemas que constituem o bioma caatinga

Impacto adverso	Bioma caatinga				
	Ar	**Água**	**Solo**	**Fauna e flora**	**Ser humano**
Criadouros de animais	Contaminação	Disseminação de vetores	Uso indevido	Alteração fisiológica	Doenças
Desmatamento	Baixa de umidade	Assoreamento de fontes hídricas	Erosão	Extinção	Prejuízos socioambientais
Erosão do solo	Interferência nos ciclos biogeoquímicos	Poluição	Desgaste	Desfiguração da paisagem	Acidentes
Poluição	Alteração das características atmosféricas	Perda da qualidade para consumo	Acúmulo de substâncias químicas	Perda de biodiversidade endêmica	Doenças
Queimadas	Poluição	Contribuição para escassez	Degradação	Desmatamento	Doenças respiratórias

Fonte: Lima *et al.* (2020, p. 70.606)

Silva (2020) expõe que, em decorrência da disposição de resíduos sólidos em lixões, há prejuízos ao bioma caatinga em curto e longo prazos, entre os quais: agressão e desgaste do solo, destruição da paisagem natural, perda de biodiversidade endêmica, morte de rios por assoreamento, perda da capacidade de regeneração, em face de desequilíbrios que demandam vários anos para recuperação da área atingida.

Faustino, Silva e Lima (2020) recomendam a recuperação de área de lixões desativados. Para as autoras, é essencial a recuperação dessas áreas para minimizar e/ou evitar os efeitos adversos comuns a estas, todavia isso requer o conhecimento da sucessão ecológica para atingir os propósitos da recuperação ambiental.

Nos municípios paraibanos, assim como em outros municípios brasileiros, vários lixões estão sendo desativados, seguindo-se a determinação da Lei 14.026/2020 (Brasil, 2020), entretanto a desativação ocorre sem a elaboração de um Plano de Recuperação. Os lixões estão sendo simplesmente abandonados.

A recuperação de ambiente degradado por disposição de resíduos sólidos demanda a elaboração de um plano com a participação de vários profissionais especialistas na temática, entre os quais biólogos, porque o conhecimento sobre os sistemas ecológicos é essencial e deve ser incorporado aos conhecimentos de engenharia, geologia, legislação ambiental, entre outros. A inobservância das leis naturais que regem os sistemas em recuperação constituirá um entrave ao alcance dos objetivos e das metas previstas no Plano de Recuperação, além de pôr em risco a homeostase ambiental e social.

Para a recuperação dessas áreas degradadas, é fundamental observar os princípios da sucessão ecológica. Conforme Odum e Barret (2007), as espécies instalam-se no local (pioneiras), lentamente transformam o meio ambiente, dando condições de estabelecimento de novas espécies. Os autores estimam que a recuperação de um solo degradado requeira de 20 a 40 anos. Tempo importante para que o sistema ambiental tenha condições para alcançar a fase clímax da sucessão secundária.

A sucessão ecológica, tanto primária quanto secundária, compreende um processo de evolução de sistema ambiental no qual espécies vão se sucedendo segundo as condições ambientais. Na fase de colonização, há um mínimo de espécie ao longo do tempo; dadas as condições ambientais, aumenta-se o número de espécies (Odum; Barret, 2007).

Faustino, Silva e Lima (2020) identificaram, em dois lixões desativados em municípios paraibanos, Gurjão e Boa Vista, espécies vegetais que se encontravam adaptadas às condições de degradação, a exemplo de excesso de matéria orgânica, chorume, entre outros. No lixão desativado em Gurjão, foram identificadas 13 espécies; no lixão desativado em Boa Vista, por sua vez, foram identificadas 7 espécies. A diferença de quantidade, segundo as autoras, relaciona-se ao tempo de desativação, dez e quatro anos, respectivamente. As autoras defendem que um lixão desativado poderá, ao longo do tempo, ter paisagem modificada positivamente, em decorrência das interações entre os organismos e o meio ambiente e entre os próprios organismos. Assim, explicam, em ambientes de lixões desativados e abandonados, várias espécies conseguiram se instalar em condições aparentemente adversas. As espécies observadas apresentavam condições morfofisiológicas para o ambiente de lixão desativado e estavam, conforme observação in loco, proporcionando a recuperação daquela área. As autoras defendem que, se não houver perturbação antrópica, em cerca de 20 anos, a área estará em plena recuperação.

Faustino, Silva e Lima (2020) verificaram no lixão desativado há quatro anos (Boa Vista) espécies não observadas no lixão desativado há dez anos (Gurjão): carrapateiras, charuteira e pinhão roxo (nativo). Estas são fitorremediadoras e aparecem no início da sucessão secundária (pioneiras). Assim como identificaram espécies que estavam presentes apenas no lixão de Gurjão (dez anos de desativação): facheiro, jurema, macambira, malva, marmeleiro, mussambê, palmatória e pereiro. Estas representam espécies mais evoluídas e que sucedem as pioneiras. A identificação dessas espécies justifica o insucesso de vários planos de recuperação de áreas degradadas, que comumente não consideram os princípios naturais, entre os quais aqueles que regem a sucessão ecológica.

O conhecimento das espécies vegetais que se instalam e possibilitam a recuperação de ambientes de lixões compreende um passo importante, especialmente, na área do bioma caatinga, uma vez que a presença de organismos autotróficos acende a esperança de renovação desses tipos de ambientes antropizados.

Averiguamos que, quanto maior o tempo de desativação dos lixões, sem interferência humana, maior será a diversidade biológica e o ambiente ficará mais próximo ao estágio de clímax, o que significa que um sistema ambiental degradado pode se autorrecuperar, porém isto demanda no mínimo 20 anos.

3.3 Impactos ambientais, sanitários, econômicos e sociais

3.3.1 Contexto ambiental e sanitário

De modo geral, detemos a compreensão de que a falta de gestão de resíduos sólidos implica vários impactos adversos, cujas consequências afetam os distintos sistemas ambientais, sociais e econômicos, como sintetizamos por meio do Quadro 3.2.

Do ponto de vista ambiental, há o esgotamento dos recursos ambientais, o aumento do efeito estufa e do buraco da camada de ozônio, a poluição e contaminação do ar, do solo e da água; além da poluição visual, resultado de modificação das paisagens naturais, como vem ocorrendo no bioma caatinga, do Nordeste brasileiro.

A acumulação de resíduos sólidos orgânicos em lixões beneficia a ação de organismos anaeróbios, em consequência a geração de chorume e gases, em geral indesejáveis; no entanto, quando esses resíduos são tratados corretamente, podem ser transformados em compostos sanitizados e com características agronômicas viáveis à aplicação em diferentes tipos de solos.

Do ponto de vista sanitário, os resíduos sólidos, além de constituírem importante fonte de poluição, ocasionam diretamente doenças à população humana, por meio de organismos patogênicos e/ou vetores que encontram nesses materiais alimentos e condições adequadas ao seu desenvolvimento e a sua reprodução.

De acordo com Silva *et al.* (2020), a atenção deve ser intensificada para parcela orgânica, por representar riscos à saúde ambiental e humana. Estes se relacionam às condições favoráveis ao desenvolvimento de organismos com potencial patogênico. É um fato, de certo modo, novo, porque somente nas últimas décadas houve o reconhecimento da possibilidade de contaminação de resíduos sólidos orgânicos domiciliares.

Para Silva (2008), uma das primeiras autoras a alertar para esta possibilidade, ao analisar resíduos sólidos orgânicos domiciliares selecionados na fonte geradora, em municípios situados no semiárido paraibano, essa contaminação decorre especialmente do uso de esgoto in natura na irrigação de produtos agrícolas e pelas falhas no processo de higienização dos alimentos de origem vegetal.

Silva *et al.* (2020) compreendem que os riscos são similares aos resíduos sólidos de serviços de saúde. Esses autores, ao analisarem resíduos sólidos orgânicos coletados na fonte geradora, identificaram um número expressivo de ovos de helmintos (0,84 a 6,5 ovos/gST). Entre as espécies, predominaram *Ascaris lumbricoides* (49%), depois *Ancylostoma sp.* (30%), *Hymenolepis nana* (15%) e *Enterobius vermicularis* (6%). Os autores concluíram que os resíduos sólidos orgânicos domiciliares são um veículo de transmissão de agentes patogênicos quando dispostos sem tratamento, podendo provocar contaminação de animais e seres humanos; sendo assim, o tratamento da parcela orgânica compõe uma das ações da gestão integrada de resíduos sólidos, cujos objetivos só serão obtidos por meio de um processo de Educação Ambiental, o que não significa que sozinha resolverá a problemática, mas sem ela haverá entrave para atingir os objetivos.

Diferentes autores (Metcalf & Eddy, 2003; Neves *et al.*, 2010; Silva, 2008, 2021; Silva *et al.*, 2010, 2020) apontam que, dos organismos patogênicos observados nos resíduos sólidos orgânicos, helmintos na fase de ovo são os que apresentam grande relevância, devido a sua importância sanitária, ampla distribuição e elevada resistência ao estresse ambiental. Esses organismos apresentam características morfofisiológicas que lhes permitem adaptar-se ao estresse ambiental.

Gomes *et al.* (2021), analisando os resíduos sólidos orgânicos domiciliares coletados também selecionados diretamente da fonte geradora em Campina Grande/PB (residências), constataram a presença de organismos que apontam para contaminação desses resíduos: ovos de helmintos (4,1 ovos/gST) e enterobactérias (5,6 x 10^7 UFC/g) – reafirmando a necessidade de tratamento desses resíduos. Entre as bactérias gram-negativas identificadas, foi registrada a prevalência dos gêneros *Proteus* (35,4%), *Citrobacter* (25,9%) e *Enterobacter* (14,1%), correspondendo a 75,4% das enterobactérias identificadas.

O trabalho de Gomes *et al.* (2021) é um dos poucos trabalhos identificados direcionado à análise de enterobactérias em resíduos sólidos orgânicos domiciliares. Segundo os autores, esses organismos encontram condições ideais para a sua sobrevivência e, em alguns casos, para a sua reprodução: alto teor de umidade e de sólidos totais voláteis (72% e 83% ST, respectivamente), pH ácido (5,2), carbono (40% ST) e nutrientes como N (1% ST).

A presença dessas bactérias é justificada pelos autores pela irrigação com esgotos in natura dos produtos consumidos pela população e pela ausência das barreiras sanitárias.

A irrigação com esgotos in natura é uma prática bastante comum na região estudada, como citou Silva (2008, 2021), seguindo o perfil de outras regiões brasileiras.

A destinação e/ou disposição dos resíduos sólidos orgânicos domiciliares sem nenhuma preocupação, por considerá-los inofensivos, porque são gerados em residências, compreendem uma atitude imatura que contribui para aumentar os problemas de saúde que atingem os seres humanos.

A presença de enterobactérias nos resíduos sólidos orgânicos é um alerta, uma vez que esse grupo de bactérias é um indicador internacional de contaminação fecal, como os coliformes termotolerantes, entre eles a *E. Coli*, como delibera a American Public Health Association (Apha, 2005).

Documentos da Organização Mundial da Saúde (Who, 2015) indicam que o número expressivo de agentes patogênicos encontrado nos resíduos sólidos orgânicos está associado à ampla variedade de manifestações clínicas de doenças gastrointestinais agudas da população humana.

Sem a coleta seletiva, os riscos são intensificados, principalmente para aqueles profissionais que sobrevivem da catação – mesmo os que trabalham de forma organizada. Esse tipo de potencialização foi confirmado nos trabalhos de Batista *et al.* (2013), Cavalcante *et al.* (2016), Soares (2019) e Silva *et al.* (2020a). Esses autores comprovaram que os catadores e as catadoras de materiais recicláveis organizados em associação estavam também submetidos a riscos biológicos, principalmente em função da ausência de seleção na fonte geradora e de higienização dos resíduos sólidos recicláveis secos.

Em nossas pesquisas ao longo de três décadas, verificamos a percepção predominante, entre os vários segmentos da sociedade humana, de que este tipo de resíduo constitui um problema secundário, diferentemente da percepção prevalente sobre os resíduos sólidos de serviços de saúde. Em decorrência dessa percepção, os poderes competentes negligenciam a gestão desses resíduos e há pouca ou nenhuma preocupação até mesmo entre um número considerável de pesquisadores e pesquisadoras da área. São poucos os trabalhos relacionados à gestão de resíduos sólidos que dão importância à avaliação sanitária; comumente, destacam os parâmetros físicos e químicos. Assim, a ausência de conhecimento sobre a qualidade sanitária dos resíduos sólidos desencadeia o descumprimento da legislação vigente e obstrui o alcance dos objetivos que compõem a gestão integrada de resíduos sólidos. Reflete também a necessidade de os municípios e as universidades investirem em projetos de Educação Ambiental no que concerne a formação, sensibilização e mobilização social.

Compreendemos que a qualidade sanitária dos resíduos sólidos orgânicos domiciliares constitui importante ação no contexto da gestão de resíduos sólidos, pelo fato de motivar o tratamento antes de destiná-los ou dispô-los no meio ambiente.

Silva (2008, 2021) e Silva *et al.* (2010) afirmam que a análise de ovos de helmintos envolve um parâmetro importante no que se refere à avaliação sanitária e consequentemente à tomada de decisão quanto ao tipo de tratamento. O tratamento adotado, quando destrói ou inviabiliza ovos de helmintos, indica que o material resultante está sanitizado, higienizado, logo é um parâmetro de qualidade sanitária, dada a resistência desses organismos às condições adversas, comparando-se com vírus, bactérias, protozoários e fungos.

Os organismos patogênicos encontram, nos resíduos sólidos orgânicos, condições favoráveis ao seu desenvolvimento. Nos sistemas de tratamento que estudamos (Araújo *et al.*, 2021; Freitas *et al.*, 2020; Gomes *et al.*, 2021; Silva, 2008, 2021; Silva *et al.* 2010, Silva 2014), propiciamos condições viáveis ao desenvolvimento de organismos autóctones que degradam a matéria orgânica. Desse modo, tornamos o ambiente desfavorável aos organismos patogênicos, a exemplo de ovos de helmintos. Nesse caso, em especial, provocamos a quebra do ciclo, evitando as demais fases, sobretudo a fase adulta. Transformamos problema em solução ao tratarmos resíduos sólidos orgânicos. Transformamo-los em composto orgânico sanitizado e com características adequadas às diversas culturas agrícolas, como o cultivo de tomateiro.

Chamamos, outrossim, atenção para o cenário de pandemia mundial ocasionado pelo coronavírus, porque outros componentes foram incorporados aos resíduos sólidos, cuja falta de separação na fonte favorece a presença de luvas, máscaras, entre outros materiais contaminados aos resíduos sólidos.

De acordo com o Centro Europeu de Prevenção e Controle de Doenças (2020 citado em European Commission, 2020), há evidências de que os resíduos sólidos domiciliares desempenham um papel importante na transmissão do SARS-CoV-2, assim como de outros vírus que atingem o sistema respiratório. No caso do vírus que provoca a covid-19, conforme estudo de Kampf *et al.* (2020), pode persistir em superfícies inanimadas, como vidro ou plástico, por até nove dias. O *New England Journal of Medicine* (2020) ratifica essa preocupação ao expor o tempo de sobrevivência em diferentes tipos de resíduos sólidos: plástico, três dias; papelão, um dia; aço inox, três dias; e cobre, quatro horas.

O tempo de permanência (sobrevivência) alerta para a necessidade de catadores e catadoras de materiais recicláveis deixarem os resíduos sólidos em quarentena por no mínimo oito dias, antes de realizarem a triagem.

Silva (2020) chama atenção para o mosquito *Aedes aegypti*. Alerta que os resíduos sólidos dispostos de maneira inadequada, a exemplo de copos descartáveis destinados ou dispostos não amassados, compreendem berçários desses mosquitos, contribuindo para o aumento dos casos de doenças relacionadas: dengue, *chikungunya* e *zika*. Podemos, então, asseverar que a destinação e a disposição final de resíduos sólidos inapropriadas colaboram expressivamente para a formação de criadouros do mosquito *Aedes aegypti*; desse modo, a nossa ação correta em relação à gestão desses resíduos é essencial para a reversão do cenário brasileiro, que nos últimos meses registra o aumento de número de pessoas acometidas por essas doenças, que comumente deixam sequelas que perduram por anos.

Aquino, Zajac e Kniess (2019) destacam que o uso doméstico de seringas, agulhas e lancetas representa riscos de contaminação e de acidentes para os profissionais que lidam diretamente com os resíduos sólidos; uma realidade que abrange os portadores de *Diabetes mellitus*, que dependem de insulina e descartam os resíduos, habitualmente, entre os demais resíduos sólidos, pondo em risco a saúde humana.

Ressaltamos que os resíduos sólidos de serviço de saúde no âmbito domiciliar são um problema que provoca vários riscos aos seres humanos e demandam mudanças de hábito e tomada de atitude.

Os dados expostos neste tópico, com base em diferentes autores, ratificam e alertam para o potencial de contaminação dos resíduos sólidos e mostram a sua relação direta com a saúde da população humana. Deixam-nos atentos para a importância de medidas em Educação Ambiental também para o controle de doenças.

É, então, urgente que a problemática de resíduos sólidos seja considerada grave. Os geradores e os gestores públicos e privados devem adotar medidas preventivas e corretivas que envolvam todas as etapas da gestão desses materiais, da geração à disposição final, e que nenhum tipo de resíduos sólidos seja negligenciado.

3.3.2 Contexto econômico e social

Do ponto de vista econômico, Silva (2020) destaca o desperdício de materiais descartados erroneamente que poderiam ser reutilizados ou reciclados. O uso desses materiais como matéria-prima pode reduzir o preço das mercadorias que os cidadãos e as cidadãs compram e que tem origem de materiais novos, cuja matéria prima é retirada diretamente do meio ambiente.

Diversos produtos fabricados com materiais reciclados poderiam ser comercializados com menor custo, fazendo diferença positiva tanto no bolso de homens e mulheres que detêm compromisso ambiental quanto nos demais elementos do meio ambiente.

Para os agricultores e as agricultoras, de acordo com Silva (2020), o adubo químico, além de ser prejudicial ao meio ambiente e à saúde humana, tem custo alto. O adubo orgânico, no entanto, obtido por meio da compostagem de resíduos sólidos orgânicos, é viável para o solo, para as plantas e para o próprio ser humano, tanto em termos de saúde quanto de economia de recursos financeiros, e vários outros sistemas ambientais são beneficiados.

A compostagem é um tipo de tecnologia apropriada para o tratamento dos resíduos sólidos orgânicos, inclusive domiciliares. O objetivo principal consiste em transformar problema em solução, como defende Silva (2021). Transforma resíduos sólidos orgânicos em composto orgânico com características sanitárias e agronômicas em consonância com a legislação ambiental vigente e que responde às necessidades dos organismos autotróficos.

Do ponto de vista social, Silva (2020) coloca que a prática de dispor resíduos sólidos em lixões atrai pessoas que tentam retirar dos rejeitos materiais que possam ser comercializados; dessa forma, ficam expostas a condições insalubres.

Leite, Andrade e Cruz (2018) enfatizam que há vários problemas relativos aos resíduos sólidos, assim como a exclusão de catadores e catadoras de materiais recicláveis, cujo exercício laboral ocorre submerso em vários riscos.

A separação e a reciclagem permitem que os resíduos sólidos passem a ser encarados como matéria-prima pós-consumo ou matéria-prima secundária. Materiais como plásticos, papéis, papelões, metais e vidros que estariam dispostos em aterros sanitários, lixões ou aterros controlados adquirem valor econômico e voltam ao ciclo produtivo, reduzindo, por conseguinte, os impactos adversos, contribuindo para a redução da entropia e para a homeostase de diferentes sistemas ambientais (Quadro 3.2).

O aproveitamento dos resíduos sólidos antes que sejam descartados diminui a quantidade a ser aterrada, conservando os recursos ambientais, economizando energia, amortizando os diferentes tipos de poluição e de contaminação, e beneficia a população ao gerar ocupação e renda e ao mitigar os problemas de saúde pública.

Leite, Andrade e Cruz (2018) ressaltam a tríplice do modelo de desenvolvimento econômico, ou seja, produção, lucro e consumo (Figura 3.6), que negligencia o sistema ambiental. Nesse processo, a produção e o consumo têm por base o princípio de inesgotabilidade, pautado no paradigma cartesiano e na percepção equivocada de que os recursos ambientais são finitos.

Figura 3.6 – Tríplice do modelo de desenvolvimento econômico

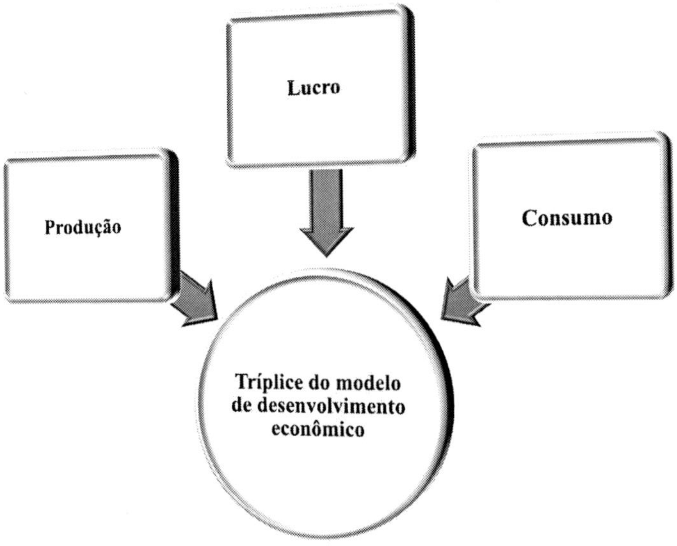

Fonte: Leite, Andrade e Cruz (2018)

Essa tríplice não considera a importância dos recursos ambientais e a geração de resíduos sólidos, assim como desconsidera a capacidade de suporte dos distintos sistemas ambientais.

Berto *et al.* (2019) alegam que os resíduos sólidos ocasionam uma série de problemas que demandam implementação de políticas públicas ambientais eficientes para assegurar o direito a um meio ambiente ecologicamente equilibrado, bem como para provocar a sensibilização de indivíduos.

A nova dinâmica que estamos identificando na Paraíba é bastante preocupante. Corresponde à exportação de resíduos sólidos. Os municípios fecham os lixões, livrando-se das infrações ambientais, e encaminham os resíduos sólidos para um aterro sanitário situado em outro município. Não consideram a distância nem sua capacidade de suporte e não trabalham na modalidade de consórcio. É exportação mesmo de resíduos sólidos, ou seja, constitui transferência de problema. Fecham os lixões, não adotam medida para recuperar a área degradada e exportam impactos adversos. Destacamos, todavia, que não há fronteira para poluição e contaminação, os efeitos desses impactos retornam aos seres humanos.

A este respeito, podemos citar como exemplo o aterro sanitário privado em operação na zona rural de Campina Grande/PB que recebe resíduos sólidos originados no próprio município e de mais 60 municípios dos estados da Paraíba e de Pernambuco (Cezário, 2022). Esse aterro sanitário entrou em operação em 2015 e – conforme apresentação em audiência pública da qual participamos representando uma instituição pública de ensino superior – foi projetado para receber a média diária de 100 toneladas de resíduos sólidos, com tempo de vida útil de 25 anos. Todavia, de acordo com Cezário, em 2021 recebeu diariamente em média 649,86 t. Deste total, 13,38% são originados em outros municípios, cuja distância pode ultrapassar 100 km. Fato preocupante quando atentamos para a demanda de combustíveis, entre outros recursos materiais, para o simples ato de desativar os lixões, para a capacidade de suporte do aterro sanitário em foco, para a ocupação indevida do bioma caatinga e para os impactos adversos que atingem a sociedade humana que ocupa as áreas de abrangências direta e indireta.

A disposição de resíduos sólidos incorreta desencadeia diversos impactos adversos, cujos efeitos atingem os sistemas ambientais, sociais e econômicos. Comumente são graves, abrangentes e de longa duração. No Brasil, a disposição apropriada constitui uma urgência nacional, mas requer a prática das demais etapas que compõem a gestão integrada de resíduos sólidos, centrada nos princípios e objetivos previstos na legislação ambiental, como também nos "Objetivos do Milênio", contidos na Agenda 2030, de modo a evitar, mitigar e/ou eliminar esses impactos e os seus respectivos efeitos, bem como favorecer a sustentabilidade dos sistemas ambientais, sociais e econômicos.

3.4 Considerações finais

Nós, especialmente educadores e educadoras, precisamos propiciar o entendimento de que a produção e o consumo de produtos suscitarão maior quantidade de resíduos sólidos e que estes, na ausência de gestão, transformar-se-ão em rejeitos, cuja disposição final indevida causa impactos adversos que alcançam os diferentes sistemas ambientais e põem em risco a saúde ambiental e humana. Assim como é igualmente importante motivarmos a percepção de que os resíduos sólidos são constituídos por recursos ambientais, naturais ou modificados, que são finitos, e grande parte desses resíduos pode retornar ao setor produtivo e compor a matéria-prima para novos produtos, propiciando o ciclo da matéria e o uso eficiente de energia.

No contexto da gestão integrada de resíduos sólidos, os catadores e as catadoras de materiais recicláveis são essenciais, pois as suas atribuições profissionais beneficiam a reintrodução da matéria-prima ao setor produtivo, proporcionando a obtenção dos objetivos delineados para esse tipo de gestão ambiental. Esses profissionais, contudo, carecem de condições dignas de trabalho e de vida, sobretudo de valorização, inclusão socioeconômica e respeito ao movimento nacional que os reúne (Movimento Nacional de Catadores de Materiais Recicláveis), que ultrapassa décadas. Há uma história que precisa ser respeitada e considerada na elaboração e implantação de políticas públicas que envolvam esses profissionais.

Como não há gestão ambiental sem a participação de diferentes segmentos sociais, ratificamos que, na ausência do exercício profissional dos catadores e das catadoras de materiais recicláveis, não há Gires. Assim como não há esse tipo de gestão, se o gerador ou geradora não assume a sua responsabilidade (responsabilidade compartilhada), haja vista que a gestão tem início na geração. Assim, a Gires impõe a ação conjunta dos geradores, das geradoras, dos gestores e das gestoras públicos e privados e dos catadores e catadoras de materiais recicláveis. Cada ser humano deve fazer a sua parte, como determinam a legislação e a nova ética ambiental.

Seguindo o perfil das considerações iniciais contidas neste capítulo, indagamos: você está fazendo a sua parte? Você está favorecendo a gestão integrada de resíduos sólidos no seu município? Você está contribuindo para o exercício profissional dos catadores e das catadoras de materiais recicláveis? Você está contribuindo para evitar, mitigar e/ou eliminar os impactos adversos decorrentes dos resíduos sólidos?

Acreditamos no seu comprometimento ambiental. Acreditamos que você está exercendo a cidadania ambiental.

Portanto, é imperativo que a problemática de resíduos sólidos seja considerada grave, urgente, irremediável. Geradores e geradoras, gestores e gestoras públicos e privados devem adotar medidas preventivas e corretivas que envolvam todas as etapas da gestão desses materiais, da geração à disposição final, e que nenhum tipo de resíduo sólido seja negligenciado.

Sigamos em direção à compreensão de que a falta de gestão de resíduos sólidos provoca diversos impactos negativos sobre os diferentes sistemas ambientais, mas há alternativas para solucionar tal problemática. Acreditamos que as mudanças são possíveis.

Confiamos na força das mãos que se unem para cuidar da Criação. Acreditamos na força de suas mãos, estimado leitor. Acreditamos na força de suas mãos, estimada leitora. Você pode ser fermento na massa.

Referências

ASSOCIAÇÃO BRASILEIRA DE EMPRESA DE TRATAMENTO DE RESÍDUOS E EFLUENTES -ABETRE. *Vinte lixões foram desativados no Brasil entre março e junho*. Disponível: https://abetre.org.br/vinte-lixoes-foram-desativados-no-brasil-entre-marco-e-junho/. Acesso em: 29 abr. 2022.

AGÊNCIA BRASIL. *Vinte lixões desativados no Brasil entre março e junho*. set. 2021. Disponível em: https://agenciabrasil.ebc.com.br/geral/noticia/2021-09/vinte-lixoes-foram-desativados-entre-marco-e-junho-no-brasil#:/Acesso em: 29 abr. 2022.

ALCANTARA, Jacqueline Ribeiro; IWATA, Bruna de Freitas; BAPTISTA, Elisabeth Mary de Carvalho. Resíduos sólidos em Teresina-Piauí: entre a legislação e a destinação. *Revista Brasileira de Análise e Planejamento Espacial*, v. 1, n. 1, p. 116-132, 2022.

AMBIENTE BRASIL. *Tempo de decomposição dos materiais*. Disponível em: https://ambientes.ambientebrasil.com.br/residuos/reciclagem/tempo_de_decomposicao_dos_materiais.html. Acesso em: 26 abr. 2022.

AMERICAN PUBLIC HEALTH ASSOCIATION (APHA). *Standard methods for examination of water and wastewater*. 21 ed. Washington, D.C.: Apha-WEF, 2005.

ANJOS, Elisângela de Oliveira *et al.* Case study of solid waste and the perception of urban inhabitants and waste pickers in the town of Mundo Novo – Mato Grosso do Sul. *Journal of Environmental Management & Sustainability*, v. 9, n. 1, p. 1-19, set. 2020.

AQUINO, Simone; ZAJAC, Maria Antonieta Leitão; KNIESS, Cláudia Terezinha. Percepção de diabéticos e papel de profissionais de saúde sobre a educação ambiental de resíduos sólidos perfuro-cortantes produzidos em domicílios. *Revista Brasileira de Educação Ambiental*, São Paulo, v. 14, n. 1, p. 186-206, 2019.

ARAÚJO, Elaine Cristina dos Santos; GOMES, Ivanise; SILVA, Monica Maria Pereira. Avaliação de impactos ambientais: urbanização do Açude de Bodocongó, Campina Grande, PB. *Revista Ibero-Americana de Ciências Ambientais*, v. 11, n. 7, p. 28.743-28.757, dez. 2020.

ARAÚJO, Elaine Cristina dos Santos *et al.* Diversidade de mesoinvertebrados associada ao tratamento aeróbio de resíduos sólidos orgânicos. *Research, Society and Development*, v. 10, n. 1, p. 1-12, 2021.

ASSOCIAÇÃO BRASILEIRA DE EMPRESA DE LIMPEZA E RESÍDUOS ESPECIAIS (ABRELPE). *Panorama de resíduos sólidos no Brasil 2018-2019*. São Paulo: Abrelpe, 2020. Disponível em: https://abrelpe.org.br/download-panorama-2018-2019/. Acesso em: 11 jul. 2022.

ASSOCIAÇÃO BRASILEIRA DE EMPRESA DE LIMPEZA E RESÍDUOS ESPECIAIS (ABRELPE). *Panorama de resíduos sólidos no Brasil 2020*. São Paulo: Abrelpe, 2021. Disponível em: https://abrelpe.org.br/panorama-2020/. Acesso em: 11 jul. 2022.

ASSOCIAÇÃO BRASILEIRA DE EMPRESA DE LIMPEZA E RESÍDUOS ESPECIAIS (ABRELPE). *Panorama de resíduos sólidos no Brasil 2021*. São Paulo: Abrelpe, 2022. Disponível em: https://abrelpe.org.br/panorama-2021/. Acesso em: 11 jul. 2022.

ASSOCIAÇÃO BRASILEIRA DE NORMAS TÉCNICAS (ABNT). *NBR 10.004*. Resíduos sólidos: classificação. Rio de Janeiro: ABNT, mar. 2004. Disponível em: https://analiticaqmcresiduos.paginas.ufsc.br/files/2014/07/Nbr-10004-2004-Classificacao-De-Residuos-Solidos.pdf. Acesso em: 24 maio 2022.

ASSOCIAÇÃO BRASILEIRA DE NORMAS TÉCNICAS (ABNT). *NBR 10.157*. Aterros de resíduos perigosos: critérios para projetos e operação. Rio de Janeiro: ABNT, dez. 1987.

ASSOCIAÇÃO BRASILEIRA DE NORMAS TÉCNICAS (ABNT). *NBR 13896*. Aterros de resíduos não perigosos: critérios para projetos, implantação e operação. Rio de Janeiro: ABNT, jun. 1997.

ASSOCIAÇÃO BRASILEIRA DE NORMAS TÉCNICAS (ABNT). *NBR 8.419*. Apresentação de projetos de aterros sanitários de resíduos sólidos urbanos. Rio de Janeiro: ABNT, abr. 1992.

ASSOCIAÇÃO BRASILEIRA DE NORMAS TÉCNICAS (ABNT). *NBR 8849/1985*. Apresentação de projetos de aterros controlados de resíduos sólidos urbanos. Rio de Janeiro: ABNT, 1985.

BARBAULT, Robert. *Ecologia geral*: estrutura e funcionamento da biosfera. Petrópolis: Vozes, 2011.

BARROS, Paula Montenegro Gonçalves de Alencar *et al.* Percepção dos profissionais de saúde quanto a gestão dos resíduos sólidos de serviços de saúde. *Revista Ibero-Americana de Ciências Ambientais*, v. 11, n. 1, p. 201-210, jan. 2020.

BATISTA, Fábio Giovanni Araújo; LIMA, Vera Lúcia Antunes; SILVA, Monica Maria Pereira. Avaliação de riscos físicos e químicos no trabalho de catadores de materiais recicláveis, Campina Grande, Paraíba. *Revista Verde de Agroecologia e Desenvolvimento Sustentável*, Mossoró, v. 8, n. 2, p. 284-290, abr./jun. 2013.

BECK, Ulrich. *Sociedade de risco*: rumo a uma outra modernidade. 2. ed. São Paulo: Editora 34, 2011.

BERTO, Amanda Maciel *et al.* A percepção ambiental sobre a geração de resíduos sólidos no bairro Paisagem Colonial, São Roque-SP. *Revista Scientia Vitae*, v. 10, n. 31, p. 38-57, jul./dez. 2019.

BET, Luís Gustavo *et al.* Educação ambiental aplicada à gestão de resíduos sólidos: a iniciativa inovadora do Programa Condomínio Sustentável. *Revista Brasileira de Educação Ambiental*, v. 15, n. 5, p. 282-298, 2020.

BICALHO, Marcondes Lomeu; PEREIRA, José Roberto. Participação social e a gestão dos resíduos sólidos urbanos: um estudo de caso de Lavras (MG). *Revista Gestão e Regionalidade*, v. 34, n. 100, p. 183-201, jan./abr. 2018.

BRASIL. [Constituição (1988)]. *Constituição da República Federativa do Brasil de 1988*. Brasília: 1988. Disponível em: http://www.planalto.gov.br/ccivil_03/constituicao/constituicaocompilado.htm. Acesso em: 18 maio 2022.

BRASIL. *Classificação Brasileira de Ocupações*. Brasília: 2002. Disponível em: http://www.mtecbo.gov.br/cbosite/pages/pesquisas/BuscaPorTituloResultado.jsf. Acesso em: 18 maio 2022.

BRASIL. Decreto n. 11.043, de 13 de abril de 2022. Aprova o Plano Nacional de Resíduos Sólidos. *Diário Oficial da União*: seção 1, Brasília, n. 72, p. 2-90, 14 abr. 2022. Disponível em: https://sintse.tse.jus.br/documentos/2022/Abr/18/para-conhecimento-geral/decreto-no-11-043-de-13-de-abril-de-2022-aprova-o-plano-nacional-de-residuos-solidos. Acesso em: 23 maio 2022.

BRASIL. *Lei 9.605 de 12 de fevereiro de 1998 – Lei de Crimes Ambientais*. Dispõe sobre as sanções penais e administrativas derivadas de condutas e atividades lesivas ao meio ambiente. 1998. Disponível em: http://www.planalto.gov.br/ccivil_03/leis/l9605.htm. Acesso em: 20 maio 2022.

BRASIL. *Lei 12.305 de 02 de agosto de 2010*. Institui a Política Nacional de Resíduos Sólidos. 2. ed. Brasília: Câmara dos Deputados; Edições Câmara, 18 jun. 2012. Disponível em: https://www.poli.usp.br/wp-content/uploads/2018/10/politica_residuos_solidos.pdf. Acesso em: 18 maio 2022.

BRASIL. Lei 14.026 de 15 de julho de 2020. Atualiza o marco legal do saneamento básico e altera a Lei nº 9.984 de 17 de julho de 2000. *Diário Oficial da União*, Brasília, 2020. Disponível em: https://www.in.gov.br/en/web/dou/-/lei-n-14.026-de-15-de-julho-de-2020-267035421. Acesso em: 20 maio 2022.

BRASIL. *Poluentes atmosféricos*. Brasília: Ministério do Meio Ambiente, 2022. Disponível em: https://antigo.mma.gov.br/cidades-sustentaveis/qualidade-do-ar/poluentes-atmosf%C3%A9ricos.html. Acesso em: 19 maio 2022.

BRITO, Fábio Sérgio Lima *et al.* Impactos socioambientais provocadas por um vazadouro a céu aberto: uma análise no distrito de Marudá/PA. *Revista Ibero-Americana de Ciências Ambientais*, v. 10, n. 5, p. 128-139, 2019.

CAVALCANTE, Lívia Poliana Santana; SILVA, Monica Maria Pereira; LIMA, Vera Lúcia Antunes. Risks inherent to work environment of formal and informal recyclable material collectors. *Revista Ibero-Americana de Ciências Ambientais*, v. 7, p. 111-126, 2016.

CEZÁRIO, Janaína Aparecida. *Previsão da geração de resíduos sólidos urbanos para o aterro sanitário de Campina Grande-PB*. 2022. Dissertação (Pós-Graduação em Ciência e Tecnologia Ambiental) – Universidade Estadual da Paraíba, Campina Grande, 2022.

COMPANHIA AMBIENTAL DO ESTADO DE SÃO PAULO (CETESB). *Inventário estadual de resíduos sólidos urbanos 2017*. São Paulo: Cetesb, 2018. Disponível em: https://cetesb.sp.gov.br/residuossolidos/wp-content/uploads/sites/26/2018/06/inventario-residuos-solidos-urbanos-2017.pdf. Acesso em: 25 maio 2022.

ECOASSIST. *Você sabe o tempo de decomposição de resíduos sólidos?* Disponível em: https://ecoassist.com.br/decomposicao/. Acesso em: 26 abr. 2022.

ECYCLE. *Reciclagem; decomposição leva tempo; entenda o processo*. Disponível em: https://ambientes.ambientebrasil.com.br/residuos/reciclagem/tempo_de_decomposicao_dos_materiais.html. Acesso em: 26 abr. 2022.

EUROPEAN COMMISSION. *Waste management in the context of the coronavírus crisis*. European Commission, 14 abr. 2020. Disponível em: https://ec.europa.eu/info/sites/default/files/waste_management_guidance_dg-env.pdf. Acesso em: 11 jul. 2022

FAUSTINO, Rayanne Ferreira; SILVA, Monica Maria Pereira; LIMA, Vanderlânia Galdino da Silva. Diversidade vegetal em ambientes de lixões desativados em municípios situados no bioma caatinga. *Brazilian Journal of Development*, Curitiba, v. 6, n. 7, p. 46.719-46.737, jul. 2020.

FERREIRA, Daniele Araújo; ROSOLEN, Vânia. Disposição de resíduos sólidos e qualidade dos recursos hídricos no município de Uberlândia (MG). *Revista Horizonte Científico*, v. 6, n. 1, p. 1-21, 2012.

FREITAS, António Fraga *et al.* Tratamento aeróbio de resíduos sólidos orgânicos gerados em condomínio vertical como alternativa sustentável. *Research, Society and Development*, v. 9, n. 10, p. 1-27, 2020.

GEORGES, Liliane Hanna; GOMES, Érico Rodrigues. Diagnóstico ambiental do lixão do município de Pedro II-Piauí como ferramenta para gestão de resíduos. *Revista da Academia de Ciências do Piauí*, v. 2, n. 2, p. 74-86, 2021.

GOMES, Ivanise *et al.* Enterobactérias em sistemas de tratamento aeróbio em sistemas de tratamento aeróbio de resíduos sólidos orgânicos domiciliares. *Revista Ibero-Americana de Ciências Ambientais*, v. 12, n. 5, p. 77-93, maio 2021.

KAMPF, G. *et al.* Persistence of coronaviruses on inanimate surfaces and their inactivion whith biocidal agents. *Journal of Hospital Infection*, v. 104, n. 3, p. 246-251, mar. 2020.

KJELDSEN, Peter *et al.* Present and long-term composição of MSW landfill leachate: a review. *Critical Reviews in Environmental Science and Technology*, v. 32, n. 4, p. 297-336, 2002.

LAYANE, Nielli; FERNANDA, Sílvia. O lixão de Cuiabá e a geração de impactos socioambientais. *Revista Geosaberes*: Revista de Estudos Geoeducacionais, v. 11, p. 100-115, 2020.

LEITE, Andrea Amorim; ANDRADE, Maristela Oliveira; CRUZ, Denise Dias. Percepção ambiental do corpo docente e discentes sobre resíduos sólidos em uma escola no agreste paraibano. *Revista Eletrônica do Mestrado em Educação Ambiental*, v. 35, n. 1, p. 58-75, jan./abr. 2018.

LIMA, Vanderlânia Galdino da Silva *et al.* Resíduos sólidos e impactos adversos sobre o bioma caatinga em município paraibano de pequeno porte. *Revista Journal of Development*, Curitiba, v. 6, n. 9, p. 70.593-70.614, 2020.

MARCHI, Cristina Maria Dacach. Novas perspectivas na gestão do saneamento: apresentação de um modelo de destinação final de resíduos sólidos urbanos. *Revista Brasileira de Gestão Urbana*, Salvador, v. 7, n. 1, p. 91-105, jan./abr. 2015.

MELLO, Marise Costa; LEMOS, Judith Liliana Solorzano. A importância da difusão de práticas ambientais sustentáveis para a gestão de resíduos sólidos. *Revista Episteme Transversalis*, v. 10, n. 3, p. 29-47, 2019.

MENDES, Jéssica Ruana Lima *et al.* Diagnóstico da disposição de resíduos sólidos urbanos no estado da Paraíba. *Revista Brasileira de Direito e Gestão Ambiental*, v. 8, n. 2, p. 449-457, abr./jun. 2020.

METCALF & EDDY. *Wastewater engineer treatment disposal, reuse*. 4. ed. New York: McGraw Hill Book, 2003.

NAVEEN, B. P. *et al.* Physicochemical and biological characterization of urban municipal landfill leachate. *Environmental Pollution*, v. 2, p. 1-12, 2016. Disponível em: http://wgbis.ces.iisc.ernet.in/energy/paper/Physico-chemical/Env%20Pollution%20article%202016.pdf. Acesso em: 17 maio 2022.

NEVES, David Pereira *et al. Parasitologia humana*. 12. ed. São Paulo: Atheneu, 2011.

NEW ENGLAND JOURNAL OF MEDICINE. *Aerosol and surface stability of sars-cov-2 as compared with sars-cov-1*. Mar. 2020. Disponível em: https://www.nejm.org/doi/full/10.1056/nejmc2004973. Acesso em: 14 jul. 2022.

NORTE AMBIENTAL. *Resíduos sólidos*: qual o tempo de decomposição de materiais. Disponível em: https://norteambiental.com.br/residuos-solidos-decomposicao-de-materiais/. Acesso em: 26 abr. 2022.

ODUM, Eugene P.; BARRETT, Gary W. *Fundamentos de ecologia*. 5. ed. São Paulo: Thomson Learning, 2007.

PEREIRA, Ângela Rodrigues; TEIXEIRA, Maria Dilma Souza; ALVES, Algara Miranda. Avaliação dos impactos socioambientais ocasionados pela fumaça do lixão na cidade de Xique-Xique, Bahia, Brasil. *Revista Sertão Sustentável*, v. 2, n.1, p. 51-60, 2020.

PIMENTA, Samuel Soares *et al.* Análise da gestão e gerenciamento de resíduos urbanos em Alcântara (Maranhão-Brasil). *Revista Meio Ambiente*, v. 2, n. 1, p. 25-33, 2020.

PINTO, Augusto Eduardo; NASCIMENTO, Rafael Motta. Sustentabilidade e precaução; uma avaliação do plano municipal de gerenciamento de resíduos de Macaé referenciado na Política Nacional de Resíduos Sólidos. *Revista de Direito da Cidade*, v. 10, n. 1, p. 78-94, 2018.

PORTO, Fernanda Patel; SCOPEL, Janete Maria; BORGES, Daniela. Contribuição das práticas de educação ambiental sobre os resíduos sólidos para a sensibilização ambiental. *Revista Scientia cum Industria*, v. 8, n. 3, p. 44-48, 2020.

QUEIROZ, Neucy Teixeira; VIEIRA, Eloir Trindade Vasques. Gestão de resíduos sólidos na zona urbana do município de Varzelândia, Minas Gerais, Brasil: um olhar pela via da gestão municipal e impressões da população. *Revista Brasileira de Gestão Ambiental e Sustentabilidade*, v. 5, n. 9, p. 141-156, 2018.

RAMOS, Silma Pacheco. A lei da política nacional de resíduos sólidos e a meta de implantação de aterro sanitário no Brasil. *Revista Âmbito Jurídico*, v. 17, p. 1-2, 2014.

REGO, Flávio Aragão Holanda; CÔELHO, Jesélia Fernanda Ribeiro; BARROS, Vera Lúcia Lopes. Análise dos efeitos negativos causados pela queima do lixo doméstico em áreas urbanas de Caxias (MA). *Revista Humanas*, v. 1, n. 1, p. 50-60, 2014.

RIBEIRO, Luiz Carlos de Santana *et al.* Aspectos econômicos e ambientais da reciclagem: um estudo exploratório nas cooperativas de catadores de material reciclável do estado do Rio de Janeiro. *Revista Nova Economia*, Belo Horizonte, v. 24, n. 1, p. 192-214, 2014.

ROSINI, Daniely Neckel *et al.* Percepção e sensibilização ambiental dos alunos do ensino médio sobre os resíduos sólidos no município de Bom Retiro, SC. *Revista Gestão e Sustentabilidade Ambiental*, Florianópolis, v. 8, n. 3, p. 482-498, jul./set. 2019.

SALES E SOUZA, Davi Edson *et al.* Qualidade da água subterrânea para consumo humano em área de inferência de lixão desativado. *Revista Aidis de Ingeniería y Ciencias Ambientales, Investigación, Desarrollo y Práctica*, v. 14, p. 7, 747-766, 2021.

SANTOS, Adriana Souza; MEDEIROS, Nísia Maria Paris. Percepção e conscientização ambiental sobre resíduos sólidos no ambiente escolar: respeitando os 5 R's. *Revista Geografia Ensino & Pesquisa*, v. 23, n. 8, p. 1-30, 2019.

SANTOS, Bárbara Daniele; CURI, Rosires Catão; SILVA, Monica Maria Pereira. Análise ambiental de empreendimentos dos catadores de materiais recicláveis em rede, Campina Grande, Paraíba, Brasil. *Revista Ibero-Americana de Ciências Ambientais*, v. 11, n. 5, p. 482-499, ago./set. 2020.

SANTOS, Luciana Sousa; SANTOS, Francílio de Amorim. Educação e percepção ambiental sobre resíduos no bairro Mutirão, no município de Piracuruca-PI. *Revista Formação*, v. 27, n. 51, maio/ago. 2020.

SILVA, Antônio Heverton Martins *et al.* Avaliação da gestão de resíduos sólidos urbanos de municípios utilizando multicritério: região norte do Rio de Janeiro. *Brazilian Journal of Development*, v. 4, n. 2, p. 410-429, abr./jun. 2018.

SILVA, Débora Danna Soares *et al.* Avaliação de impactos ambientais do lixão do Iguaíba, Paço do Lumiar/MA. *Revista Aidis*, v. 15, n.1, p. 172-184, abr. 2022.

SILVA, Márcia Regina Farias; SILVA, Larissa Fernandes; SANTOS, Enaira Liany Bezerra. Produção, consumo e destinação de resíduos sólidos: a percepção dos discentes do curso de gestão ambiental da Uern sobre sacolas plásticas. *Revista Cidades Verdes*, v. 7, n. 16, p. 98-109, 2019.

SILVA, Monica Maria Pereira. *Manual de educação ambiental*: uma contribuição à formação de agentes multiplicadores em educação ambiental. Curitiba: Appris, 2020.

SILVA, Monica Maria Pereira. *Tratamento de lodos de tanques sépticos e resíduos sólidos orgânicos domiciliares*: transformando problemas em solução. Nova Xavantina: Pantanal Editora, 2021.

SILVA, Monica Maria Pereira. *Tratamento de lodos de tanques sépticos por co-compostagem para municípios do semi-árido paraibano*: alternativa para mitigação de impactos ambientais. Tese (Doutorado em Recursos Naturais) – UFCG, Campina Grande, 2008.

SILVA, Monica Maria Pereira; OLIVEIRA, Maria Albiege Sales. Gestão de resíduos sólidos de equipamentos eletroeletrônicos em cidade de grande porte da Paraíba, Brasil: um problema persistente. *Revista DAE*, São Paulo, v. 68, n. 224, p. 153-167, jul./set. 2020.

SILVA, Monica Maria Pereira *et al.* Avaliação sanitária de resíduos sólidos orgânicos domiciliares em municípios do semiárido paraibano. *Revista Caatinga*, Mossoró, v. 23, n. 2, p. 87-92, 2010.

SILVA, Monica Maria Pereira *et al.* Prevalência de helmintos em resíduos sólidos orgânicos domiciliares; um risco à saúde ambiental e humana. *Brazilian Journal of Development*, Curitiba, n. 6, n.5, p. 28.689-28.702, maio 2020.

SILVA, Monica Maria Pereira *et al.* Educação ambiental: ferramenta indispensável à gestão municipal de resíduos sólidos. *Brazilian Journal of Development*, Curitiba, v. 6, n. 5, p. 28.743-28.757, maio 2020.

SILVA, Monica Maria Pereira *et al.* Influência de cobertura no desempenho do sistema de tratamento descentralizado de resíduos sólidos orgânicos domiciliares implantado na zona urbana, em Campina Grande-PB. *In*: SIMPÓSIO ÍTALO-BRASILEIRO DE ENGENHARIA SANITÁRIA E AMBIENTAL, 12., 2014, Natal. *Anais* [...]. Natal: Abes, 2014. Sigla do evento: Sibesa.

SILVEIRA, Poliana Olimpia Leite *et al.* Impactos ambientais provocados pela disposição de resíduos sólidos no município de Caiapônia-GO. *Revista Eletrônica Graduação/Pós-Graduação em Educação*, v. 15, n. 3, p. 1-23, 2019.

SOARES, Edson Silva. *Plano de prevenção para controle e eliminação de riscos ocupacionais de catadores de materiais recicláveis*. 2019. Dissertação (Pós-Graduação em Ciência e Tecnologia Ambiental) – UEPB, Campina Grande, 2019.

SOUZA, Luís Carlos de Oliveira; ASSIS, Camila Moreira. Uso de novas tecnologias para educação ambiental em prol da gestão dos resíduos sólidos recicláveis em Belo Horizonte/MG (Vem Reciclar). *Revista Gestão e Sustentabilidade Ambiental*, Florianópolis, v. 9, n. esp., p. 1.021-1.039, maio 2020.

WORLD HEALTH ORGANIZATION (WHO). *Investing to overcome the global impact of neglected tropical diseases*: third WHO report on neglected tropical diseases. Geneva: 2015. Disponível em: http://apps.who.int/iris/bitstream/handle/10665/152781/9789241564861_eng.pdf;jsessionid=4596698270B4D-1F188ECA267619851F4?sequence=1. Acesso em: 14 jul. 2022.

WORLD HEALTH ORGANIZATION (WHO). *Meeting report*: World Conference on Social Determinants of Health. Rio de Janeiro, Oct. 19-21, 2011. Disponível em: https://www.who.int/publications/i/item/9789241503617. Acesso em: 24 maio 2022.

SUGESTÕES DE ATIVIDADES:

CAPÍTULO 3

1 Atividades para serem aplicadas antes da leitura do capítulo

1.1 Identificando impactos adversos provocados pelos resíduos sólidos segundo a percepção dos participantes

1.1.1 Checklist de impactos adversos

Aos participantes do curso, encontro, oficina ou seminário, entregamos uma folha em branco (pode ser usada); em seguida, motivamo-los a listar cinco impactos adversos provocados pelos resíduos sólidos (Quadro 1).

Quadro 1 – Checklist de impactos adversos relativos aos resíduos sólidos na ótica dos participantes

Nome do participante____________________________________
Impactos adversos
1____
2____
3____
4____
5____

Fonte: a autora (2024)

1.1.2 Dialogando sobre os impactos adversos relacionados à problemática de resíduos sólidos; formando grupos de trabalho; matriz

Sequenciando o checklist (Quadro 1), solicitamos que o participante encontre outros participantes que tenham listados impactos adversos comuns àqueles contidos no seu checklist. Os participantes com no mínimo 40% de similaridades formam um Grupo de Trabalho (GT). Em seguida, discutem os impactos adversos listados, identificam a etapa correspondente e organizam a matriz apresentada no Quadro 2.

Quadro 2 – Matriz de impactos adversos e respectiva etapa da gestão de resíduos sólidos

Componentes do GT: ________________________			
Impactos adversos			
N.º	**Etapas da gestão de resíduos sólidos**		
	Geração	**Destinação**	**Disposição final**
1			
2			
3			
4			
5			

Fonte: a autora (2024)

1.2 Avaliando e debatendo os efeitos advindos dos impactos adversos relativos à problemática de resíduos sólidos: matriz

Os componentes dos GTs avaliam e debatem os impactos adversos e os respectivos efeitos sobre os sistemas ambientais, sociais e econômicos.

Para cada etapa da gestão de resíduos sólidos, escolhem dois impactos adversos, cujos efeitos são "graves", "abrangentes" e "de longa duração". Concluem o debate organizando a matriz de impactos adversos e os respectivos efeitos (Quadro 3).

Quadro 3 – Matriz de impactos adversos relativos à problemática de resíduos sólidos e os respectivos efeitos sobre os sistemas ambientais, sociais e econômicos

Componentes do GT: ______				
N.º	**Impactos adversos**	**Geração de resíduos sólidos**		
		Efeitos sobre os sistemas		
		Ambiental	**Social**	**Econômico**
1				
2				
N.º	**Impactos adversos**	**Destinação de resíduos sólidos**		
		Efeitos sobre os sistemas		
		Ambiental	**Social**	**Econômico**
1				
2				
N.º	**Impactos adversos**	**Disposição final de resíduos sólidos**		
		Efeitos sobre os sistemas		
		Ambiental	**Social**	**Econômico**
1				
2				

Fonte: a autora (2024)

1.3 Compartilhando os resultados da matriz de impactos adversos relativos à problemática de resíduos sólidos e dos respectivos efeitos sobre os sistemas ambientais, sociais e econômicos

Após o debate no GT sobre os resultados da matriz (Quadro 3), o relator ou a relatora (escolhido ou escolhida no GT) apresenta as conclusões do referido debate aos demais participantes do curso, encontro, oficina ou seminário.

Fecham-se as discussões com os seguintes questionamentos: a) o que estamos fazendo para evitar, mitigar e/ou eliminar os impactos adversos? Quais são as alternativas que podemos colocar em prática no nosso cotidiano? É possível mudar o cenário brasileiro?

2 Leitura do capítulo

2.1 Leitura individual: estudo dirigido

A leitura do texto pode ser uma atividade extraclasse, seguindo o mesmo perfil do capítulo 2, uma vez que o texto é longo, por atender aos objetivos do capítulo 3, de promover a compreensão dos impactos adversos atinentes à problemática de resíduos sólidos, contribuir para gestão integrada de resíduos sólidos, atender a Política Nacional de Resíduos Sólidos e possibilitar ações sustentáveis.

A leitura pode ser facilitada por meio de um estudo dirigido, observando o roteiro proposto, ou pode ser estruturado outro roteiro conforme entendimento do ministrante ou da ministrante do curso, encontro, oficina ou seminário.

Lembramos que as atividades são sugestões que estão abertas às adaptações necessárias para favorecer o processo de ensino, aprendizagem, ação, transformação, como propõe Silva (2020, 2021).

Quadro 4 – Estudo dirigido sobre o capítulo 3

Estudo dirigido Problemas relacionados aos resíduos sólidos: impactos adversos da geração à disposição final	
Aspecto a ser estudado (roteiro de estudo)	**Aspecto estudado (compreensão)**
Média de produção diária de resíduos sólidos no Brasil	
Média per capita de produção de resíduos diária no Brasil	
Impactos adversos resultantes da geração de resíduos sólidos	

Estudo dirigido Problemas relacionados aos resíduos sólidos: impactos adversos da geração à disposição final	
Alternativas para reduzir a produção de resíduos sólidos	
Impactos adversos causados pela destinação incorreta de resíduos sólidos	
Principal recurso ambiental (matéria-prima) contido nos resíduos sólidos de papel, papelão, plástico, metal e vidro, respectivamente	
Tempo de decomposição dos resíduos sólidos gerados em nossas respectivas residências	
Problemas evitados com a prática da coleta seletiva	
Profissionais para os quais devemos destinar os resíduos sólidos recicláveis secos selecionados e higienizados	
Principais benefícios promovidos pelo exercício profissional dos catadores e das catadoras de materiais recicláveis	
Forma de disposição final predominante no Brasil	
Número de lixões ainda existentes no Brasil	
Prazos para encerramento dos lixões, conforme Lei 14.026/2020	
Impactos adversos gerados pelos lixões e aterros controlados	
Forma de disposição final determinada pela legislação ambiental	
Principais técnicas adotadas para construção de aterro sanitário	

Estudo dirigido Problemas relacionados aos resíduos sólidos: impactos adversos da geração à disposição final	
Impactos positivos obtidos com a destinação e disposição final corretas de resíduos sólidos	
Problemas que atingem os catadores e as catadoras de materiais recicláveis	
18 Problemas que envolvem os resíduos sólidos orgânicos	
19 Organismos patogênicos que encontram condições favoráveis ao seu desenvolvimento nos resíduos sólidos orgânicos e os riscos à saúde humana	
20 Alternativas para evitar, mitigar e/ou eliminar os riscos inerentes aos resíduos sólidos orgânicos	
21 Objetivo principal da compostagem	
22 Problemas que persistem em lixões, mesmo desativados	
23 Novo cenário vivenciado pela autora na gestão de resíduos sólidos no estado da Paraíba	
24 Alternativas para mitigar os impactos relacionados aos lixões desativados	
25 Tempo estimado para recuperação de uma área degradada por lixões	
26 Legislação relativa à gestão de resíduos sólidos	
27 Importância de Educação Ambiental para Gires	
28 Responsabilidade pela gestão de resíduos sólidos	

Estudo dirigido Problemas relacionados aos resíduos sólidos: impactos adversos da geração à disposição final	
29 Conclusões do leitor ou da leitora	
30 Ações que podem fazer a diferença no contexto de gestão de resíduos sólidos	

Fonte: a autora (2024)

Referências

BRASIL. Lei 14.026 de 15 de julho de 2020. Atualiza o marco legal do saneamento básico e altera a Lei nº 9.984 de 17 de julho de 2000. *Diário Oficial da União*, Brasília, 2020. Disponível em: https://www.in.gov.br/en/web/dou/-/lei-n-14.026-de-15-de-julho-de-2020-267035421. Acesso em: 20 maio 2022.

SILVA, Monica Maria Pereira. *Manual de educação ambiental*: uma contribuição à formação de agentes multiplicadores em educação ambiental. Curitiba: Appris, 2020.

SILVA, Monica Maria Pereira. *Tratamento de lodos de tanques sépticos e resíduos sólidos orgânicos domiciliares*: transformando problemas em solução. Nova Xavantina: Pantanal Editora, 2021.

3 Atividades para serem aplicadas após a leitura do texto

3.1 Construindo e reconstruindo conhecimentos sobre os impactos adversos relacionados à problemática de resíduos sólidos

Depois da leitura do texto, propomos o retorno ao checklist (Quadro 1) e às matrizes (Quadros 2 e 3) para observar se os impactos adversos identificados estão corretos ou requerem ampliação ou reformulação.

Cada participante faz as correções necessárias, no sentido de ampliar ou reformular os impactos adversos citados no texto, construindo e reconstruindo conhecimentos da temática em estudo no capítulo 3.

3.2 Discutindo o texto: debate

Com base no estudo dirigido, os participantes são motivados a discutir os aspectos estudados no texto. Sugerimos que o ministrante ou a ministrante do curso, encontro, oficina ou seminário aplique a estratégia que considerar mais adequada para o momento e ao público-alvo. As ferramentas digitais são importantes aliadas nesse processo.

3.3 Concluindo o estudo do texto: aula expositiva e dialogada

O ministrante ou a ministrante do curso, encontro, oficina ou seminário expõe as principais ideias do texto, usando as ferramentas que considera mais adequadas a sua realidade, aponta e/ou realiza outras estratégias, visando ampliar e fortalecer a construção e reconstrução do conhecimento na área objeto de estudo, sobretudo que favoreceram ações sustentáveis:

a. Visita técnica: lixão ou aterro controlado, aterro sanitário, organizações de catadores e de catadoras de materiais recicláveis e indústrias de reciclagem;
b. Realização de oficinas de coleta seletiva, reciclagem de papel, compostagem e horta, entre outras;
c. Elaboração e aplicação de projetos de pesquisa e de extensão na área objeto de estudo;
d. Organização de cinema ao ar livre com apresentação de filmes sobre a temática. Sugerimos a distribuição de pipocas, entre outros itens, para constituir o cenário de cinema;
e. Construção e distribuição de folhetos sobre a temática ao público envolvido;
f. Exposição de painéis sobre a temática;
g. Realização de palestras e/ou seminário;
h. Ação concreta: culminância.

4 Atividades para reflexão e conclusão do tema

4.1 História para reflexão

Uma rosa para Rosa

Monica Maria Pereira da Silva

Nascida de pai e mãe catadores de materiais recicláveis que viviam num lixão, Rosa, com seus irmãos e irmãs, cresceu em meio aos resíduos sólidos.

Não teve oportunidade de se dedicar aos estudos. Na infância teve que ir à labuta. Acompanhava o seu pai e sua mãe na busca de materiais que tivessem valor comercial, primeiro no lixão, depois nas ruas.

Com o fechamento do lixão de sua cidade, andava rua acima, rua abaixo, apalpando e abrindo sacolas, à procura do tesouro, resíduos sólidos recicláveis com potencial econômico. Era uma jornada exaustiva, percorrendo cerca de 12 km diariamente, e com uma renda familiar que não permitia acesso à alimentação básica.

Todos os dias, o material coletado era vendido para comprar café, açúcar e, às vezes, feijão e arroz.

E a menina crescia... Sem tempo para brincar. Sem tempo de ser criança. Sem tempo de viver a sua infância. O quintal de sua casa, localizada numa comunidade de catadores de materiais recicláveis, era tomado por resíduos sólidos.

Quando chegava à casa, mesmo que sobrasse tempo para brincar, não havia espaço, não havia brinquedos, mas a menina transformava resíduos sólidos em brinquedos. A menina não deixava de sonhar.

O trabalho de uma professora universitária, em conjunto com suas orientandas, possibilitou o processo de sensibilização, formação e mobilização de catadores e catadoras de materiais recicláveis que moravam em sua comunidade. Sim! A menina morava numa comunidade cuja função predominante era de catadores e catadoras de materiais recicláveis.

Foram vários encontros, diversas oficinas, inúmeros seminários, visitas técnicas às organizações de catadores e catadoras de materiais recicláveis. A vida daquela menina mudou.

A menina alcançou a maior idade exercendo a função de catadora de materiais recicláveis na associação que ajudara a formar.

A menina tornou-se mãe. As suas filhas e seu filho têm o direito de brincar. Têm direito a casa própria. Têm direito de estudar. Têm alimentos na sua mesa, embora ainda não nas condições desejadas.

As suas filhas e seu filho não precisam dividir o seu quintal com os resíduos sólidos. Agora, há um galpão com estrutura para receber, armazenar, triar, beneficiar e comercializar os materiais recicláveis coletados.

A menina sorri. A menina maquia-se. A menina concede entrevistas aos meios de comunicação. A menina canta, sonha, luta...

A menina, hoje adulta, não baixa a cabeça. Não tem medo. Motiva as suas filhas e o seu filho a sonharem.

A menina é um exemplo de que Educação Ambiental faz a diferença, provoca mudanças e transforma vidas.

Uma rosa, para Rosa. A menina que virou mulher, aprendeu a lutar, a vencer desafios e a andar de cabeça erguida.

A menina, que virou mulher, luta por qualidade de vida. Acredita que um mundo melhor ainda é possível.

Uma rosa, para Rosa. A menina-mulher que nos emociona.

Uma rosa para você mulher, mulher catadora de materiais recicláveis.

O sonho de ver essas mulheres brasileiras em condições dignas de vida um dia tornar-se-á realidade.

Uma rosa, para Rosas, Rosinhas.

4.2 Mensagem

A nossa bandeira

Monica Maria Pereira da Silva

A nossa bandeira de luta é a defesa da vida,
nas suas diferentes faces e facetas.
Não há como defender a vida,
sem lutar pela justiça ambiental e social.

Defendendo a vida,
cuidamos da nossa casa comum.
Cuidamos da Criação.
Provocamos rupturas.
Motivamos revolução.
Semeamos amor.
Distribuímos sorrisos.
Reduzimos a dor.
Exercemos a cidadania ambiental.
Permitimos que o bem vença o mal.
Tornamos os nossos dias mais belos.
Dias com ação e graças.

4.3 Trecho de música

"Xote da marcha do povo"

(Hino do Movimento Nacional dos Catadores de Materiais Recicláveis)

Quem sabe andar
nessa rua vai em frente
pois atrás é que vem gente
diz o dito popular
E quem caminha na linha da esperança
arrasta o pé
balança a trança
na dança de se chegar
Há quem diga
Olé olé olé olá
Catador de norte a sua
e de acolá
Nesta marcha sem parar

Caminhar é resistir
e se unir é reciclar[6]

4.4 Poema (trechos)

"Resíduo"

Autor: Carlos Drummond de Andrade

De tudo ficou um pouco.
Do meu medo. Do teu asco.
Dos gritos gagos. Da rosa ficou um pouco.
Ficou um pouco de luz
captada no chapéu.
Nos olhos do rufião
de ternura ficou um pouco.
(muito pouco)
Pouco ficou deste pó
de que teu branco sapato
se cobriu.
Ficaram poucas roupas, poucos véus rotos,
Pouco, pouco, muito pouco.[7]

4.5 Mensagem final

Monica Maria Pereira da Silva

Toda luta é nobre; considero, porém, a luta em defesa da justiça ambiental e social a base e o ápice de todas as lutas.

---

[6] Letra completa disponível em: https://www.mncr.org.br/multimidia/musicas-do-mncr.

[7] Poema completo em: ANDRADE, Carlos Drummond. Resíduos. *In*: ANDRADE, Carlos Drummond. *A rosa do povo*. São Paulo: Companhia das Letras, 2012. p. 87. Disponível em: https://www.companhiadasletras.com.br/trechos/13222.pdf.
Para o poema completo recitado, *cf.*: https://www.youtube.com/watch?v=A9l-BiZYf9s.

4

ALTERNATIVAS À PROBLEMÁTICA DE RESÍDUOS SÓLIDOS: GESTÃO INTEGRADA

Figura 4.1 – Parque Estadual da Mata de Pau-Ferro, Areia, estado da Paraíba, Brasil. Patrimônio com cerca 600 hectares de resquícios de mata atlântica

Foto: a autora (2024)

Na natureza não há rejeitos. Os galhos, as folhas, as flores, os frutos, entre outros, caem e são reciclados no próprio ecossistema. Da decomposição, transformam-se em matéria inorgânica, com características ideais aos organismos autotróficos.

A natureza é eficiente na reciclagem da matéria e na transformação de energia. Nós somos eficientes na produção de resíduos sólidos, na transformação de matéria-prima em rejeitos e no desperdício de energia.

Mudemos esta lógica. Sigamos o exemplo da Mãe Natureza.

(A autora)

4.1 Considerações iniciais

Como vimos nos capítulos anteriores desta obra, a problemática de resíduos sólidos é complexa, multifacetada, abrangente, grave e, comumente, de longa duração; requerendo de todos os segmentos sociais, sobretudo dos gestores públicos, a efetivação das políticas públicas em vigor e a incorporação dos princípios relativos à gestão desses resíduos sólidos.

A problemática é complexa, por afetar os distintos sistemas ambientais, sociais e econômicos. Tais como um tecido, os fios que tecem e constituem a vida são atingidos, ameaçando a homeostase dos sistemas. É multifacetada, por expor características divergentes, em consonância com a sua origem, constituição, geração e formas de descarte e disposição final. É abrangente, pelo fato de que os impactos adversos originam efeitos para os quais não há fronteiras. É grave, devido à intensidade de suas consequências, que põem em risco a sobrevivência de diversos organismos e a continuidade da vida.

Somados aos riscos sanitários que envolvem a presença de organismos patogênicos, especialmente em resíduos sólidos orgânicos, mesmo os domiciliares, que comprometem a qualidade de vida de seres humanos e dos demais constituintes do sistema ambiental, os impactos adversos são de longa duração, como ocorrem em lixões e aterros sanitários desativados, cuja área degradada demanda mais de 20 anos para sua recuperação.

Questionamos: há alternativas para a problemática de resíduos sólidos? Como podemos contribuir para reverter o cenário?

Asseguramos que há alternativas para evitar, mitigar ou extinguir os vários impactos adversos advindos da problemática de resíduos sólidos, todavia entendemos que não os zeraremos, pois, diferentemente da natureza, as ações antrópicas sempre resultarão em impactos positivos e/ou negativos. Da geração à disposição final, podemos reduzir e amenizar os impactos adversos. Podemos transformar problema em solução.

A alternativa para a problemática em foco constitui a **Gestão Integrada de Resíduos Sólidos** (Gires), legalmente apresentada e defendida por diversos cientistas e por aqueles e aquelas que sonham e lutam por um mundo melhor.

Enquanto processo de gestão ambiental, a Gires compõe um conjunto de alternativas centradas em princípios e hierarquia que conjecturam a sustentabilidade dos diferentes sistemas e a continuidade da vida na nossa casa comum, a Terra. Essas alternativas têm início no momento do consumo e percorrem os caminhos dos resíduos sólidos, da geração à disposição final.

No contexto de resolução dessa problemática, é basilar colocarmos em prática os 5 Rs citados por Silva (2020): reduzir a produção de resíduos sólidos, reutilizar, reciclar, realizar Educação Ambiental e repensar as atitudes que impactam negativamente o meio ambiente, acrescidos da redução da quantidade de resíduos sólidos transformada em rejeitos (6 Rs).

Propomos, assim, a prática cotidiana dos 6 Rs, um passo essencial à práxis do princípio de corresponsabilidade, denominado na legislação pertinente aos resíduos sólidos de responsabilidade compartilhada. Em conjunto com as demais ações que compõem a gestão integrada de resíduos sólidos, contribuiremos para reverter o cenário desolador figurado pela problemática em discussão.

Neste capítulo, temos os propósitos de possibilitar a construção de conhecimentos sobre a Gires, provocar inquietações sobre o nosso papel para reverter o cenário em discussão, motivar a prática cotidiana dos 6 Rs e contribuir para efetivação da Política Nacional de Resíduos Sólidos.

4.2 Alternativas para problemática de resíduos sólidos: Gires

4.2.1 Gestão ambiental

A gestão integrada de resíduos sólidos constitui um processo de gestão ambiental; como tal, demanda a observância dos princípios que norteiam as ações que a compõem, a aplicação de seus instrumentos e a consecução de seus objetivos.

Na literatura há vários conceitos de gestão ambiental, o que pressupõe a existência de diferentes correntes, assim como acontece em Educação Ambiental. Na concepção de Philippi Jr. e Maglio (2005), gestão ambiental é a implementação pelo governo de sua política ambiental conforme estratégias, ações, investimentos e providências institucionais e jurídicas que visam garantir a qualidade ambiental, a conservação da biodiversidade e o desenvolvimento sustentável; à luz da Política Nacional de Meio Ambiente, Lei 6.938/1981 (Brasil, 1981), a administração pelo governo do uso de recursos ambientais, por meio de ações ou medidas econômicas, investimentos e providências institucionais e jurídicas, com o fim de manter ou recuperar a qualidade ambiental, assegurar a produtividade dos recursos ambientais e o desenvolvimento social.

Verificamos que os autores citados expõem a prevalência da visão de gestão ambiental enquanto ação governamental, porém há correntes que a concebem como a observância da capacidade de suporte dos sistemas, considerando-se os valores-limite de perturbações e alterações que, uma vez excedidos, resultam em recuperação demorada do sistema afetado ou mesmo na impossibilidade de recuperação. Constitui também uma tentativa de manter os sistemas ambientais dentro de suas zonas de recuperação e resiliência, fato que assegura a sua produtividade por um período mais longo.

Na visão mais moderna, de acordo com os autores Philippi Jr. e Maglio (2005), gestão ambiental é a condução harmoniosa dos processos dinâmicos e interativos que ocorrem entre os diversos elementos do meio ambiente, natural ou construído. Entendemos, todavia, que não há condução harmoniosa; há formas de condução ou de administração que observam a capacidade de suporte dos diferentes sistemas.

Philippi Júnior e Maglio (2005) complementam que o termo "gestão ambiental" vem sendo aplicado para inserir, além da gestão pública, os programas de ação desenvolvidos por entidades públicas e privadas, com ou sem fins lucrativos, para administrar suas atividades dentro dos princípios de proteção e conservação ambiental.

Sánchez (2008), porém, conceitua gestão ambiental como um conjunto de medidas de ordem técnica e gerencial que asseveram que o empreendimento seja implantado, operado e desativado conforme determina a legislação ambiental vigente e outras diretrizes relevantes, com a finalidade de minimizar os riscos ambientais e os impactos adversos, como também maximizar os efeitos benéficos. O autor afirma que a gestão ambiental pode atenuar os impactos negativos significativos.

Observamos que o conceito de gestão ambiental vem evoluindo na direção de uma perspectiva de gestão compartilhada entre os diferentes agentes envolvidos e articulados em seus distintos papéis, apontando que gestão ambiental é um processo político administrativo de responsabilidade do poder constituído, em parceria com os segmentos sociais, destinado a formular, implementar e avaliar políticas ambientais segundo a cultura, a realidade e a potencialidade de cada região, alicerçadas nos princípios do desenvolvimento sustentável, como mencionam Philippi Jr. e Maglio (2005).

Odum e Barrett (2007) apontam que a solução para os problemas ambientais deve ser a redução na fonte, gerenciando as entradas em vez de gerenciar as saídas. É o que eles denominam de meia-volta necessária para reduzir a poluição. Alegam que a gestão de entradas dos sistemas de produção é uma abordagem prática e economicamente viável para melhorar e sustentar a qualidade dos sistemas de suporte, o que implica reduzir as entradas para somente aquelas que podem ser eficientemente convertidas no produto desejado.

Neste contexto, propomos a redução da quantidade de matéria-prima que se transforma em rejeito, de forma a propiciar a redução das possibilidades de poluição e de contaminação. Isso significa que reduzir precede o descarte de resíduos sólidos.

Reigota e Santos (2005) afirmam que nenhum planejamento de caráter ambiental se efetiva verdadeiramente sem a participação popular e sem uma forte proposta de Educação Ambiental. Ideia apoiada por Sánchez (2008) ao afirmar que o envolvimento das partes interessadas na elaboração do plano de gestão ambiental é essencial e deve abarcar compromissos do empreendedor que demandarão recursos humanos, financeiros e organizacionais, além de parcerias. Silva (2020), por sua vez, defende que não há gestão ambiental sem a participação social.

Entendemos que a gestão ambiental não atingirá os seus objetivos, nem observará os seus princípios norteadores, sem a implantação e implementação de programas e projetos de Educação Ambiental que sensibilizem a população envolvida, de modo a favorecer o seu comprometimento ambiental e a prática cotidiana de ações que corroborem o alcance dos objetivos do desenvolvimento sustentável e que assegurem às atuais e futuras gerações acesso aos recursos ambientais e às condições de vida dignas.

4.2.2 Gestão integrada de resíduos sólidos

A gestão integrada de resíduos sólidos demanda um conjunto de alternativas interligadas, cuja aplicação requer a observação das características dos ecossistemas envolvidos, especialmente do ecossistema urbano ou tecnoecossistema, e a aplicação dos princípios que baseiam a gestão ambiental. Devem ser consideradas as peculiaridades do meio ambiente ecológico, social, cultural, econômico, político, institucional e educacional.

A Lei 12.305/2010, que instituiu a Política Nacional de Resíduos Sólidos (Brasil, 2012), conceitua a gestão integrada de resíduos sólidos como um conjunto de ações direcionadas para busca de soluções atinentes aos resíduos sólidos, de modo a ponderar as dimensões política, econômica, ambiental e cultural, com controle social e alicerçado na premissa do desenvolvimento sustentável. Dentre os objetivos estabelecidos na referida lei, destacam-se minimizar os impactos adversos e proteger a saúde ambiental e a qualidade ambiental. Estes só poderão ser alcançados se a gestão ocorrer, literalmente, do nascer ao pôr do sol, pois a geração de resíduos sólidos resulta das ações antrópicas cotidianas.

Pinto (2018) afirma que um sistema de gestão de resíduos sólidos bem planejado é uma peça estratégica para a manutenção da eficácia ambiental. O rigor do gerenciamento, uma das etapas da gestão ambiental, é um fator estratégico para possibilitar a eficiência de um sistema, potencializar a sua viabilidade econômica e mitigar os passivos ambientais resultantes.

Silva *et al.* (2018) alertam para o desafio enfrentado pelos municípios brasileiros para gerenciar os resíduos sólidos. Concordamos que é um grande desafio, mas precisamos enfrentá-lo e avançar rumo ao meio ambiente, bem de uso comum, com condições de garantir a continuidade da vida, afinal existem soluções cientificamente comprovadas para garantir tais condições.

Berto *et al.* (2019) destacam que a ausência de conhecimento sobre a destinação final dos resíduos sólidos implica falta de compreensão da necessidade de cooperação dos distintos segmentos sociais para reduzir a geração e promover a separação. Percebemos que favorecer o entendimento de que todos os geradores e todas as geradoras devem compartilhar responsabilidades imprescindíveis ao destino e à disposição final apropriadas é um dos passos importantes para superar o desafio da gestão dos resíduos sólidos. Nesse ínterim, inserimos a importância da formação e sensibilização por meio dos princípios e estratégias de Educação Ambiental.

De acordo com Silva (2020), a gestão integrada de resíduos sólidos compõe um conjunto de alternativas aplicadas de forma integrada para a prevenção e mitigação de impactos adversos provocados em decorrência da ausência ou da má gestão dos resíduos sólidos.

Compreendemos que a Gires é um processo de gestão ambiental; como tal, envolve as etapas de diagnóstico, planejamento, gerenciamento e avaliação, por meio das quais é possível identificar e aplicar ações para evitar e/ou mitigar os problemas alusivos aos resíduos sólidos, atender aos objetivos estabelecidos na Política Nacional de Resíduos Sólidos e contribuir para a homeostase ambiental.

Estas ações são sistêmicas e requerem um olhar multifacetado de todas as pessoas envolvidas, sejam elas geradoras, sejam legisladoras, gestoras, fiscalizadoras, disciplinadoras ou pesquisadoras. São, então, ações integradas que têm início no consumo, na geração, e percorrem o fluxo até a disposição final. Abrangem caminhos alicerçados nos princípios da gestão ambiental para pôr em prática a hierarquia prevista na Política Nacional de Resíduos Sólidos, cuja base é Educação Ambiental, haja vista que não atingiremos os objetivos dessa política sem o processo contínuo, crítico, dinâmico e sistêmico da educação voltada para o meio ambiente: não geração; redução, reutilização, reciclagem, tratamento e disposição final ambientalmente adequada (Figura 4.2). Constitui-se, assim, em caminho pelo qual é possível transformar problema em solução.

Figura 4.2 – Hierarquia prevista na Política Nacional de Resíduos Sólidos, Lei 12.305/2010

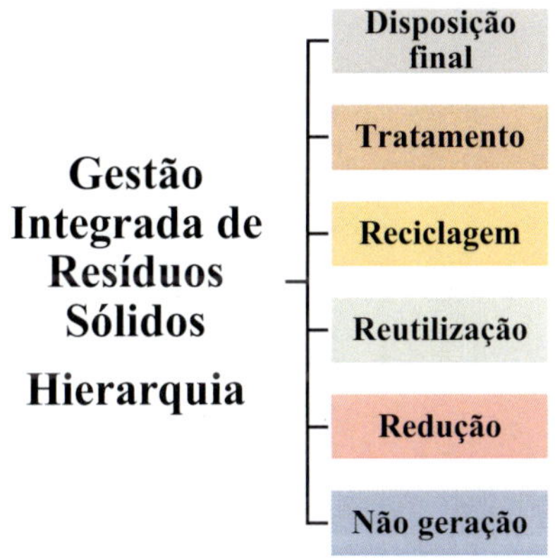

Fonte: adaptado de Brasil (2012)

A observação dessa hierarquia beneficia a prática dos 6 Rs (Figura 4.3):

1. **R**ealizar Educação Ambiental de forma contínua, crítica, dinâmica e centrada no paradigma sistêmico;
2. **R**epensar as nossas atitudes diante do meio ambiente e da sociedade;

3. **R**eduzir o consumo e a geração;
4. **R**eutilizar ou contribuir para a reutilização;
5. **R**eciclar ou promover a reciclagem;
6. **R**eduzir a quantidade de resíduos sólidos recicláveis que se transforma em rejeito.

Figura 4.3 – 6 Rs indispensáveis à gestão integrada de resíduos sólidos

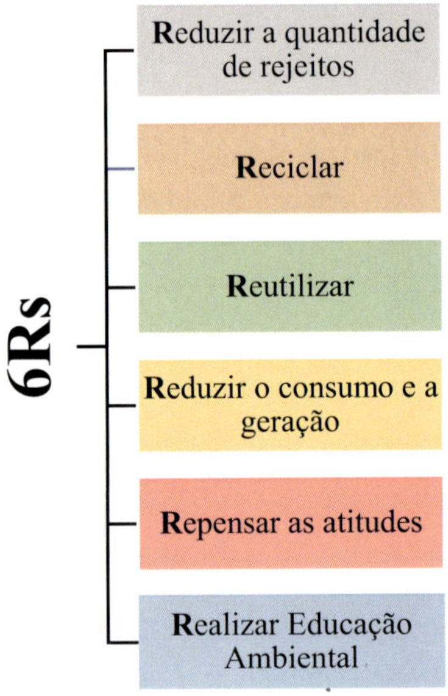

Fonte: a autora (2024)

Gestão integrada de resíduos sólidos é um processo de gestão ambiental conexa aos resíduos sólidos que produzimos diariamente. Processo que começa na fonte geradora (casas, escolas, empresas, indústrias, hospitais, repartições públicas, entre outras) e termina na indústria, quando a parcela reciclável seca retorna na forma de matéria-prima; ou no aterro sanitário, quando não há mais possibilidade de aproveitá-los – neste caso, denominamos de rejeitos a parcela dos resíduos sólidos que ainda não é possível reutilizar e/ou reciclar.

Do nascer ao pôr do sol, consumimos e produzimos resíduos sólidos. Estes, se não forem gerenciados, transformar-se-ão em problema, intensificando a pressão sobre os recursos ambientais e acelerando a degradação ambiental, pondo em risco a saúde pública e a qualidade ambiental. Quando gerenciados, dependendo de sua composição, poderão ser empregados como matéria-prima para novos produtos, evitando e/ou mitigando os impactos adversos listados nesta obra, mais precisamente no capítulo 3.

Quando acordamos, realizamos ações que desencadeiam a produção de resíduos sólidos, e ao longo do dia persistimos agindo e gerando resíduos sólidos. Com o nosso olhar consciente, podemos chegar ao fim do dia e verificar que produzimos quantidade mínima de resíduos sólidos e que apenas uma parcela inexpressiva se transformou em rejeito, comportamento que retrata a ação de um ser humano dotado de consciência ambiental e de responsabilidade ambiental; um ser humano que coloca em prática no seu cotidiano a ética do cuidado defendida por Boff (2001), e o zelo pela nossa casa comum, Terra, como propõe o Papa Francisco na encíclica *Laudato Si '*.

O cuidado com a nossa casa comum aponta para a articulação do cuidado da Terra com o cuidado dos pobres. No contexto da Gires, ressaltamos os catadores e as catadoras de materiais recicláveis que sustentam a família apoiados na renda obtida da comercialização dos resíduos sólidos recicláveis secos. Esperamos que você, que está percorrendo estas linhas, seja um exemplo desse tipo de ser humano. Se não for, ainda há tempo para mudança e nós acreditamos na força das mãos que anseiam por justiça ambiental e social.

Em suma, a gestão integrada de resíduos sólidos compreende um conjunto de alternativas que objetivam reduzir e/ou eliminar os impactos negativos provocados pela geração, destinação e/ou disposição incorretas. Essas ações envolvem produção, acondicionamento, destinação, inserção dos catadores e catadoras de materiais recicláveis, coleta, transporte, tratamento e disposição final, e devem ser alicerçadas nos princípios, objetivos e nas estratégias de Educação Ambiental.

4.2.3 Princípios que norteiam a Gires

4.2.3.1 Corresponsabilidade ou responsabilidade compartilhada

No modelo econômico de desenvolvimento sustentável, todas as partes interessadas têm papéis a compartilhar, e o governo deve tornar-se multifacetado e flexível para acomodar e promover esse modelo.

O princípio de corresponsabilidade ou responsabilidade compartilhada consiste em agir sobre o meio ambiente zelando pela sua proteção, conservação e preservação; em atuar no meio ambiente com o compromisso de manter a homeostase dos sistemas ambientais e garantir às gerações atuais e futuras acesso aos recursos ambientais, o que pressupõe evitar e/ou mitigar os impactos adversos resultantes de nossas ações.

Leroy (2001) aponta que o princípio de corresponsabilidade está relacionado ao processo de sensibilização de um conjunto da sociedade para assumir e partilhar as responsabilidades na consolidação do desenvolvimento equilibrado. Acselrad e Leroy (1999) entendem que possibilitar que as camadas sociais sejam sujeito político de seu meio ambiente é um desafio presente na construção da sustentabilidade democrática em nosso país. Para Leroy (2001), a gestão compartilhada implica corresponsabilidade dos diferentes atores sociais no processo de conservação e de uso dos recursos ambientais.

Tomando por base a Constituição de 1988 (Brasil, 1988), meio ambiente é um bem de uso comum, logo todos os seres humanos são responsáveis pela homeostase dos sistemas que estão inseridos, não apenas os gestores públicos.

Somos todos responsáveis pelo meio ambiente, nossa *casa comum*. Esta requer de todos os seus habitantes gestão, zelo e cuidado.

O entendimento de que todos nós somos responsáveis pelo meio ambiente motiva o exercício da cidadania ambiental, o respeito às diferentes formas de vida e a adoção de outros princípios que contribuem para homeostase dos sistemas, a exemplo do princípio de sustentabilidade – o que favorece a solidariedade com as gerações atuais e futuras.

No contexto de gestão integrada de resíduos sólidos, o princípio de corresponsabilidade ou responsabilidade compartilhada motiva ao indivíduo gerador a refletir sobre o consumo, a produção e o descarte. Nesse contexto, reflete sobre a composição, a forma de fabricação e a durabilidade dos produtos adquiridos, bem como sobre os possíveis impactos negativos quando são descartados. Quando o produto obtido não tem mais serventia, o indivíduo gerador dotado do citado princípio descarta-o com responsabilidade, destinando aquele que pode ser reutilizado ou reciclado aos catadores e às catadoras de materiais recicláveis; e aquele que não pode ter o mesmo fim o indivíduo encaminha ao sistema de coleta municipal. Outrossim, pressiona gestores e gestoras públicos e privados a efetivarem a gestão integrada de resíduos sólidos conforme legislação vigente, afinal, na ausência de gestão, haverá impactos adversos que ameaçarão os diferentes sistemas ambientais, até mesmo a própria qualidade de vida.

4.2.3.2 Poluidor-pagador

O princípio poluidor-pagador consiste em o indivíduo poluidor pagar pela degradação ambiental provocada em decorrência de sua ação sobre um determinado sistema ambiental. Implica atribuir ao poluidor os custos sociais por ele gerados.

A finalidade primordial do princípio poluidor-pagador é prevenir a ocorrência da degradação ambiental, internalizando os custos ao poluidor; entretanto pagar pela degradação ambiental não significa permissão para poluir e/ou contaminar. Compreende proteger e reparar os danos causados.

Nesse princípio, o escopo principal é a prevenção e a reparação de danos. Refere-se à repartição de ônus pela proteção ambiental. É um fundamento de equidade social, como também de responsabilidade social, assim como defendem Rabbani (2017) e Santana e Pimenta (2018).

O princípio poluidor-pagador pode ser aplicado para imputação de custos das medidas de prevenção e de controle da poluição que favoreçam o emprego racional de recursos ambientais que são limitados, como citam os autores Barde (1991), Bernstein (1993), Santana e Pimenta (2018) e Silva (2020); como também atribuir ao poluidor, pessoa física ou jurídica, a responsabilidade pelas despesas relativas aos serviços públicos executados pelo Estado para que as condições do meio ambiente sejam mantidas em níveis que não ameacem a sua homeostase.

Segundo Philippi Jr. e Maglio (2005), observando o princípio poluidor-pagador, o custo das medidas deverá repercutir sobre os custos dos bens e serviços que estão na origem da poluição ocasionada na produção ou no consumo. O poluidor deve arcar com o ônus financeiro proporcional às alterações que atentou sobre o meio ambiente.

Rabbani (2017) explica que o princípio poluidor-pagador visa evitar que os custos da poluição sejam atribuídos a toda a sociedade, concentrando essa imputação no sujeito poluidor. Desse modo, envolve a prevenção de danos, impedindo a materialização dos riscos ambientais.

Compreende também abonar custos das ações degradadoras, uma vez que os problemas ambientais existem, devido às externalidades negativas desenvolvidas pelos indivíduos poluidores, cujas consequências provocam a degradação ambiental e afetam os divergentes sistemas ambientais.

Segundo Rabbani (2017), é um princípio de justiça ambiental e de alocação de custos. Os poluidores e as poluidoras têm responsabilidade sobre as suas ações ambientais, haja vista que o meio ambiente é um bem de uso comum para as atuais e futuras gerações. Devem suportar os custos de manter as atividades assegurando que o meio ambiente permaneça em homeostase.

Continuando com a visão de Rabbani (2017), o princípio poluidor-pagador prescreve e determina a internalização dos custos de prevenção e controle de poluição, inserindo o aspecto educacional, que teria por finalidade promover mudança de comportamento daqueles e daquelas que poluem.

Santana e Pimenta (2018) asseveram que o princípio poluidor-pagador surgiu como medida de prevenção à degradação ambiental, evitando-se que os custos inerentes a essa degradação fossem imputados à coletividade.

O princípio poluidor-pagador, assim como mencionam Hupffer, Weyermuller e Waclawovsky (2011), não é de mera responsabilidade. É dúplice, no sentido de inserir o caráter repressivo quanto aos danos ambientais. Esses autores o consideram um princípio de solidariedade social – ideia da qual discordamos. Se não é um ato voluntário, não pode ser solidário, mas os autores assim o avaliam por impor-se ao sujeito que evite a degradação ambiental.

O princípio poluidor-pagador busca afastar o ônus do custo econômico das costas da coletividade e dirigi-lo diretamente ao utilizador dos recursos ambientais, que é responsável pelas externalidades negativas e que põem em risco a homeostase ambiental.

Esse princípio deve ser aplicado mirando a prevenção e a precaução dos impactos negativos, uma vez que alguns, como falamos anteriormente, são graves, abrangentes e irreversíveis, porquanto é fundamental para proteção ambiental. Podemos também considerá-lo como um princípio de justiça ambiental.

Destacamos que não devemos poluir ou contaminar o meio ambiente, porém não acreditamos em poluição zero ou contaminação zero. Podemos, no entanto, evitar e/ou mitigar os efeitos negativos. Se a externalidade negativa acontecer de maneira a colocar em risco a homeostase do sistema em intervenção, devemos pagar pelos prejuízos causados, condição que promove a reflexão sobre a nossa ação ambiental: como podemos evitar danos? Especificamente em relação aos resíduos sólidos: como podemos evitar danos ao meio ambiente e à sociedade?

Quando geramos resíduos sólidos, comumente transformamos recursos ambientais em rejeitos, impedindo o ciclo da matéria, interrompendo o fluxo de energia, e reduzindo as possibilidades de as gerações futuras satisfazerem as suas necessidades. Nesse contexto, todos os geradores e todas as geradoras devem pagar pelos resíduos sólidos produzidos, especialmente pelos danos ocasionados em virtude da produção excessiva e do destino e/ou da disposição inapropriada, ou mesmo pela falta de gestão, seja no setor público, seja no setor privado.

4.2.3.3 Usuário-pagador

Considerando as indicações de Philippi Jr. e Maglio (2005), o princípio usuário-pagador pressupõe que o usuário deve pagar o custo social total decorrente de seu consumo, incluindo a diminuição da oferta e os custos de tratamento necessários. A cobrança por volume de toxicidade de resíduos sólidos gerados, por compra de certificados de permissão de poluição de ar e por pagamento pela quantidade de resíduos sólidos produzida é exemplo de aplicação do princípio mencionado.

Gutierrez, Fernandes e Rauen (2017) afirmam que o uso dos recursos naturais é onerado. O usuário paga pelos recursos utilizados, a exemplo da água e, atualmente, da energia solar. Para eles, o princípio usuário-pagador consiste em o usuário pagar pelos recursos ambientais usados. Os autores compreendem que é importante punir o usuário que apresenta padrão de consumo excessivo e que extrapola a capacidade de suporte dos sistemas.

O princípio usuário-pagador, conforme Hupffer, Weyermuller e Waclawovsky (2011), objetiva impedir a escassez dos bens e, por conseguinte, contribuir para a proteção ambiental.

Em relação à gestão integrada de resíduos sólidos, o aporte do princípio usuário-pagador determina a redução do consumo e, consequentemente, a diminuição da quantidade de resíduos sólidos produzida, uma vez que os produtos consumidos e transformados em resíduos sólidos são compostos por recursos ambientais. O pagamento pelos resíduos sólidos originados induzirá o indivíduo a diminuir a quantidade de resíduos sólidos descartados, levando-o a refletir, sobretudo, no momento de consumo.

4.2.3.4 Protetor-recebedor

Defendemos que a pessoa física ou jurídica que desenvolve ações que protegem o meio ambiente, diferentemente daquela que o polui, deve ser agraciada com benefícios que a motivem a continuar em direção à sustentabilidade ambiental. Esses benefícios podem ser convertidos em redução de impostos, taxas, entre outros.

Os autores Gutierrez, Fernandes e Rauen (2017) explicam que o uso simultâneo dos princípios poluidor-pagador e protetor-recebedor gera efeitos complementares, pois, além da possibilidade de punir o usuário que apresenta padrão de consumo excessivo, torna-se possível premiar o protetor, usuário, cujo padrão de consumo está em consonância com as diretrizes nacionais e internacionais. Os sujeitos que não diminuem ou, mesmo, aumentam o consumo, chamados pelos autores de sujeitos inertes, não sofrerão consequência penalizadora, mas não serão beneficiados.

Na visão de Hupffer, Weyermuller e Waclawovsky (2011), o princípio protetor-recebedor agrega retorno econômico aos protetores do meio ambiente com a promoção de mecanismo adequado. Dá sustentação ao pagamento por serviços ambientais. O protetor pode ser remunerado de alguma forma, direta ou indiretamente, por meio de algum incentivo fiscal. Um exemplo de incentivo fiscal direto é o ICMS Ecológico (Imposto sobre Circulação de Mercadorias e Serviços Ecológicos). No Brasil, cinco estados implementaram a proposta de ICMS Ecológico: Paraná, São Paulo, Minas Gerais, Rondônia e Rio Grande do Sul.

O Programa de Pagamento por Serviços Ambientais (PPSA) compensa o protetor por serviços ambientais; dessa forma, esse princípio dá sustentação ao pagamento por serviços ambientais.

Os serviços ambientais a serem objetivos de remuneração devem ser prestados voluntariamente, não sendo lícita a imposição da obrigação de promover os recursos ambientais aos cidadãos e às cidadãs, pois, conforme a Constituição de 1988 (Brasil, 1988), cabe ao poder público e à coletividade o dever de preservar e/ou conservar o meio ambiente para as atuais e futuras gerações.

Hupffer, Weyermuller e Waclawovsky (2011) exemplificam os benefícios de serviços ambientais por meio da Lei Estadual Chico Mendes, de 1999, no Acre, a qual concede subsídio aos seringueiros por quilo de borracha extraída, beneficiando mais de 4 mil famílias.

A Lei 14.119, de 13 de janeiro de 2021 (Brasil, 2021), instituiu a Política Nacional de Pagamento por Serviços Ambientais, definiu conceitos, objetivos, diretrizes, ações e critérios para implantação da citada política, desbravando novos caminhos em direção à sustentabilidade ambiental. De acordo com essa política, os serviços ambientais são atividades individuais ou coletivas que favorecem a manutenção, a recuperação ou a melhoria dos serviços ecossistêmicos. Estes, por sua vez, são benefícios relevantes para a sociedade humana gerados pelos ecossistemas, em termos de manutenção, recuperação ou melhoria das condições ambientais. Lembrando que o Pagamento por Serviços Ambientais, conforme tal política, é um tipo de transação de natureza voluntária mediante a qual um pagador de serviços ambientais transfere a um provedor desses serviços recursos financeiros ou outra forma de remuneração, nas condições acertadas, respeitadas as disposições legais.

Ponderando os impactos positivos provocados pelo exercício profissional dos catadores e das catadoras de materiais recicláveis, estes devem ser compensados pelos serviços ambientais realizados diariamente em vários municípios brasileiros. Esses profissionais recolhem, transportam, triam, armazenam, beneficiam e comercializam os resíduos sólidos gerados por milhões de brasileiros e brasileiras. Com essas ações, permitem o retorno dos recursos ambientais como matéria-prima ao setor produtivo, as indústrias, reduzindo significativamente os impactos negativos, minimizando o uso de recursos ambientais e aumentando o tempo de vida útil de lugares previstos para disposição final, os aterros sanitários; além de obterem o sustento da família, embora ainda de forma precária para a maioria desses trabalhadores e dessas trabalhadoras.

Hupffer, Weyermuller e Waclawovsky (2011) avaliam que os Programas de Pagamento por Serviços Ambientais são uma forma inteligente de promover a aplicação do princípio protetor-recebedor.

Os princípios poluidor-pagador e usuário-pagador são ponderados por alguns autores, a exemplo de Hupffer, Weyermuller e Waclawovsky (2011), como incentivos por favorecer a normatização da conduta humana e direcioná-la a um agir ambientalmente sustentável. São igualmente vistos por esses autores como instrumentos para a tutela do meio ambiente, tese prevista na Lei 6.938/1981, no Art. 4º, que estabelece a obrigação, ao poluidor e ao predador, de recuperar e/ou indenizar os danos causados e ao usuário da contribuição pelo uso de recursos ambientais com fins econômicos; e no Art. 225 da Constituição Federal, ao determinar que aquele que degradar o meio ambiente com a exploração de seus recursos deve recuperá-lo, assim como estarão sujeitos a infrações e a reparação dos danos aqueles que detenham condutas ou desenvolvam atividades lesivas ao meio ambiente

Os princípios poluidor-pagador, usuário-pagador e protetor-recebedor têm em comum o objetivo de promover a conservação e/ou preservação ambiental. Divergem pelo fato de que o princípio poluidor-pagador busca evitar a degradação dos bens tutelados; o princípio usuário-pagador, evitar a escassez dos bens tutelados; e o princípio protetor-recebedor, motiva ações que mitiguem ou eliminem a degradação ambiental. Quando colocados em prática, todos eles tendem a proteger o meio ambiente e garantir às gerações futuras o direito de suprir as suas necessidades.

4.2.3.5 Prevenção e precaução

As necessidades humanas são infinitas; os recursos ambientais, todavia, são finitos. O consumo de recursos ambientais e o seu uso no processo de produção por sujeitos econômicos pode acarretar efeitos negativos, demandando a gestão ambiental, de modo a possibilitar a homeostase dos diferentes sistemas. Entre os seus objetivos, como falamos em tópicos anteriores, destacamos favorecer a ação antrópica com o mínimo de impactos adversos e graves sobre os sistemas, de maneira a garantir o direito das gerações atuais e futuras de ter acesso aos bens ambientais necessários à qualidade de vida.

O princípio da prevenção consiste em ponderar os impactos negativos já descritos mediante a ação antrópica, enquanto o princípio da precaução considera os impactos adversos, mesmo que não exista certeza científica. O consumo de bens e serviços ambientais, comumente, suscita impactos negativos, de modo que a observação do princípio da prevenção é essencial para evitar, atenuar e/ou mitigar essas externalidades, uma vez que constam na literatura científica. Assim, mesmo sem previsão científica, é essencial adotar medidas que evitem as externalidades negativas. Estas causam degradação ambiental, prejudicando a coletividade. Por isso, é importante atribuir custos dos efeitos ao causador ou à causadora, aquele ou aquela que gerou, como citam Santana e Pimenta (2018).

Na literatura especializada, vários autores afirmam que a prevenção, no sentido estrito, é aplicável diante da certeza de um dano originado por determinado tipo de atividade. O princípio da precaução é aplicado em face da suspeita de uma atividade ser suscetível de acarretar impactos negativos, ocasionando poluição e/ou contaminação (Machado, 2008; Granziera, 2015; Mazur; Moura, 2019; Minassa, 2018; Pozzetti; Pozzetti; Pozzetti, 2020; Santana; Pimenta, 2018; Thomé; Lago, 2017).

Thomé e Lago (2017) sugerem a prevenção como princípio norteador da implementação de medidas protetivas. Entendemos que o princípio da prevenção é o alicerce para o emprego de medidas tendentes a evitar a concretização de danos ao meio ambiente e à sociedade, e essa é uma tendência internacional, constatada nos instrumentos jurídicos.

Minassa (2018) menciona que os riscos inerentes às atividades antrópicas requerem a aplicação do princípio da precaução para proteção à vida, à saúde e à qualidade ambiental. Para algo não conhecido, antecipamos as medidas. O autor pondera que a antecipação é a pedra fundamentada da precaução. Numa visão mais ampla, ele propõe que o princípio da precaução se paute na existência de um risco de dano grave ou irreversível que uma determinada atividade antrópica pode causar ao meio ambiente. Diante de um perigo iminente, é preciso adotar precaução. Na possibilidade de não saber se determinada atividade implicará ou não dano grave, entra em cena o princípio da precaução.

A precaução, enquanto princípio, pode ser caracterizada pela antecipação, pelo risco anterior ao perigo e pela consequente, inversão do ônus da prova (Minassa, 2018). Na dúvida, tomamos medidas ainda perante uma ameaça incerta. Na certeza de ameaça diante de uma ação, as medidas preventivas expressam segurança e proteção.

A prevenção versa sobre a busca da compatibilização entre a atividade a ser licenciada e a proteção ambiental. A precaução, conforme Granziera (2015), tende a não autorizar determinado empreendimento, se não houver certeza científica de que não causará em curto ou longo prazos danos irreversíveis.

Segundo Santana e Pimenta (2018, p. 371), "a função do princípio é a proteção do meio ambiente, porém, esta é alcançada ou por meio de uma atuação preventiva ou reparatória", abrangendo o princípio poluidor-pagador.

No contexto da conservação ambiental, conforme Pozzetti, Pozzetti e Pozzetti (2020), é imperioso utilizarmos o princípio da precaução, que estabelece a necessidade de observarmos os possíveis resultados do uso de determinado recurso ambiental. Se não tivermos certeza científica sobre os possíveis malefícios que esse uso acarretará, a atividade não poderá ser licenciada.

No Brasil, a exemplo de outros países, os princípios da prevenção e precaução compõem o ordenamento jurídico. Dentre as leis brasileiras, ressaltamos a Carta Magna, Constituição de 1988 (Brasil, 1988); a Política Nacional de Meio Ambiente, Lei 6.938/1981 (Brasil, 1981); a Política Nacional de Resíduos Sólidos, Lei 12.305/2010 (Brasil, 2012); o Marco Legal do Saneamento, Lei 14.026/2020 (Brasil, 2020); e a Política Nacional de Pagamento por Serviços Ambientais, Lei 14.119/2021 (Brasil, 2021).

Pozzetti, Pozzetti e Pozzetti (2020) concluíram que o dever compulsório do Estado de utilizar e fazer cumprir o princípio da precaução resultará em ganhos significativos ao meio ambiente, evitando a destruição de recursos ambientais que são esgotáveis, pois o direito à vida digna perpassa pelo direito a um meio ambiente saudável e equilibrado. Contrapondo outros autores, defendem que o princípio da precaução não visa ter certeza, mas diminuir as probabilidades de que um dano mais grave advenha.

Para Wedy (2015, p. 11), "o princípio constitucional da precaução é um importante instrumento de tutela da saúde pública e do meio ambiente", objetiva evitar danos e anular riscos de catástrofes ambientais e à saúde pública. Prima pela proteção ambiental, pela dignidade da pessoa humana e pelo desenvolvimento econômico.

Concebemos que, quando o poder público exige o cumprimento do princípio da precaução, deixamos de ter a destruição de recursos ambientais e impedimos as rupturas ecológicas, passamos a ter atividades que ponderam a conservação ambiental e a qualidade de vida para a população planetária.

No caso da gestão integrada de resíduos sólidos, o poder público deve exigir de geradores, geradoras, gestores e gestoras públicos e privados o cumprimento dos princípios. Estes, por sua vez, devem pressionar o poder público a favorecer a prática desses princípios na implantação e efetivação de políticas públicas.

Esses princípios atingem a esfera de responsabilização do sujeito, com o propósito de favorecer a conservação ambiental para as atuais e futuras gerações.

No caso dos resíduos sólidos orgânicos domiciliares, que detêm alta carga de matéria orgânica, umidade elevada e número significativo de organismos patógeno, tais como ovos de helmintos, há considerável potencialidade de provocar poluição e contaminação (Silva, 2008, 2021; Silva *et al.*, 2010, 2020), características que demandam a seleção na fonte e o tratamento, com o intuito de prevenir os impactos negativos identificados no universo científico. Esses cuidados também evitarão aqueles que ainda não foram comprovados.

Fazemos um destaque aos desastres ambientais sucedidos no Brasil, sobretudo aqueles que envolvem barragens de mineração. Na nossa concepção, desastres anunciados, porém não considerados. Estes poderiam ter sido evitados com a adequada compreensão e utilização dos princípios da prevenção e da precaução.

Mazur e Moura (2019) esclarecem que, na disposição de rejeitos de mineração, esses princípios devem ser aplicados para evitar danos ambientais, especialmente desastres como os ocorridos em Minas Gerais: Barragem de Fundão em Mariana e Barragem da Mina Córrego do Feijão, em Brumadinho. Se esses princípios tivessem sido observados corretamente, no contexto de riscos de empreendimento, danos ambientais teriam sido evitados e minimizados, vidas teriam sido poupadas.

Thomé e Lago (2017) ressaltam que riscos intrínsecos às atividades de mineração devem ser incluídos nos custos da atividade para atenuar a concretização dos danos, o que impõe a adoção de novas tecnologias que possam reduzir a quantidade de rejeitos gerada, como o emprego de novas formas de disposição final dos rejeitos das atividades minerárias e que comumente empregam as barragens convencionais.

Considerar os princípios da prevenção e da precaução constitui uma forma de observar a legislação ambiental e de pôr em prática a nova ética ambiental, a ética do cuidado, da justiça social e da solidariedade.

Ao adotarmos o princípio da prevenção diante de uma ação ambiental, controlamos a poluição e a contaminação, evitamos rupturas ecológicas e garantimos condições de vida dignas às gerações futuras.

Os princípios da prevenção e da precaução têm por escopo evitar os riscos causados por atividades potencialmente danosas e os seus possíveis efeitos ao meio ambiente. Nesse contexto, o papel da Educação Ambiental é imensurável, pois geralmente não detemos preocupação com as consequências de nossos atos. O processo educativo provoca o olhar crítico sobre as nossas ações e permite-nos despertar para a nossa responsabilidade sobre o meio ambiente e para a nova ética ambiental, ética do cuidado.

O princípio da prevenção diverge do princípio da precaução, por basilar as providências cabíveis para evitar e/ou atenuar os efeitos adversos conhecidos de uma ação antrópica. É mais amplo, por abarcar o princípio da precaução e por representar uma medida concreta, mediante a existência de comprovação científica. O princípio da precaução, contudo, pode ser considerado mais valoroso, por anteciparmos as providências para evitar danos, mesmo sem comprovação científica.

Devemos agir no meio ambiente no sentido de prevenir o mal. Se esperarmos pela certeza científica para brecá-lo, haverá gente sofrendo e morrendo, e os danos ambientais poderão ser irreversíveis. Quando decidirmos barrar determinados danos, talvez seja tarde demais. Estaremos sempre ultrapassando a capacidade de suporte dos diferentes sistemas ambientais, desrespeitando o princípio da sustentabilidade e distanciando as possibilidades de alcançarmos os objetivos delineados ao desenvolvimento sustentável.

4.2.3.6 Sustentabilidade

O princípio de sustentabilidade relaciona-se diretamente ao conceito de capacidade de suporte. Direciona as ações antrópicas em consonância com a observação da capacidade de suporte do sistema em intervenção.

A observação da capacidade de suporte permite a manutenção do capital natural e social e ainda guia os procedimentos em direção ao desenvolvimento econômico e social, como apontam Odum e Barrett (2007).

Silva (2020) afirma que sustentabilidade corresponde ao princípio que visa ao respeito à capacidade de suporte dos sistemas, pois todo e qualquer sistema, seja ambiental, seja social ou econômico, apresenta um limite, que deve ser considerado ao planejarmos ou executarmos determinada ação ou projetos.

Defendemos que o princípio de sustentabilidade compreende a observância da capacidade de suporte ou capacidade de carga dos diferentes sistemas quando ocorre a sua utilização. Observar o limite dos sistemas em ingerência é essencial para manter o equilíbrio e garantir que as gerações atuais e futuras tenham acesso a esses sistemas.

É um princípio que norteia o modelo de desenvolvimento econômico almejado por diferentes setores da sociedade mundial que tem preocupação com o cenário de crise ambiental a que estamos submetidos e que impulsiona o rompimento com os paradigmas científicos e sociais que prevalecem na sociedade atual. O modelo de desenvolvimento econômico vigente não dá mais conta das diferentes faces e facetas que envolvem o meio ambiente.

Esse princípio, ainda, deve nortear as ações antrópicas, físicas ou jurídicas, de modo a observar a capacidade de suporte ou capacidade de carga dos diferentes sistemas em manejo.

Odum e Barrett (2007) expressam o seguinte exemplo: um negócio ou uma indústria não considerariam somente as possibilidades de mercado para um novo produto ou serviço; também planejariam como produzir um novo produto ou serviço com o uso eficiente dos recursos ambientais, o máximo de reciclagem e o mínimo de poluição possível. Destacamos que esse exemplo enfatiza a importância da reciclagem.

Beck, Araújo e Cândido (2010) falam que, quando a geração não pode ser evitada, os resíduos sólidos devem ser reciclados, porque a reciclagem apresenta vantagens, por economizar energia, recursos fósseis e água, que, quando empregados na manufatura de novos bens, reduzem os custos do transporte com a disposição e a quantidade encaminhada ao aterro sanitário, prolongando o seu tempo de vida útil.

Na literatura consultada, identificamos que alguns autores confundem sustentabilidade com desenvolvimento sustentável. Esse erro conceitual deve ser superado, haja vista que a sustentabilidade constitui um princípio que deve reger as ações em direção ao desenvolvimento sustentável. Este, um modelo de desenvolvimento econômico que considera a capacidade de suporte dos diferentes sistemas, denominado no seio da economia de capacidade de carga, e detém cuidado, no sentido de garantir às gerações atuais e futuras acesso aos recursos ambientais, de modo a permitir condições de vida dignas, sem pôr em risco a continuidade das diferentes formas de vida. As ações são pautadas na responsabilidade de manutenção do capital natural e do capital social.

Odum e Barrett (2007) destacam que as sociedades precisam se engajar no planejamento urbano e de paisagem para manter a qualidade dos sistemas ambientais; todavia a manutenção e a melhoria da qualidade ambiental requerem, segundo os autores, embasamento ético, pois o abuso de sistemas de suporte à vida deveria ser considerado não apenas ilegal, como também antiético.

A falta de observância da necessidade de adotar os devidos cuidados com os resíduos sólidos que geramos, além de contradizer a legislação ambiental, contrapõe a nova ética ambiental.

Os princípios da gestão integrada de resíduos sólidos devem atravessar as nossas ações cotidianas. Desse modo, evitaremos danos ambientais, protegeremos o meio ambiente e a sociedade e praticaremos a justiça e a solidariedade com as gerações atuais e futuras. Poderemos vislumbrar um mundo sustentável e justo.

No Quadro 4.1 apresentamos uma síntese referente aos princípios indispensáveis à gestão integrada de resíduos sólidos, enfatizando conceito, objetivo e aplicação.

Quadro 4.1 – Síntese dos princípios indispensáveis à gestão integrada de resíduos sólidos: conceito, objetivo e aplicação

Princípio	Conceito	Objetivo	Aplicação Gires
Corresponsabilidade ou responsabilidade compartilhada	Compreende agir no meio ambiente zelando pela sua proteção, conservação e preservação.	Provocar a responsabilidade compartilhada dos diferentes segmentos sociais sobre os recursos ambientais.	Compreensão de que somos todos e todas responsáveis pelos resíduos sólidos que geramos. Exercício da cidadania ambiental.
Poluidor-pagador	Consiste em o indivíduo poluidor pagar pela degradação ambiental resultante de sua ação.	Evitar a degradação ambiental. Impedir que a coletividade pague pelos danos ambientais provocados pela pessoa física ou jurídica.	Pagamento pela poluição acarretada devido a destino e disposição final incorretos.

Princípio	Conceito	Objetivo	Aplicação Gires
Usuário-pagador	Incide em o usuário pagar pelos recursos ambientais usados quando ele excede o padrão de consumo (insustentável).	Eximir a escassez dos recursos ambientais. Abrandar o consumo. Evitar e diminuir os níveis de poluição e de contaminação. Reduzir a geração de resíduos sólidos.	Pagamento pela quantidade de resíduos sólidos gerada.
Protetor-recebedor	Constitui-se em o indivíduo protetor dos sistemas ambientais ser agraciado com benefícios (redução de impostos, taxas, entre outros).	Motivar ações que mitiguem ou eliminem a degradação ambiental. Abrandar o consumo. Observar a finitude dos recursos ambientais. Contribuir para homeostase ambiental. Atenuar a pressão sobre os recursos ambientais.	Recebimento pelos serviços ambientais prestados referentes à gestão de resíduos sólidos.
Prevenção	Consiste em o indivíduo ponderar os impactos negativos cientificamente comprovados resultantes de suas ações.	Evitar, amortecer e/ou mitigar impactos negativos cientificamente comprovados. Prevenir os diferentes tipos de poluição e de contaminação.	Consumo consciente. Redução da geração de resíduos sólidos. Seleção dos resíduos sólidos na fonte geradora. Encaminhamento dos resíduos sólidos recicláveis secos a catadores e às catadoras de materiais recicláveis.

Princípio	Conceito	Objetivo	Aplicação Gires
			Descarte correto dos resíduos sólidos. Tratamento dos resíduos sólidos orgânicos. Prática dos 6 Rs[1].
Precaução	Versa sobre o indivíduo considerar a possibilidade de ocorrerem impactos negativos resultantes de suas ações, mesmo na ausência de certeza científica.	Antecipar a ocorrência de um dano, evitando os possíveis impactos negativos. Promover a adoção de medidas que evitem danos ambientais, mesmo sem a previsão científica. Diminuir as probabilidades de ocorrência de um dano mais grave. Precaver a degradação ambiental. Garantir a segurança ambiental.	Consumo consciente. Redução da geração de resíduos sólidos. Seleção dos resíduos sólidos na fonte geradora. Encaminhamento dos resíduos sólidos recicláveis secos a catadores e às catadoras de materiais recicláveis. Descarte correto dos resíduos sólidos. Tratamento dos resíduos sólidos orgânicos. Prática dos 6 Rs.
Sustentabilidade	Constitui a observância da capacidade de suporte do sistema em intervenção.	Motivar a observância da capacidade de suporte dos sistemas ambientais. Contribuir para homeostase ambiental. Nortear as ações antrópicas em direção ao desenvolvimento sustentável.	Prática cotidiana das ações que constituem a Gires. Prática dos 6 Rs.

Princípio	Conceito	Objetivo	Aplicação Gires
Objetivo comum			
Proteger, conservar e preservar o meio ambiente.			
Garantir às gerações atuais e futuras acesso aos recursos ambientais.			
Praticar a ética do cuidado e da solidariedade.			
Contribuir para a justiça ambiental e social.			
Colaborar para saúde ambiental e humana.			
Propiciar a continuidade da vida em suas diferentes faces e facetas.			
Favorecer aos seres humanos condições dignas de vida.			

(1) **R**eduzir o consumo; **R**eduzir a quantidade de resíduos sólidos recicláveis que se transformam em rejeitos; **R**eutilizar ou favorecer a reutilização; **R**eciclar ou promover a reciclagem; **R**ealizar Educação Ambiental e **R**epensar as nossas atitudes diante do meio ambiente e da sociedade.

Fonte: a autora (2024)

4.2.4 Desenvolvimento sustentável

O modelo de desenvolvimento econômico predominante no mundo, capitalismo, desconsidera as interações e interconexões que constituem o meio ambiente. Não observa a capacidade de suporte, nem a finitude dos recursos naturais, fato que colabora para que estejamos no limite do nosso consumo, comprometendo a capacidade de suporte da própria biosfera.

Sachs (2008) cita que a economia capitalista é louvada por sua inigualável eficiência na produção de bens, riquezas materiais. Todavia, também se destaca por sua capacidade de produzir males ambientais e sociais. É então necessário, conforme o autor, eliminar o crescimento selvagem obtido ao custo de elevadas externalidades negativas ambientais e sociais. Não haverá desenvolvimento sustentável com a prevalência dos atuais padrões de produção e de consumo, sem condições de trabalho decentes, empregos produtivos e inclusão social, uma vez que o capitalismo é um modelo de desenvolvimento econômico perverso, concentrador e excludente.

Martins e Cândido (2010) afirmam que o modelo de desenvolvimento predominante, baseado no crescimento das relações de produção e consumo, tem como implicações o aumento da degradação dos recursos ambientais, a elevação da poluição e o aumento dos níveis de desigualdade social.

É neste cenário que emerge o modelo proposto, o desenvolvimento sustentável, cujo princípio de sustentabilidade deve permear as suas ações e decisões, com o objetivo reduzir as implicações citadas, segundo o entendimento das fragilidades do capitalismo e da emergência da necessidade de uma nova concepção de desenvolvimento de forma equilibrada e equitativa.

Não podemos esquecer que os aspectos relativos ao desenvolvimento sustentável são complexos. Essa complexidade concentra-se, segundo Martins e Cândido (2010), em torno das interações entre os sistemas humanos e os sistemas ambientais, tornando-se, assim, um debate amplo e multidisciplinar, além de ser carregado de nuances que dificultam sua aplicabilidade e, por consequência, a obtenção dos resultados pela ótica social, ambiental, política, econômica, demográfica, cultural e institucional.

Almeja-se, segundo Martins e Cândido (2010), que o desenvolvimento local venha a ocorrer de forma sustentável, na medida em que a sustentabilidade emerge como alternativa eficaz para promoção da inclusão social, do bem-estar econômico, e principalmente, da conservação e preservação ambiental. Nesse contexto, é fundamental a inclusão de todos os atores sociais, inclusive dos catadores e das catadoras de materiais recicláveis. Estes formam um importante capital social.

Ressaltamos que capital social, na visão de Bourdieu (1980), são redes de relações sociais em que os indivíduos extraem recursos e vantagens como multidisciplinadores de outras formas de capital. Constitui, conforme Putnam (1996), a capacidade que os grupos e organizações que formam a sociedade civil desenvolvem para trabalhar conjuntamente no alcance da produção coletiva de riqueza.

No Brasil, o Movimento Nacional dos Catadores de Materiais Recicláveis (*cf.* https://www.mncr.org.br/) exemplifica um capital social que luta em defesa da valorização e inserção socioeconômica dos catadores e das catadoras de materiais recicláveis, favorecendo e garantindo o protagonismo desse grupo de profissionais.

São as redes permanentes e próximas de um grupo que asseguram aos seus membros um conjunto de recursos ativos e potenciais de recursos naturais e potenciais, direcionando sua pesquisa para a questão do poder e das desigualdades em diferentes campos.

De acordo com o Relatório de Brundtland (WCED, 1987), desenvolvimento sustentável compreende um modelo de desenvolvimento baseado na conservação e na utilização racional de recursos naturais que tem por objetivo atender às necessidades das gerações atuais e garantir as necessidades das futuras gerações.

O desenvolvimento sustentável surge, de acordo com Odum e Barrett (2007), da necessidade de um modelo de desenvolvimento econômico que considere igualmente o capital natural e o capital de mercado.

Segundo Sachs (2008), o desenvolvimento, distinto do crescimento econômico, cumpre o requisito de aproximação entre a economia e a ética, sem esquecer a política. Os objetivos do desenvolvimento devem sobrepor-se à mera multiplicação da riqueza material. Neste caso, a nova ética de desenvolvimento deve ser composta por igualdade, equidade e solidariedade, com base no duplo imperativo ético de solidariedade sincrônica com as gerações atuais e futuras. O desenvolvimento includente deve garantir o exercício dos direitos civis, cívicos e políticos. Neste viés, a democracia é essencial. Não há desenvolvimento sustentável na ausência da democracia. Entendemos que democracia pressupõe justiça ambiental e social.

Veiga (2008, p. 34) explica que "o desenvolvimento requer que se removam as principais fontes de privação de liberdade, pobreza e tirania, carência de oportunidades econômicas e destituição social sistêmica, negligência dos serviços públicos e intolerância ou interferência de estados repressivos". O autor conclui que o desenvolvimento tem a ver, primeiro e acima de tudo, com a possibilidade de as pessoas viverem o tipo de vida que escolheram, e com a provisão dos instrumentos e das oportunidades, para fazerem as suas escolhas. Vai desde a proteção dos Direitos Humanos até o aprofundamento da democracia. Assim, compreendemos que vai muito mais além da proteção dos recursos ambientais, pois implica condições de vida dignas para a sociedade humana.

Sachs (2008, p. 118), então, propõe: "devemos nos esforçar por desenhar uma estratégia de desenvolvimento que seja ambientalmente sustentável, economicamente sustentada e socialmente includente". Sinalizamos que o desenvolvimento sustentável é um modelo de desenvolvimento que tem por base a utilização dos recursos ambientais observando a capacidade de suporte dos distintos sistemas ambientais, sociais e econômicos, favorecendo o suprimento das necessidades das gerações atuais e das gerações futuras.

Para alcançar o desenvolvimento sustentável, ainda, é importante reconhecer que os sistemas sociais e ambientais estão interligados e exercem influências mútuas, ao mesmo tempo que cada sistema exige interferências diferenciadas de acordo com o nível de evolução em que se encontra, o entendimento de suas características e a capacidade de atuação e interação estabelecida com o contexto que está inserido. Neste aspecto, incide a importância da potencialização do capital social.

Este modelo de desenvolvimento econômico preconizado dentro e fora da sociedade científica tem como parâmetro, sobretudo, a sustentabilidade ambiental, social e econômica. De acordo com Silva (2020, p. 213),

> [...] sustentabilidade corresponde ao respeito à capacidade de suporte dos sistemas. Todo e qualquer sistema, seja ambiental, econômico ou social, apresenta um limite que deve ser considerado ao planejarmos ou executarmos determinada ação.

Sendo assim, o princípio de sustentabilidade norteia o modelo de desenvolvimento econômico que rompe com o capitalismo e com a sociedade de consumo, sociedade do ter. Todavia, para o alcance dos objetivos do desenvolvimento sustentável, é indispensável investir na formação em Educação Ambiental em todos os níveis e modalidades de ensino: Educação Ambiental formal e não formal.

De posse da visão sistêmica, apreendemos que tudo está conectado com tudo, então todas as partes constituintes da sociedade humana devem ter acesso à Educação Ambiental, porém fora do contexto da educação bancária, o que demanda novas estratégias e metodologias que possibilitem simultaneamente o processo de sensibilização ambiental e o empoderamento dos conhecimentos e das práticas. Salientamos que as atividades propostas nesta obra têm por finalidade favorecer o empoderamento de conhecimentos, estratégias e metodologias que contribuam para a formação em Educação Ambiental no que tange à gestão integrada de resíduos sólidos, à quebra dos paradigmas reducionista e antropocêntrico; além de motivar a convivência com a diferença, a superação da sociedade do ter, e a adoção dos princípios da prevenção, precaução, corresponsabilidade, sustentabilidade e de solidariedade em nossos planejamentos e ações, fortalecendo, desse modo, o exercício da cidadania ambiental.

Buscar um novo modelo de desenvolvimento econômico e um novo modelo de sociedade é induzir um novo olhar sobre o meio ambiente, o ser humano e a própria sociedade, como defende Silva (2020). É permitir olhar o todo enquanto sistema complexo. Nessa ótica, as partes devem ser percebidas interligadas, pois são essas interligações que permitem o que denominamos de vida.

Em consonância com Silva (2020), ao vencermos esses desafios, colaboraremos para construção de uma sociedade humana solidária, feliz e de paz. Uma utopia? Depende do conceito de utopia de cada um. Para nós, um sonho difícil, mas possível de ser alcançado. Para atingir os nossos sonhos, é preciso vencer desafios, é necessário dar o primeiro passo. Nós estamos dando o primeiro passo: estamos buscando e proporcionando a formação de educadores e educadoras ambientais.

4.2.5 Ações que constituem a Gires

As ações que compõem a gestão integrada de resíduos sólidos abrangem as etapas de produção, acondicionamento, destinação final, inserção socioeconômica de catadores e catadoras de materiais recicláveis, coleta, transporte, tratamento e disposição final. Educação Ambiental deve estar presente em todas essas ações; na sua ausência, os objetivos previstos para esse tipo de gestão não são atingidos.

Ponderamos que a gestão integrada de resíduos sólidos tem início no consumo, perpassa a geração e percorre o seu fluxo até a disposição final (Figura 4.4).

Figura 4.4 – Ações que constituem a gestão integrada de resíduos sólidos

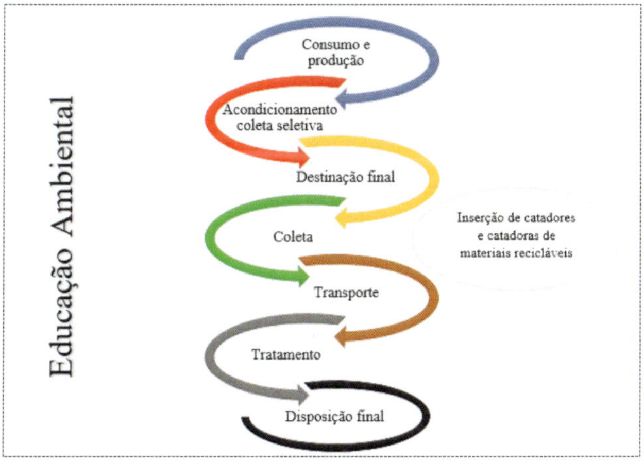

Fonte: a autora (2024)

4.2.5.1 Consumo e produção

Na etapa correspondente à **produção**, a ação prioritária é o **consumo** consciente. Este motiva o olhar crítico do consumidor e da consumidora no momento da compra de um bem, ou mesmo de material de consumo, haja vista que, para conseguirmos atingir os objetivos da gestão integrada de resíduos sólidos a primeira preocupação e atitude é reduzirmos a produção de resíduos sólidos, conduta que demanda olhar crítico e consciente no momento do consumo.

De acordo com o *Diagnóstico do manejo de resíduos urbanos* publicado em 2022, no Brasil a média de produção diária por habitante é de 0,97 kg (Brasil, 2022), o que implica uma produção anual de 354,05 kg/habitante. Uma quantidade significativa de recursos ambientais que, na ausência de gestão, se transforma em rejeitos. Quando realizamos a gestão de forma correta, apenas 14% constituem os rejeitos, como verificou Silva (2020).

É notável a redução da quantidade de resíduos sólidos transformados em rejeitos quando praticamos a coleta seletiva. Essa diminuição contribui também para amortizar as despesas públicas com coleta, transporte e aterramento destes materiais, recursos financeiros que podem ser aplicados para outros fins. Destacamos que esse tipo de procedimento evita gastos futuros com a recuperação de áreas degradadas e com a saúde dos munícipes.

O olhar crítico induz consumidor e consumidora a questionarem, entre outros aspectos: composição, durabilidade, embalagem e se realmente carecem daquele produto.

Em relação à composição, no contexto de gestão integrada de resíduos sólidos, observamos se o produto que estamos adquirindo tem na sua constituição substâncias que degradam o meio ambiente, uma vez que, ao longo das cadeias produtivas e de consumo, podem representar riscos ao meio ambiente e à sociedade. Quando adotamos esse tipo de ponderação, evitamos danos à saúde ambiental e humana e quebramos o fluxo de substâncias nocivas.

Em relação à durabilidade, ao avaliarmos esse aspecto, impedimos o uso de produtos de pouca durabilidade, ou seja, descartáveis. O uso de produtos descartáveis acelera a geração de resíduos sólidos e a transformação de recursos ambientais em rejeitos, sobretudo quando não praticamos a coleta seletiva; impulsiona os impactos ambientais negativos e contribui para abreviar o tempo de vida útil do aterro sanitário.

O consumo consciente promove a redução da geração de resíduos sólidos, como também a diminuição da parcela que se transformaria em rejeito. Compreende um passo primordial para evitar ou reduzir os impactos adversos, aumentar a vida útil do aterro sanitário e minimizar a pressão sobre os recursos ambientais (Figura 4.5).

Figura 4.5 – Impactos positivos proporcionados pelo consumo consciente

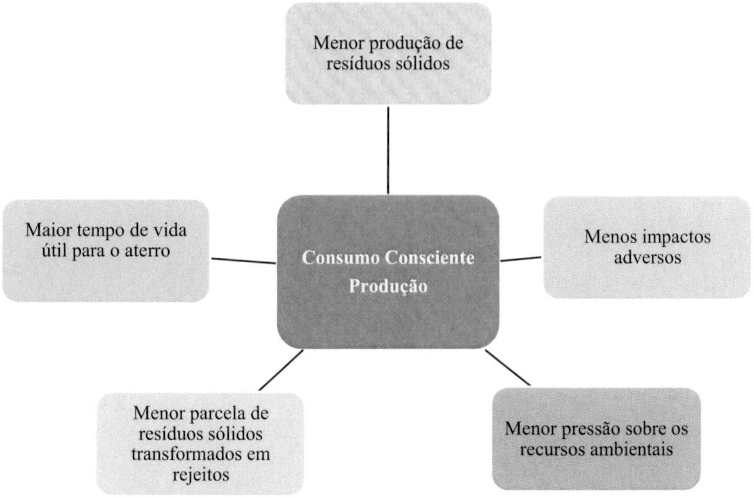

Fonte: a autora (2024)

4.2.5.2 Acondicionamento de resíduos sólidos: coleta seletiva

A etapa correspondente ao **acondicionamento** envolve ação indispensável ao alcance dos objetivos da gestão integrada de resíduos sólidos, a **coleta seletiva**.

Coleta seletiva compreende a separação dos resíduos sólidos na fonte geradora de acordo com as suas características. Sugerimos a segregação e o acondicionamento no mínimo em três coletores (Figura 4.6): resíduos sólidos recicláveis secos, resíduos sólidos recicláveis úmidos (orgânicos) e resíduos sólidos não recicláveis (rejeitos).

Entre os recicláveis secos, estão os resíduos de papel e papelão, plástico, metal e vidro. Entre os recicláveis úmidos (orgânicos), as cascas de frutas e de verduras, folhas, flores, galhos e restos de alimentos.

Entre os não recicláveis, estão os papéis higiênicos, absorventes e fraldas descartáveis. São assim considerados devido à ausência de uma forma adequada e segura de reaproveitá-los, reutilizá-los e reciclá-los. Aconselhamos segregá-los em coletor diferente dos demais materiais e encaminhá-los à coleta pública municipal (Figura 4.6). Esse procedimento previne vários impactos negativos e mitiga os riscos de contaminação aos catadores e às catadoras de materiais recicláveis.

Figura 4.6 – Forma de segregação de resíduos sólidos na fonte geradora

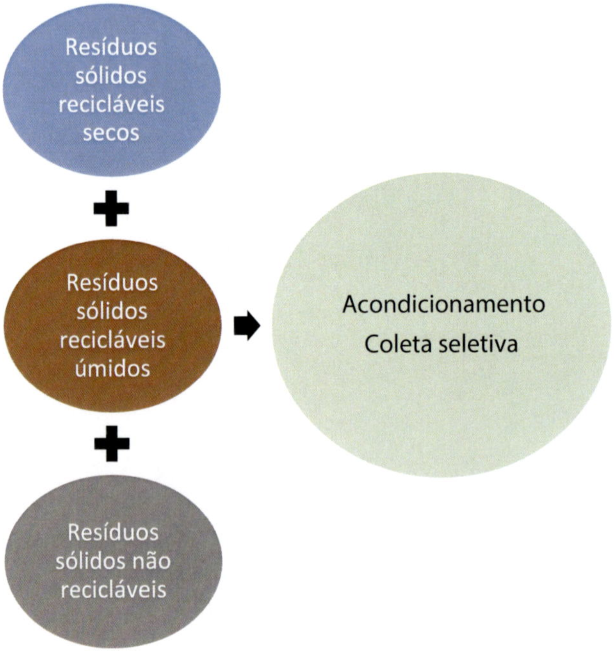

Fonte: a autora (2024)

Ratificamos que os resíduos de papel e papelão, plástico, metal e vidro devem ser segregados na fonte geradora, evitando misturá-los à parcela orgânica dos resíduos sólidos. Esse tipo de postura impede a contaminação e potencializa o valor comercial desses materiais, ao passo que favorece o tratamento da parcela orgânica (resíduos sólidos orgânicos ou resíduos sólidos recicláveis úmidos), reduzindo as possibilidades de poluição e de contaminação, uma vez que esses resíduos podem conter organismos patógenos, a exemplo de helmintos na fase de ovo e de enterobactérias. Em muitos lugares, esses resíduos servem de alimento para animais domésticos, como porcos e galinhas, animais empregados na alimentação humana, o que pode inserir esses organismos patógenos na cadeia de consumo.

A segregação na fonte geradora beneficia o exercício profissional dos catadores e das catadoras de materiais recicláveis; em consequência, favorece a reutilização e a reciclagem, permitindo que a parcela reciclável retorne ao setor produtivo, as indústrias, como matéria-prima. Esse retorno amortiza a pressão sobre os recursos ambientais e os impactos adversos consequentes.

No caso de pessoas que produzem resíduos sólidos de serviços de saúde domiciliar, é importante separar esses resíduos dos demais (Figura 4.7). As seringas e lancetas usadas pelos pacientes portadores de *Diabetes mellitus* podem ser acondicionadas em garrafas PET e entregues na unidade de saúde mais próxima.

Figura 4.7 – Forma de segregação de resíduos sólidos em residências que geram resíduos sólidos de serviços de saúde domiciliares

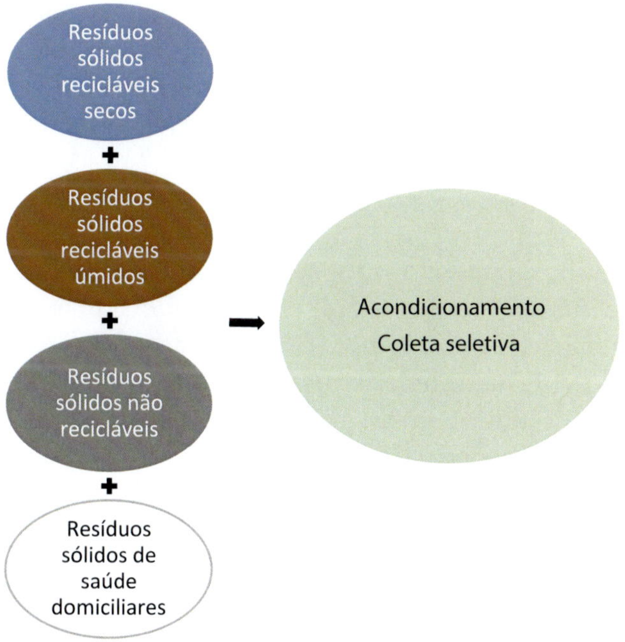

Fonte: a autora (2024)

A simples atitude de separar os resíduos sólidos na fonte geradora provoca benefícios significativos ao meio ambiente e à sociedade; evita diferentes tipos de poluição e de contaminação; e reflete uma atitude sustentável, cidadã, fraterna e solidária.

Se você realiza habitualmente a coleta seletiva, você está colocando em prática os princípios que regem a gestão integrada de resíduos sólidos e os **6 Rs**; está cuidando da nossa casa comum. É muito importante, todavia, que você motive outras pessoas a aderirem à coleta seletiva, pois, quanto mais pessoas a praticarem, mais reduziremos a entropia e nos aproximaremos do meio ambiente sustentável.

Se você ainda não pratica a coleta seletiva, esperamos que a nossa obra o inspire a cuidar do nosso bem de uso comum, o meio ambiente, nossa casa comum. Há quem use a justificativa de falta de tempo e de espaço físico. Verdadeiramente, é preciso tempo para separar os resíduos sólidos? Tente! Falta realmente espaço? Tente! Evitemos que recursos ambientais se transformem em rejeitos.

Enfim, ao acondicionarmos os resíduos sólidos de forma seletiva, estamos contribuindo para amortizar a quantidade de resíduos sólidos transformada em rejeitos e aumentando a quantidade de resíduos sólidos que retorna às indústrias e que pode ser empregada como matéria-prima, reduzindo de forma expressiva a pressão sobre os recursos ambientais e os impactos adversos causados aos diferentes sistemas ambientais.

4.2.5.3 Coleta e destinação final de resíduos sólidos

Após serem selecionados, os resíduos sólidos recicláveis secos devem ser destinados aos catadores e às catadoras de materiais recicláveis; os recicláveis úmidos podem ser tratados por meio da compostagem domiciliar e transformados em adubo, que pode ser usado em hortas, jardins, entre outros, ou encaminhados à coleta municipal para o tratamento, conforme deliberar o Plano Municipal de Resíduos Sólidos. Os resíduos sólidos não recicláveis, os rejeitos, devem ser dispostos em aterro sanitário, observando-se a legislação ambiental vigente (Figura 4.8).

Figura 4.8 – Forma de destinação de resíduos sólidos recicláveis secos, recicláveis úmidos, não recicláveis e resíduos sólidos de serviços de saúde domiciliares

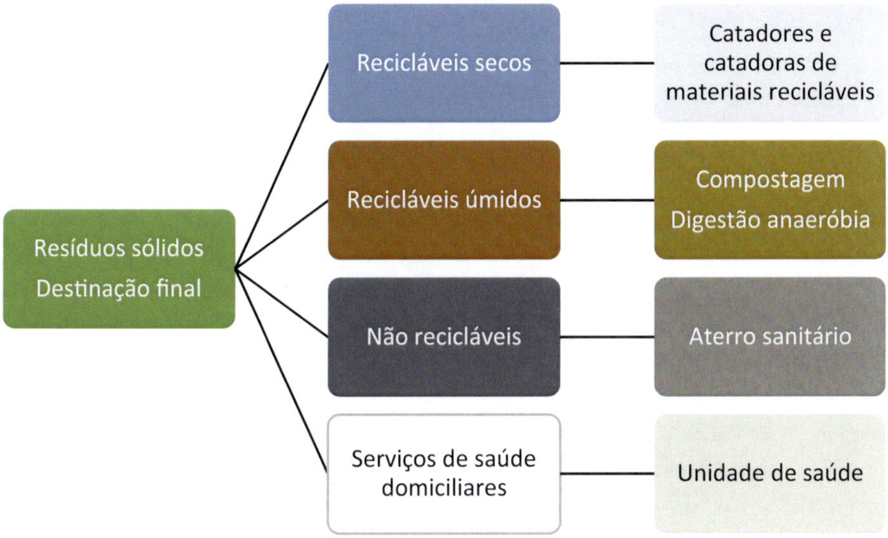

Fonte: a autora (2024)

Para os municípios que não contam com centrais de tratamento da parcela orgânica dos resíduos sólidos, Silva (2020) recomenda encaminhá-los ao sistema de coleta pública, mas devemos continuar na luta para que os municípios instalem sistema de tratamento, porque a sua ausência é bastante prejudicial, sobretudo em relação às mudanças climáticas, uma vez que a decomposição da matéria orgânica em ambiente anaeróbio, entre os produtos, emite gás metano, CH_4, um gás muito mais potente em relação ao efeito estufa quando comparado com o gás carbônico, CO_2.

Não podemos deixar de realizar a seleção na fonte, mesmo em municípios que não contam com sistema de tratamento, porque a parcela orgânica misturada aos resíduos de papel, papelão, plástico, metal e vidro, além de ocasionar a contaminação e submeter os profissionais da catação a riscos ambientais, reduz as possibilidades de comercialização desses materiais, motivando a sua transformação em rejeitos, diminuindo, deste modo, a renda desses profissionais.

Segundo Silva (2020), a coleta dos resíduos sólidos separados na fonte geradora é uma estratégia primordial para que os objetivos da Gires sejam atingidos, como também para mitigar os riscos à saúde dos profissionais que estão de forma direta e indireta relacionados a esse processo; além de promover o aumento de sua produtividade. Requer, entretanto, a organização e o amplo processo de Educação Ambiental para que as famílias possam adquirir o hábito de destinar os seus resíduos sólidos à porta previamente selecionados e higienizados.

4.2.5.4 Exercício profissional de catadores e catadoras de materiais recicláveis

Os catadores e as catadoras de materiais recicláveis são profissionais essenciais à gestão integrada de resíduos sólidos. Eles desempenham várias atividades, as quais possibilitam o ciclo da matéria e o fluxo de energia, reduzem a pressão sobre os recursos ambientais, previnem a poluição e contaminação, mitigam a emissão de gases que colaboram para o aumento do efeito estufa e contribuem para a saúde ambiental e humana.

O trabalho que os catadores e as catadoras de materiais recicláveis desenvolvem na gestão de resíduos sólidos, de acordo com Santos, Curi e Silva (2020), previne principalmente a poluição e a contaminação de diferentes sistemas ambientais e gera emprego e renda.

Ribeiro *et al.* (2014) enfatizaram a importância das organizações de catadores e de catadoras de recicláveis no contexto da gestão, estudando 33 cooperativas no estado do Rio de Janeiro, de 2007 a 2008. Os autores constataram que, no período estudado, cerca de R$ 34 milhões foram poupados pelo sistema produtivo do citado estado, com destaque para a reciclagem de resíduos de plástico, responsável por 67,93% dos recursos poupados. A economia envolve a redução de retirada de recursos naturais do meio ambiente (água, petróleo, bauxita, minério de ferro, carvão mineral e outros insumos) e de despesas com a exploração desses recursos.

No desempenho de suas atividades, porém, comumente, não conseguem promover qualidade de vida digna para si e para sua família. Estão submetidos a condições precárias de trabalho e com renda mensal inferior a um salário mínimo nacional.

A mudança do cenário em que estão inseridos depende, especialmente, de nós, geradores e geradoras de resíduos sólidos, e dos gestores e das gestoras públicos e privados: a nossa competência diz respeito à seleção dos resíduos sólidos na fonte e destinação desses resíduos higienizados, seguindo a agenda local; outra competência compreende a pressão sobre os gestores públicos e privados para que cumpram as determinações de inclusão socioeconômica desses profissionais.

Ainda, convém aos gestores e às gestoras públicos e privados promoverem a inserção socioeconômica desses trabalhadores e dessas trabalhadoras conforme legislação vigente. Em Campina Grande, o Plano Municipal de Resíduos Sólidos determina que as empresas repassem os resíduos sólidos recicláveis secos às organizações de catadores e catadoras de materiais recicláveis legalmente constituídas. Há, todavia, um movimento iniciado em 2023 entre os empresários locais para não cumprir essa deliberação. Felizmente, as organizações de catadores e catadoras que atuam no citado município receberam formação em Educação Ambiental e estão lutando para garantir os seus direitos e contam com o apoio de várias entidades locais, a exemplo das universidades públicas e de organizações não governamentais que atuam na área.

O exercício profissional dos catadores e das catadoras de materiais recicláveis abarca várias atividades, que rotineiramente têm início na fonte geradora de resíduos sólidos, a exemplo de casas, condomínios, empresas, escolas, entre outros. As atividades desempenhadas por esses profissionais envolvem coleta, transporte, armazenamento prévio, triagem, beneficiamento, armazenamento e comercialização (Figura 4.9).

Coletam os resíduos sólidos recicláveis secos nos locais de sua geração, em seguida transportam-nos ao galpão para o armazenamento prévio. No galpão é realizada a triagem, que consiste em separar os materiais de acordo com as suas características e com a demanda do mercado. Após a triagem, é procedido o beneficiamento, a exemplo de prensagem, retirada de lacres e de cobre. Depois do beneficiamento, os materiais são armazenados até a comercialização, geralmente são vendidos aos donos de sucatas, que os encaminham às indústrias.

Figura 4.9 – Atividades exercidas pelos catadores e pelas catadoras de materiais recicláveis

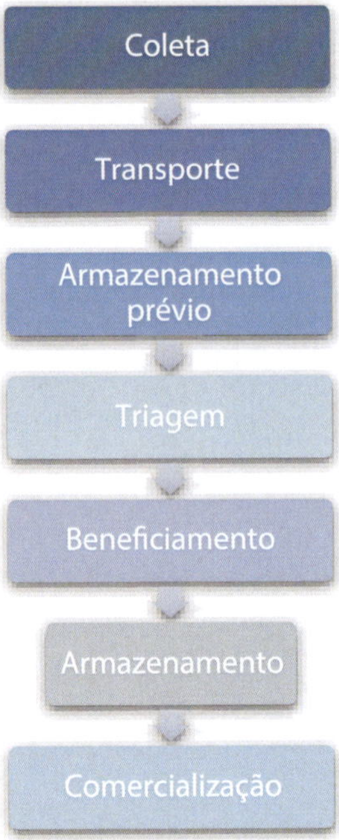

Fonte: a autora (2024)

No estado da Paraíba, local de nossa atuação, as organizações de catadores e de catadoras de materiais recicláveis, mesmo legalizadas, não conseguem comercializar os materiais diretamente às indústrias de reciclagem. Prevalece a figura de atravessadores, os sucateiros, fato que impacta negativamente sobre a renda mensal dessas organizações, que têm de arcar com as despesas inerentes a sua legalização e atuação, manutenção do empreendimento e com o sustento de seus associados e de suas associadas.

O exercício profissional dos catadores e das catadoras de materiais recicláveis permite que os resíduos sólidos recicláveis retornem ao setor produtivo, as indústrias e, que sejam empregados como matéria-prima, evitando e minimizando a exploração dos recursos ambientais (Figura 4.10).

Quando os resíduos sólidos recicláveis secos são encaminhados às indústrias e empregados como matéria-prima, transformamos problema em solução. Favorecemos o ciclo da matéria e possibilitamos o fluxo de energia, reduzimos o desperdício de recursos ambientais e amenizamos o nível de entropia.

São milhares de homens e mulheres que sobrevivem da catação. A coleta seletiva favorece, entre os aspectos, o sustento desses trabalhadores e trabalhadoras.

Figura 4.10 – Ciclo dos materiais constituintes dos resíduos sólidos recicláveis secos favorecido pelo exercício profissional de catadores e catadoras de materiais recicláveis

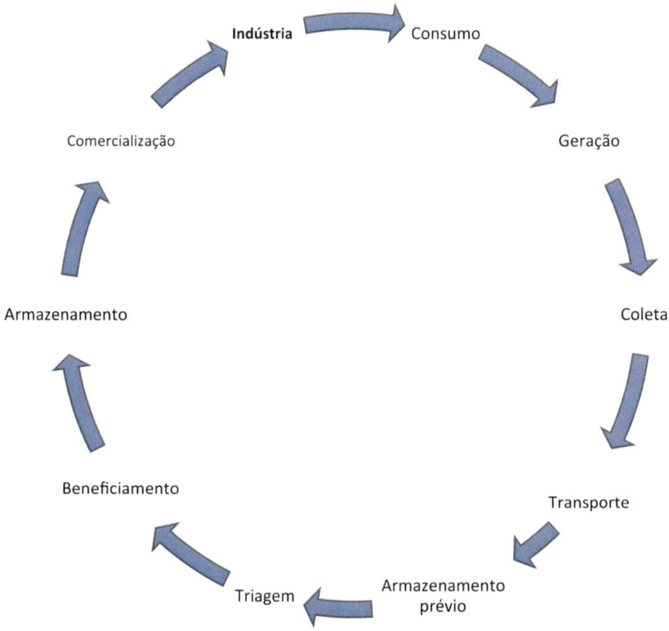

Fonte: a autora (2024)

O nosso ato de selecionar na fonte, higienizar e destinar os resíduos aos catadores e às catadoras de materiais recicláveis é uma atitude louvável que reflete o nosso compromisso social e ambiental; o nosso compromisso com a justiça ambiental e social, o nosso cuidado com a nossa *casa comum* e com as atuais e futuras gerações.

4.2.5.5 Transporte de resíduos sólidos

Na gestão integrada de resíduos sólidos, a etapa referente ao transporte é tão importante quanto as demais. Não adianta separar os resíduos sólidos recicláveis secos na fonte geradora, se estes forem misturados no momento da coleta e/ou do transporte para a destinação final.

O transporte dos resíduos sólidos recicláveis secos deve proceder em veículo adequado e em dias previamente agendados, de forma que não coincida com o dia da coleta dos demais resíduos.

O transporte diferenciado dos resíduos sólidos recicláveis secos, transporte seletivo, deve ocorrer diretamente da fonte geradora (residência a residência ou porta a porta) ou mais próximo possível desta (Ponto a Ponto de Entrega Voluntária, PEV). No caso dos condomínios verticais, é importante disponibilizar um coletor para acondicionar esses resíduos no corredor de cada andar e em locais estratégicos do próprio condomínio, observando as normas estabelecidas, especialmente pelo Corpo de Bombeiros. Nos condomínios horizontais, é recomendável organizar um coletor diferenciado em um ponto estratégico para facilitar aos moradores e às moradoras o encaminhamento certo da parcela reciclável seca. São procedimentos que garantem o transporte adequado desses materiais, beneficiam o alcance dos objetivos intrínsecos à gestão integrada de resíduos sólidos e possibilitam que o gerador ou a geradora expresse a sua responsabilidade até a destinação final, conforme estabelece a legislação vigente.

Segundo a NBR 13221 (ABNT, 2023), o transporte de resíduos sólidos deve acontecer por meio de equipamento adequado para impedir danos ao meio ambiente e proteger a saúde pública. Durante o transporte, é preciso protegê-los de intempéries e acondicioná-los corretamente para não haver o seu espalhamento na via pública ou mesmo férrea, evitando riscos de vazamentos, quedas ou contaminação. No Anexo A da mencionada NBR, estão previstos os tipos de acondicionamentos.

As formas de transporte de resíduos sólidos podem ser classificadas de acordo com as empresas especializadas nesse tipo de serviço, isto é, mistas ou seletivas (Cetes Ambiental, [2023]; Translix, [2023]). O transporte misto compreende o recolhimento e a condução dos resíduos sólidos misturados para posterior destinação, procedimento que se contrapõe aos princípios e objetivos da Política Nacional de Resíduos Sólidos (Brasil, 2012, 2020, 2022; 2022a). A forma seletiva consiste em coletar e transportar os resíduos sólidos separadamente, em consonância com as suas características. Constitui um sistema que avança em relação ao convencional por potencializar a reutilização e/ou a reciclagem dos resíduos sólidos recicláveis, principalmente os secos (papel, papelão, plástico, metal e vidro). Neste tipo de coleta e transporte, os próprios geradores e as próprias geradoras desenvolvem um sistema de segregação, acondicionamento e armazenamento dos resíduos sólidos, praticando, dessa forma, a coleta seletiva, cuja importância enfatizamos ao longo desta obra.

O transporte de resíduos sólidos recicláveis secos deve assegurar a manutenção de suas características, com a finalidade de garantir a sua reutilização e/ou reciclagem, logo devem ser transportados separadamente dos demais resíduos sólidos.

Este tipo de resíduo sólido habitualmente é transportado em caminhões com carroceria metálica e fechada, para evitar a perda do material, a exemplo de plásticos e papel, além de protegê-lo de fatores ambientais, tais como a ação do sol e da chuva. Em Campina Grande, alguns bairros contam com a coleta e o transporte diferenciados realizados com emprego desse tipo caminhão, denominado pelos catadores e pelas catadoras de materiais recicláveis que atuam no município de "caminhão-baú" (Figura 11). Os demais resíduos sólidos domiciliares geralmente são transportados por caminhões compactadores, que otimizam a capacidade de carga e possibilitam o confinamento correto, evitando o seu derramamento e os efeitos adversos (Translix, [2023]). Destacamos que é ideal e sustentável favorecer a coleta da parcela reciclável úmida (orgânica) separada, com o intuito de encaminhá-la ao tratamento.

Figura 4.11 – Transporte empregado para coleta diferenciada de resíduos sólidos recicláveis secos em Campina Grande, estado da Paraíba, Brasil

Fonte: a autora (2024)

A coleta e o transporte diferenciados dos resíduos sólidos recicláveis são fundamentais para potencializar o seu reaproveitamento, reutilização ou reciclagem, reduzir a extração de recursos ambientais, mitigar os impactos adversos, aumentar a eficiência energética, gerar rendas, diminuir as despesas com a disposição final e, entre outros, favorecer a economia circular e a sustentabilidade ambiental.

Considerando que é necessário motivar a redução da geração de resíduos sólidos, recomendamos que a parcela reciclável seca seja recolhida uma vez por semana. Há cenário em que as organizações de catadores e de catadoras de materiais recicláveis podem coletar e transportar o material recolhido em carrinhos de tração humana ou carrinhos tipo bicicleta, no entanto em locais distantes é necessário o emprego de transporte motorizado. No cenário brasileiro predomina o uso de carrinhos de tração humana, mesmo em locais de longa distância. Situação que demanda esforço físico e submete os catadores e as catadoras de materiais recicláveis a diferentes riscos biológicos, físicos, químicos e de acidentes.

Cavalcante e Silva (2015) alertam para o longo percurso percorrido pelos catadores e pelas catadoras de materiais recicláveis organizados em associação que atuam em Campina Grande. Durante o estudo, eles percorriam, em média, 18 km diariamente, puxando um carrinho de tração humana, com a média de 98 kg de resíduos sólidos recicláveis secos, independentemente das condições climáticas.

Batista, Lima e Silva (2013) chamam atenção para o fato de a atividade desses profissionais ser constantemente suscetível a episódios de acidentes, que podem comprometer a saúde e a produtividade para geração de renda.

A coleta e o transporte corretos devem abranger o exercício profissional dos catadores e das catadoras de materiais recicláveis, haja vista que grande parte da parcela reciclável chega às indústrias por meio desses profissionais e estes carecem de condições dignas de trabalho e de vida.

Enfim, a etapa correspondente a coleta e transporte deve observar as deliberações da legislação ambiental vigente no âmbito nacional e local para atingir os objetivos previstos da Gires. Nessa etapa, os geradores e as geradoras são corresponsáveis e, ao cumprir o seu papel, contribuem de forma expressiva para a conservação e/ou preservação dos diferentes sistemas ambientais e inclusão socioeconômica dos catadores e das catadoras de materiais recicláveis.

Insistimos em questionar: você, estimado leitor, está cumprindo o seu papel nessa etapa? Você, estimada leitora, está cumprindo o seu papel nessa etapa? Se ainda não cumpre, esperamos que esta obra o tenha motivado a exercer o princípio da corresponsabilidade ou de responsabilidade compartilhada, afinal somos todos e todas responsáveis pelo meio ambiente e pela herança que deixaremos a nossos e nossas descendentes.

4.2.5.6 Tratamento de resíduos sólidos recicláveis úmidos

Os resíduos sólidos recicláveis úmidos (resíduos sólidos orgânicos), mesmo os domiciliares, demandam tratamento antes de sua destinação, devido a suas características: alto teor de umidade, elevada quantidade de matéria orgânica e presença de organismos patogênicos, entre os quais helmintos na fase de ovo.

Nesses resíduos sólidos são encontrados vários microrganismos, e alguns representam importância para continuidade do ciclo da matéria no processo de biodegradação e outros têm importância sanitária. Dentre os microrganismos patogênicos, destacam-se: vírus, bactérias, fungos, protozoários e helmintos, como citam diversos autores (Castilho Jr., 2003, Carrington, 2001; Metcalf & Eddy, 2003; Silva, 2021).

Sabemos que a presença de organismos patogênicos nesses tipos de resíduo sólido representa riscos à saúde de quem os manuseia. A contaminação dos vegetais decorre, principalmente, do uso de esgotos in natura ou tratados precariamente e da ausência ou da higienização incorreta.

Corroboramos Silva (2021) ao afirmar que geralmente a preocupação concentra-se nos resíduos sólidos de serviços de saúde, fato refletido na legislação nacional e internacional. Negligenciamos, pois, o cuidado com os resíduos sólidos recicláveis úmidos; precisamos, então, romper com a percepção de que os resíduos sólidos recicláveis úmidos domiciliares não expressam riscos à saúde humana, pois a presença de organismos patogênicos é um alerta para a necessidade de termos mais atenção com esse tipo de resíduo, separá-lo na fonte geradora e encaminhá-lo ao tratamento ou, se houver condições, tratá-lo na própria fonte. Há na literatura modelos de sistemas de tratamento que podem transformar problemas em solução.

Os sistemas de tratamento para os resíduos sólidos recicláveis úmidos, em termos de localização, são centralizados ou descentralizados. O tratamento pode ocorrer na ausência ou na presença de oxigênio (anaeróbio/digestão anaeróbia e aeróbio/compostagem), para os quais podem ser empregados processos químicos, físicos e biológicos (Figura 4.12).

Figura 4.12 – Tratamento de resíduos sólidos recicláveis úmidos: sistemas, tipos e processos

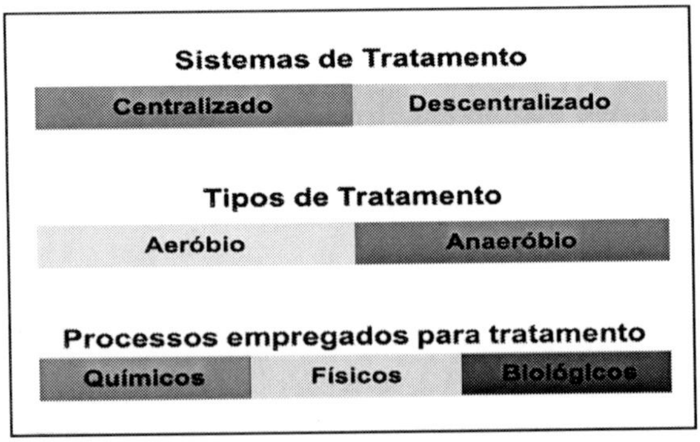

Fonte: a autora (2024)

A descentralização dos sistemas tratamento de resíduos sólidos recicláveis úmidos permite às populações humanas a compreensão e reflexão a respeito de suas responsabilidades, ações e atitudes sobre o meio ambiente, especialmente sobre a gestão de resíduos sólidos, assim como coopera para fiscalização das etapas de instalação, operação e desativação desses sistemas. Fato esse que pode evitar e/ou minimizar os impactos adversos resultantes e diminuir o mau uso dos recursos financeiros. Pode contribuir também para a consecução dos objetivos almejados pela Política Nacional de Resíduos Sólidos. Compõe importante incentivo à criatividade social para a estruturação e o emprego de tecnologias sociais adequadas às especificidades da população onde o sistema é ou será instalado.

Nesse contexto, reafirmamos a essencialidade da prática do princípio de corresponsabilidade ou de responsabilidade compartilhada conforme prevê a legislação ambiental vigente; e o exercício cotidiano da cidadania ambiental.

Diferentes autores apontam a viabilidade de sistemas de tratamento de resíduos sólidos recicláveis úmidos descentralizados (Lanzer; Wolff, 2005; Marques; Hogland, 2002; Massukado, 2008; Silva, 2008, 2021; Silva *et al.*, 2014). Geralmente, são alternativas de baixo custo econômico, fácil operação e eficazes. Possibilitam tratar a fração orgânica em ambiente mais próximo possível do local onde os resíduos sólidos foram gerados.

A digestão anaeróbia, também denominada de biodigestão, é um tipo de tratamento que favorece a degradação da matéria orgânica por meio de organismos anaeróbios, enquanto na compostagem são os organismos aeróbios que realizam esse papel. Ambas são exemplos de biotecnologia.

4.2.5.6.1 Tratamento anaeróbio de resíduos sólidos recicláveis úmidos (digestão anaeróbia ou biodigestão)

Na digestão anaeróbia os resíduos sólidos recicláveis úmidos sofrem a ação de organismos decompositores anaeróbios, ocorrendo, assim, a biodegradação, mas os subprodutos resultantes, se não forem tratados e monitorados corretamente, provocam impactos negativos sobre o meio ambiente, entre estes a intensificação do efeito estufa, cujas consequências estamos vivenciando por meio de inundações, queimadas e ondas de calor que ameaçam a vida de diferentes seres vivos.

Os autores Amaral, Steinmetz e Kunz (2022) explicam que a digestão anaeróbia é um processo metabólico complexo, que demanda condições anaeróbias e depende da atividade conjunta de organismos, com o propósito principal de transformar o material orgânico em dióxido de carbono (CO_2) e metano (CH_4). É uma tecnologia mediada biologicamente – biotecnologia.

Nesse tipo de biodegradação, segundo Leite *et al.* (2014), há a produção de gases responsáveis pelo efeito estufa e concentração de nitrogênio no chorume gerado. Este apresenta características de difícil tratabilidade biológica, devido principalmente à quantidade significativa de material recalcitrante e da alta concentração de nitrogênio amoniacal. Para sanar o problema, os autores sugerem o tratamento anaeróbio de resíduos sólidos recicláveis úmidos com o aproveitamento energético, visando contribuir para a matriz energética nacional e reduzir o lançamento de gases CO_2 e CH_4 para a atmosfera.

A este respeito, Cavalcanti, Leite e Oliveira (2023) alegam que o tratamento biológico por via anaeróbia pode compreender uma rota viável de produção de CH_4 por meio da recuperação energética dos resíduos sólidos recicláveis úmidos. Um dos produtos, o biogás, de acordo com os autores, já constitui importante contribuinte para matriz energética em diversos países, a exemplo de Alemanha, Estados Unidos, China e Brasil.

Desse tipo de tratamento, resulta a estabilização do material sólido, o biofertilizante, que pode ser aplicado para fins agrícolas, desde que seja devidamente manejado e monitorado.

Amaral, Steinmetz e Kunz (2022) asseveram que a digestão anaeróbia (biodigestão) compreende quatro etapas: hidrólise, acidogênese, acetogênese e metanogênese. Cada etapa é feita por distintos grupos de organismos, que requerem díspares condições ambientais, como procede com a digestão aeróbia (compostagem). A metanogênese acontece em condições estritamente anaeróbias. O carbono contido na biomassa é convertido a CO_2 e CH_4. Um dos perigos do biogás, conforme citam os autores, é a propriedade asfixiante (sufocamento), além de corrosividade e toxicidade do sulfeto de hidrogênio (H_2S), toxicidade da amônia (NH_3) e inflamabilidade do metano (CH_4) e hidrogênio (H_2).

Costa Gomez (2013) também chama nossa atenção para o potencial do CH_4 para intensificar o efeito estufa. A emissão direta desse tipo de gás no meio ambiente é preocupante. A sua molécula detém maior potencial para o efeito estufa do que o CO_2. Logo, requer aplicação de tecnologias que diminuam os possíveis impactos adversos. Pode ser agregada tecnologia para captação de gases por recuperação energética, assim como propõem outros autores (Castro e Silva *et al.*, 2021; Cavalcanti; Leite; Oliveira, 2023; Leite *et al.*, 2014).

Os sistemas de recuperação de biogás, conforme Castro e Silva *et al.* (2021), além de colaborarem para a redução de gases do efeito estufa, adicionam valor econômico ao processo de decomposição anaeróbia da parcela orgânica dos resíduos sólidos.

Lins *et al.* (2022) defendem que o aproveitamento energético é uma das formas de minimizar os impactos adversos e tratar os resíduos sólidos. Destacam o potencial energético do biogás, que pode gerar energia elétrica e térmica, como também pode ser usado na forma de biometano. Acrescentam que o emprego de sistemas de digestão anaeróbios com aproveitamento do biogás subsidia a substituição e/ou redução de fontes de energia não renováveis, tanto na cidade como no campo.

Advertimos que o acesso de energia de fontes renováveis representa importante passo à melhoria da qualidade de vida da sociedade humana. Contribui também para implantação e aplicação dos Objetivos de Desenvolvimento Sustentável, propostos pelas Nações Unidas, e que constituem a Agenda 2030 (ONU-Brasil, 2024).

Matos e De Prá (2023) defendem a digestão anaeróbia enquanto uma tecnologia eficaz para a problemática que envolve os resíduos sólidos recicláveis úmidos. Sublinhamos, no entanto, que a implantação desses sistemas demanda planejamento e monitoramento para evitar os efeitos negativos. Compreendemos que, análoga à compostagem, a digestão anaeróbia é uma biotecnologia que trata a parcela orgânica dos resíduos sólidos, contribui para evitar e mitigar diversos impactos negativos e para reduzir a quantidade de resíduos sólidos disposta ao aterro sanitário. Todavia, por compreender um processo anaeróbio, gera subprodutos que requerem tratamento e o devido monitoramento, sobretudo o chorume e os gases CO_2 e CH_4. Convém avaliar e aplicar as tecnologias comprovadamente viáveis para tratar e destinar corretamente o chorume e para o aproveitamento do biogás.

4.2.5.6.2 Tratamento aeróbio de resíduos sólidos recicláveis úmidos (compostagem)

A compostagem constitui o tratamento aeróbio de resíduos sólidos recicláveis úmidos (resíduos sólidos orgânicos). Envolve a transformação da matéria orgânica em inorgânica em decorrência de um conjunto de fatores, principalmente da ação de diferentes organismos que degradam a matéria orgânica e provocam transformação no ambiente onde estão inseridos, o sistema de compostagem.

Com relação ao tratamento da parcela orgânica por meio da tecnologia de compostagem, a Lei 12.305/2010, que instituiu a Política Nacional de Resíduos Sólidos, destaca a compostagem como uma das tecnologias com condições de reduzir significativamente os impactos negativos atinentes aos resíduos sólidos.

O sistema de compostagem é um sistema ecológico, pois é uma unidade que inclui organismos em uma determinada área interagindo com o ambiente físico, de modo que o fluxo de energia leve a estruturas bióticas claramente definidas e à ciclagem da matéria entre os componentes bióticos e abióticos, como expõem Odum e Barrett (2007). A compostagem difere da decomposição natural, por ocorrer em condições controladas pelos seres humanos.

Os sistemas de tratamento aeróbio descentralizados de resíduos sólidos recicláveis úmidos têm sido enxergados como uma importante promessa para gestão integrada de resíduos sólidos por favorecer o empoderamento da população próxima e do entorno para o cuidado com os seus resíduos sólidos e com o meio ambiente.

Podemos ainda afirmar que a compostagem é um tipo de tratamento cuja degradação da matéria orgânica é efetivada por organismos que precisam de oxigênio para metabolizar esse tipo de material. Nesse processo, a matéria orgânica é transformada em inorgânica, resultando num produto estabilizado e sanitizado, composto ou adubo, sem a geração de chorume e gás metano (CH_4), exceto quando há um erro no monitoramento ou no próprio sistema; provavelmente, são falhas relacionadas ao planejamento, tais como: configuração e tipo de sistema, composição de substrato inicial e número de reviramentos. Há, porém, entre os produtos, a geração de dióxido de carbono (CO_2), gás com menor potencialidade em relação ao aumento do efeito estufa quando comparado ao metano.

Gomes *et al.* (2021), ao pesquisarem diferentes modelos de composteiras, verificaram que a configuração e o material empregado influenciam diretamente a atividade metabólica dos organismos que degradam a matéria orgânica, consequentemente interferem no tempo de degradação e na qualidade do composto.

Ponderamos que a compostagem constitui uma biotecnologia (tratamento biológico), uma vez que é a ação dos organismos de modo sucessional, favorecida pelas condições ambientais, que degrada a matéria orgânica (biodegradação), modificando-a em inorgânica. Esta condição beneficia os organismos autotróficos, pois estes não têm estrutura metabólica para utilizarem a matéria orgânica.

Há uma visão comum entre vários autores e autoras de que a compostagem compreende processos sucessivos de degradação da matéria orgânica e que destes derivam a sua estabilização e sua higienização biológica. Esses processos acontecem sob condições que permitem níveis de temperaturas altas e originadas do calor produzido na atividade biológica, cujo produto é estável e pode ser aplicado em culturas agrícolas (Bidone, 2001; Liang *et al.*, 2003; Silva, 2021).

Segundo Silva (2020, 2021), a compostagem é um tipo de tratamento biológico aeróbio de resíduos sólidos recicláveis úmidos realizado por uma diversidade de organismos que, ao se alimentar desses resíduos, os modificam em composto, também denominado de fertilizante, adubo ou condicionante, que poderá ser usado em jardins, hortas, na produção de diferentes tipos de mudas e na recuperação de solos degradados.

Da mesma forma que os nutrientes podem ser transformados em composto, quando não são tratados e/ou gerenciados corretamente, ocasionarão impactos negativos, por envolver uma fração instável que é fonte de contaminação e de poluição, assim como mencionam Hannequart, Radermaker e Saintmard (2005) e Silva (2021). Logo, o tratamento da fração orgânica é fundamental à eficiência da gestão ambiental, especialmente da gestão integrada de resíduos sólidos.

De acordo com Gomes *et al.* (2021), a compostagem é um processo biológico de transformação rápida da matéria orgânica em condições aeróbias e controladas, num período ajustado. Por meio desse processo, é obtido um produto chamado de composto que pode ser empregado em solos como fontes de nutrientes.

Asseveramos que a compostagem é uma das tecnologias de gestão integrada de resíduos sólidos, empregada com o fim da reciclagem da fração orgânica. Esse tipo de reciclagem permite a reintrodução de minerais ao meio ambiente, favorecendo efetivamente a ciclagem da matéria.

Como acontece a compostagem?

Os organismos que detêm condições morfofisiológicas para degradar a matéria orgânica realizam a sua função de modo sucessional, como observamos numa sucessão ecológica. As bactérias aeróbias, comumente mesotérmicas, degradam a matéria orgânica nas condições iniciais de certa forma extrema, como verificamos em nossos trabalhos: pH ácido (3,0 < 5,2), alto teor de umidade (72 < 80%) e de sólidos totais voláteis (73 < 83% ST) e há presença de organismos patogênicos (1 < 14 ovos/gST).

Atuam, assim, favorecendo o aumento de calor, seguindo o que prevê a segunda lei da termodinâmica. De acordo com essa lei, a transformação de energia não é 100% eficiente, pois parte da energia é perdida na forma de calor. Nessa fase, a qual denominamos de mesófila 1, outros organismos, sobretudo os dípteros na fase larval e fungos, seguem agindo com maior intensidade, e a partir deste trabalho ocorre acentuada elevação dos níveis de temperatura (40 < 45° C), sendo possível identificar novas modificações, que caracterizam a fase termófila. É uma fase de certa maneira breve, em torno de dois a cinco dias, conforme verificamos em nossos trabalhos. O tempo de duração, todavia, depende do sistema: configuração, material empregado, forma de aeração, entre outros.

Na fase termófila, é notada a diminuição considerável da concentração da matéria orgânica, do teor de umidade, e o pH é alcalino. Há aumento expressivo dos níveis de temperatura (45 < 65° C), que geralmente permanece de cinco a dez dias. Os materiais em degradação têm a sua dimensão reduzida, e misturam-se de forma que não podemos distinguir os seus constituintes; emerge uma nova propriedade, como prevê a propriedade emergente. Há a destruição daqueles organismos patogênicos mais resistentes, a exemplo de ovos de helmintos, especialmente *Ascaris lumbricoides*. Nesta fase, é necessário cautela e cuidado no manejo do sistema para evitar a contaminação, uma vez que a fase subsequente (mesófila 2) não favorecerá essa destruição, mas promoverá a maturação do composto.

Na fase mesófila 2, não haverá grandes transformações e os níveis de temperatura não serão superiores a 40° C, exceto quando há o reviramento, por propiciar a homogeneização da matéria em tratamento e em consequência favorecer a ação dos organismos. Nesta fase, prevalecem os níveis de temperatura inferiores a 40° C, quase sempre se igualam aos níveis de temperatura ambiente. Advém a participação efetiva de ácaros, adaptados a temperaturas baixas (< 35° C) e pH alcalino (> 8,5), os quais promovem o polimento do material em compostagem. Aqui a estabilização consolida-se, resultando num composto estabilizado e sanitizado, pronto para ser empregado em diferentes culturas.

Você deve estar se perguntando: quais são os benefícios proporcionados pela compostagem? Os benefícios são vários, dentre os quais destacamos: higienização e estabilização da parcela orgânica dos resíduos sólidos; conversão da matéria orgânica em um produto final com características agronômicas viáveis; diminuição dos gases que contribuem para o efeito estufa (GEE); transformação da parcela orgânica em composto; colabora para o alcance dos objetivos delineados para coleta seletiva; evita a contaminação dos resíduos sólidos recicláveis secos por motivar a seleção na fonte geradora; diminuição dos riscos biológicos a que estão submetidos catadores e catadoras de materiais recicláveis; favorecimento da ciclagem da matéria; uso eficiente de energia; redução da contaminação e da poluição do ar, da água e do solo; amortização dos custos financeiros empregados na coleta dos resíduos sólidos recicláveis úmidos pela prefeitura; aumenta a vida útil de aterro sanitário, evita a ocupação indevida do solo e contribui para a saúde ambiental e humana e para melhoria da qualidade de vida.

Portanto, por meio da compostagem, vivenciamos o processo de reciclagem da parcela orgânica dos resíduos sólidos. Esse tipo de reciclagem evita diferentes impactos negativos, favorece a ciclagem da matéria e o uso eficiente de energia.

Na realidade, como na compostagem a decomposição da matéria orgânica sucede de forma controlada, ao manejarmos corretamente o sistema, proporcionamos condições ambientais favoráveis à ação dos organismos autóctones, de modo que estes de forma sucessional realizem o seu nicho ecológico e tornem o ambiente desfavorável aos organismos patogênicos.

A garantia de composto de qualidade agronômica e sanitária é primordial ao desenvolvimento sustentável, à saúde humana e à qualidade de vida, por diminuir as fontes de poluição e de contaminação. Consiste em transformar problema em solução. É uma ação de cuidado e solidariedade com as gerações atuais e futuras.

4.2.5.7 Disposição final de resíduos sólidos

4.2.5.7.1 Aterros sanitários: conceitos, impactos positivos e negativos

A disposição final de resíduos sólidos compreende etapa essencial ao alcance dos objetivos delineados para gestão integrada de resíduos sólidos. Se as demais etapas que constituem esse tipo de gestão mencionadas neste capítulo ocorrerem apropriadamente, mas disposição final for negligenciada, vários impactos adversos ainda serão provocados, como acontece em lixões e aterros controlados.

Os lixões prevalecem no Brasil, embora não seja a forma certa para disposição final dos resíduos sólidos. São mais de 2.612 lixões, como mostra o *Panorama de resíduos sólidos no Brasil* publicado em 2022 pela Abrelpe, contrariando a Política Nacional de Resíduos Sólidos e os anseios de cientistas e militantes da área ambiental que vislumbram o meio ambiente sustentável.

A eliminação de lixões, na visão de Lorensi e Silva (2022), mostra-se um desafio de gestão, principalmente em virtude das condições financeiras e da carência de disponibilidade de locais para implantação de aterros sanitários. Mas discordamos dessa prerrogativa, porque há possibilidade de implantação na forma de consórcio que divide os custos financeiros e compartilha área para disposição. Há áreas degradadas que podem ser utilizadas para instalação de aterros sanitários e existem órgãos de fomento e de apoio em nível federal. Tecnologias não faltam para tornar essas áreas apropriadas. Possivelmente, o maior impedimento advém da forma como a equipe técnica é formada pelos gestores e pelas gestoras públicos (comumente por indicação política). Geralmente, a qualificação profissional não é considerada atributo primordial.

Este fato é preocupante. A falta de formação especializada da equipe técnica, sobretudo no que diz respeito à redução, à reutilização e à reciclagem, de maneira a dispor somente os rejeitos ao aterro sanitário, cujo percentual médio no Brasil é inferior a 14%, conforme os nossos estudos, é realmente um impasse e impõe mudança de percepção e de cenário. Sem a formação especializada da equipe técnica e sem programas e projetos em Educação Ambiental voltados aos geradores e às geradoras de resíduos sólidos, não atingiremos os objetivos descritos para gestão integrada de resíduos sólidos, e essa etapa, a disposição final, sempre será relegada.

Martildes *et al.* (2020), a exemplo de outros autores, apontam a disposição final incorreta como um dos principais problemas ambientais, por expressar riscos à saúde humana e ambiental. Reafirmam a importância da disposição final em aterros sanitários.

Você deve, então, estar se questionando: em que consiste a disposição final ambientalmente adequada? Sou também responsável por essa etapa? Como posso contribuir?

A disposição final ambientalmente adequada constitui a distribuição ordenada de rejeitos em aterros sanitários, observando as normas operacionais específicas que evitem danos ou riscos à saúde pública e à segurança e mitiguem os impactos adversos (Brasil, 2012). Só poderão adotar outras medidas se a disposição de rejeitos em aterros sanitários for economicamente inviável, como dispõe o Art. 54 da Lei 14.026/2020 (Brasil, 2020), porém devem ser observadas normas técnicas e operacionais determinadas pelo órgão competente para impedir danos ou riscos à saúde pública e à segurança, assim como minimizar os efeitos adversos.

Quando a etapa da disposição final é alicerçada nos princípios e objetivos previstos para gestão integrada de resíduos sólidos, há impactos positivos que abrangem a saúde ambiental e humana, a ciclagem da matéria, o uso eficiente de energia, a melhoria da qualidade de vida e a homeostase ambiental. Além desses impactos positivos, não compromemos a capacidade das gerações futuras de suprirem as suas necessidades. Colocamos em prática os objetivos do desenvolvimento sustentável e o princípio de solidariedade ambiental e amizade social.

O Art. 54 da Lei 14.026/2020 (Brasil, 2020) ainda estabelece que a disposição final ambientalmente correta dos rejeitos deveria ser implantada até 31 de dezembro de 2020, exceto para os municípios que tenham elaborado Plano Intermunicipal de Resíduos Sólidos ou Plano Municipal de Gestão Integrada de Resíduos Sólidos até a data prevista. No citado artigo, foram dados novos prazos para capitais de estados e municípios integrantes de região metropolitanas (até 2 de agosto de 2021), para municípios com população superior a 100 mil habitantes (até 2 de agosto de 2022), para municípios com população entre 500 mil e 100 mil habitantes (até 2 de agosto de 2023) e para municípios com população inferior a 50 mil (até 2 de agosto de 2024). Destacamos que o número de habitantes teve por base o Censo 2010.

Baseados na legislação vigente e nos trabalhos publicados em periódicos nacionais e internacionais, entendemos que só deverão ser encaminhados ao aterro sanitário os resíduos sólidos considerados rejeitos.

Rejeitos são aqueles resíduos sólidos que, depois de serem esgotadas as possibilidades de tratamento e de recuperação por meio de tecnologias disponíveis e viáveis economicamente, não têm outra possibilidade que não a disposição final ambientalmente adequada, aterro sanitário (Brasil, 2012).

A NBR 8419/1992 (ABNT, 1992) conceitua aterro sanitário enquanto técnica de disposição de resíduos sólidos urbanos no solo sem acarretar danos à saúde pública e a sua segurança, diminuindo os impactos ambientais adversos. Emprega princípios de engenharia para confinar resíduos sólidos à menor área possível e amortizá-los ao menor volume permissível. Os resíduos sólidos são cobertos por uma camada de solo na conclusão ou em momentos necessários.

Lorensi e Silva (2022), por sua vez, explicam que o conceito de engenharia é o confinamento dos resíduos sólidos por barreiras impermeáveis que os protegem de fatores externos e resguardam o subsolo de infiltração de percolado e gases resultantes da decomposição da parcela orgânica contida nos resíduos sólidos.

Afirmamos que chorume é o líquido proveniente da decomposição dos resíduos sólidos orgânicos biodegradáveis em condições anaeróbias; e percolado é a mistura do chorume com a água e outros componentes que são lixiviados ao longo das camadas de resíduos sólidos confinados.

Assim como delibera a Política Nacional de Resíduos Sólidos, Lei 12.305/2010, e o Decreto 10.936/2022, na gestão de resíduos sólidos, deve ser observada a seguinte hierarquia: não geração, redução, reutilização, reciclagem, tratamento e disposição final ambientalmente adequada dos rejeitos (Brasil, 2012, 2022). Esta etapa é tão importante quanto as demais.

Os geradores e as geradores de resíduos sólidos também detêm responsabilidade nesta etapa, ao reduzir a quantidade de resíduos sólidos produzida, ao realizar a coleta seletiva na fonte geradora e ao encaminhar apenas os rejeitos ao aterro sanitário. Todavia, o exercício dessa responsabilidade depende, nomeadamente, do compromisso da gestão pública municipal no que tange à coleta diferenciada dos resíduos sólidos e ao encaminhamento ao aterro sanitário; estende-se ao gerenciamento e ao monitoramento do aterro sanitário em operação e recuperação da área, quando termina a sua vida útil. Os geradores e as geradoras podem ainda contribuir pressionando os órgãos competentes para o cumprimento dos objetivos e das metas conexas a esta etapa.

De acordo com a Lei 12.305/2010, no Art. 47, são proibidas as seguintes formas de disposição final: em praia, no mar ou quaisquer corpos hídricos, lançamento in natura a céu aberto, excetos resíduos de mineração; queima a céu aberto ou em recipientes, instalações e equipamentos não licenciados para essa finalidade, entre outras. Nas áreas de disposição final de rejeitos, são proibidas as seguintes atividades, conforme Art. 48: utilização de rejeitos como alimentos, presença de catadores e catadoras de materiais recicláveis, criação de animais domésticos e habitação temporária ou permanente.

Ratificamos que o aterro sanitário é a forma de disposição final de resíduos sólidos considerada legal e cientificamente correta, mas requer a gestão responsável para favorecer os impactos positivos e evitar e/ou eliminar os impactos negativos, haja vista que todo empreendimento provoca impactos, positivos ou negativos. Por isso, é fundamental observar todas as etapas da Gires para dispor ao aterro sanitário apenas os rejeitos e realizar o gerenciamento e o monitoramento corretos durante a sua operação e no encerramento de sua vida útil. Um aterro sanitário, mesmo desativado, persistirá por décadas ocasionando impactos negativos.

Os autores Rodrigues *et al.* (2023, p. 33.504) alertam: "é urgente a demanda de atenção maior e cuidados com os aterros sanitários, sendo necessário conhecer, tratar e monitorar de maneira adequada, cada aterro específico".

Santos *et al.* (2023) reforçam a necessidade de a construção, a operação e o monitoramento dos aterros sanitários estarem fundamentados nas normas técnicas de engenharia, visando evitar a poluição e contaminação do solo, dos recursos hídricos e do ar.

Seguindo o perfil das demais etapas, a disposição final requer a prática dos princípios que regem a gestão integrada de resíduos sólidos, e impõe novo olhar sobre a relação consumo x necessidade individual e coletiva. O meio ambiente ecologicamente viável e essencial à sadia qualidade de vida, como determina a Constituição do Brasil de 1988, demanda de todos os cidadãos e cidadãs atitudes responsáveis que começam no momento da compra, percorre o consumo e termina com a destinação e disposição finais corretas. Quase sempre se estende às ações que pressionam as autoridades competentes a cumprirem o seu papel no contexto da gestão de resíduos sólidos.

4.2.5.7.2 Chorume gerado em aterro sanitário: composição, tratamento e efeitos adversos

Um dos subprodutos do processo de degradação dos resíduos sólidos confinados é o chorume, cuja composição representa risco à saúde ambiental e humana e, por conseguinte, impõe tratamento antes de ser lançado no meio ambiente.

Em aterro sanitário, a matéria orgânica presente na massa de resíduos sólidos é degradada gradualmente por um grupo de organismos em condições anaeróbias, resultando em produtos como chorume e biogás (Almeida; Campos, 2020; Farias; Dias; Mendes, 2023; Kabir *et al.*, 2023; Marques *et al.*, 2020; Martildes, 2020), que requerem tratamento, devido à complexidade de sua composição.

Kandu *et al.* (2023) expõem que os resíduos sólidos confinados no aterro sanitário por meio de ação de organismos anaeróbios se degradam, gerando chorume, dióxido de carbono (CO_2), metano (CH_4) e compostos orgânicos voláteis. O chorume contém alta quantidade de matéria orgânica e metais pesados, que causam danos aos ecossistemas e contaminam as águas superficiais e subterrâneas, exigindo, desse modo, tratamento antes de ser lançados no meio ambiente.

Entretanto, o tratamento não é fácil e demanda diferentes tecnologias e processos. Um único método não pode remover ou modificar de forma eficiente todos os poluentes e contaminantes. O tratamento de chorume de aterro sanitário por métodos convencionais encontra-se associado a métodos biológicos (aeróbios e anaeróbios) e tecnologias que utilizam processos físicos e químicos, a exemplo de coagulação, oxidação química, adsorção e membranas, entretanto isso, por si só, não é suficiente, sendo importante vincular método convencional a tratamentos mais adiantados, como os processos oxidativos avançados citados por Su *et al.* (2024).

A dificuldade de encontrar a tecnologia apropriada para tratar o chorume está na sua composição. Segundo El-Saadony *et al.* (2023), comumente o chorume é composto por poluentes orgânicos e inorgânicos tóxicos, metais pesados, compostos de nitrogênio amoniacal e outros contaminantes dissolvidos e suspensos.

O chorume de aterro sanitário é um produto com considerável grau de poluição e de contaminação, incluindo metais pesados, sais inorgânicos, compostos de nitrogênio, entre outros, reafirmam Carvajal-Florez e Cardona-Gallo (2019). Os seus efeitos adversos são frequentemente resultado de efeitos múltiplos e sinérgicos, acrescentam Rigobello *et al.* (2015).

No chorume, na ótica de Marques *et al.* (2016), há quantidade significativa de metais tóxicos, como alumínio (Al), níquel (Ni), cádmio (Cd), chumbo (Pb), cromo (Cr), zinco (Zn), manganês (Mn) e ferro (Fe), provenientes da degradação dos resíduos sólidos confinados. Esses autores, com base em pesquisa aplicada em aterro sanitário localizado na capital Palmas, concluíram que o sistema de tratamento de chorume constituído por cinco lagoas foi eficiente e que os parâmetros aferidos no efluente estavam abaixo dos limites estabelecidos pela Resolução Conama 430/2011. Foi eficiente na diminuição da concentração de poluentes e contaminantes do efluente bruto. Aconselham, porém, o monitoramento dos recursos hídricos, analisando-se a existência de alteração na qualidade das águas superficiais e subterrâneas. De qualquer modo, consideramos que esse resultado é animador diante da complexidade evidenciada pelos pesquisadores e pelas pesquisadoras para tratar chorume.

A impermeabilização da área onde são confinados os resíduos sólidos, células, evita a contaminação dos recursos hídricos superficiais e subterrâneos, com destaque ao lençol freático. Pode ser impermeabilizada utilizando solos argilosos ou materiais sintéticos, como geomembrana, como expõem Lorensi e Silva (2022). Destacamos que as técnicas de impermeabilização dependem do tipo de solo.

De acordo com a NBR 13896/1997 (ABNT, 1997), impermeabilização consiste na deposição de camada de materiais artificiais ou naturais que evitem ou diminuam consideravelmente a infiltração dos líquidos percolados no solo, através da massa de resíduos sólidos.

El-Saadony *et al.* (2023) asseveram que chorume contém poluentes orgânicos e inorgânicos tóxicos, metais pesados, compostos de nitrogênio amoniacal e outros contaminantes dissolvidos e suspensos. Mostram que a gestão é fundamental para diminuir a quantidade de chorume e os efeitos indesejáveis, entre os quais a poluição e a contaminação das águas superficiais e subterrâneas e do solo, que afeta diretamente a saúde ambiental e humana.

Jain, Kumar e Kumar (2023) explicam que a falta de gestão de resíduos sólidos, além de desperdiçar matéria e energia, o confinamento sem o devido monitoramento, acarreta problemas graves, por conta dos subprodutos. Além do tratamento do chorume e da captação do biogás, sugerem a mineração da área de aterro sanitário para fins de recuperação de recursos ambientais, para evitar fontes atuais e futuras de poluição e contaminação, remediação do local e redução de extração de recursos naturais. Esse procedimento pode ocorrer por meio de escavação e processamento dos resíduos sólidos enterrados.

Almeida e Campos (2020) indicam o tratamento de chorume por meio do processo de nanofiltração, por constituir-se em sistemas compactos e que podem ser dispostos em estruturas móveis, podendo reduzir os custos financeiros. Ressaltam, no entanto, a necessidade de pré-tratamento (coagulação e floculação, arraste por fluxo de ar de nitrogênio amoniacal) e pós-tratamento (tratamento combinado). De acordo com os seus estudos, a rota de tratamento adotada foi tecnicamente eficiente e economicamente viável.

Farias, Dias e Mendes (2023) alertam para a poluição e contaminação das águas, sobretudo em região de igarapés, em consequência de despejo de chorume in natura pelo aterro sanitário de Marituba, no estado do Pará, localizado no Parque Estadual de Marituba. Os autores citam dados do *Relatório técnico-científico* do Instituto Evandro Chagas publicado em 2018 (Instituto Evandro Chagas, 2018 *apud* Farias; Dias; Mendes, 2023): nas águas usadas para consumo humano em seis comunidades com maior proximidade da Central de Processamento e Tratamento de Resíduos (CPTR), foram encontrados níveis de alumínio, ferro, chumbo e mercúrio superiores aos valores máximos permitidos na legislação brasileira.

A este respeito, Dias e Mendes (2023, p. 16) destacam a fala de uma moradora: "agora nossos igarapés e o ar que respiramos estão poluídos pelo aterro sanitário (que pra nós é um lixão)". Esse cenário chama nossa atenção e reflete a falta de gerenciamento e monitoramento do aterro sanitário. Se não forem postos em prática os passos necessários para que o aterro sanitário cumpra a sua função, a tendência é a sua transformação em lixão. Neste caso, os impactos negativos persistirão.

Somados aos constituintes mencionados, o chorume contém microplásticos, em virtude da deposição de quantidade elevada de resíduos sólidos de plásticos, intensificando os efeitos adversos sobre os diferentes sistemas. De acordo com o trabalho de Kabir *et al.* (2023), polietileno, poliestireno e polipropileno são os polímeros microplásticos prevalentes em chorume originado em aterros sanitários. Estes se degradam em longo prazo. Quando há o vazamento de chorume, o microplástico chega aos sistemas aquáticos de água doce e salgada e afeta-os antagonicamente. Dependendo do tipo de tratamento adotado para o chorume, é possível atingir taxas de remoção consideráveis.

Verificamos que há tecnologias disponíveis e economicamente viáveis para tratar o chorume, todavia sugerimos evitar o máximo possível a formação desse líquido. Confirmamos que todas as etapas da gestão integrada de resíduos sólidos devem ser colocadas em prática com o senso de responsabilidade ambiental e preocupação com as gerações futuras.

4.2.5.7.3 Biogás gerado em aterro sanitário: composição, importância e tratamento

A disposição de resíduos sólidos em aterros sanitários suscita uma condição anaeróbia, gerando, além do chorume, o biogás, com teores consideráveis de dióxido de carbono e metano. Este pode ser uma importante fonte de energia renovável; demanda, todavia, alternativas tecnológicas que evitem e/ou reduzam os efeitos adversos e potencializem o uso energético, uma vez que representa perigo ao meio ambiente e aos seres humanos.

Para Pedrosa *et al.* (2023), um dos problemas ambientais ponderados no aterramento dos resíduos sólidos compreende a emissão do biogás, uma mistura gasosa combustível gerada pela digestão anaeróbia da matéria orgânica. Segundo esses autores, do total de biogás emitido, 45% correspondem a dióxido de carbono e 50% a metano, e os demais percentuais (5%) são constituídos por nitrogênio, sulfeto de hidrogênio, carboidratos saturados, carboidratos halogenados, oxigênio e monóxido de carbono, entre outros.

As emissões de biogás podem ocasionar danos ao meio ambiente e aos seres humanos, contribuindo, até mesmo, para o aumento do efeito estufa e consequentemente, acentuando os efeitos adversos das mudanças climáticas. Podem, porém, constituir uma fonte de energia, em decorrência do seu elevado teor de metano.

O gás metano é cerca de 28 vezes mais poluente que o dióxido de carbono, ambos os maiores contribuintes para o aquecimento global (Gioda, 2018). O Painel Intergovernamental de Mudanças Climáticas (IPCC, 2021) aponta que de 5% a 20% do gás metano emitido para atmosfera tem origem em aterro sanitário.

Como vimos no tópico referente à digestão anaeróbia de resíduos sólidos orgânicos, um dos perigos do biogás, citado por Amaral, Steinmetz e Kunz (2022), é a propriedade asfixiante (sufocamento), a corrosividade e toxicidade do sulfeto de hidrogênio (H_2S), toxicidade da amônia (NH_3) e inflamabilidade do metano (CH_4) e hidrogênio (H_2). Somado a esses efeitos, o autor Costa Gomez (2013) alerta para o potencial do metano no que diz respeito à intensificação do efeito estufa, porquanto a emissão deste tipo de gás diretamente no meio ambiente é inquietante. A sua molécula detém maior potencial para o efeito estufa do que o dióxido de carbono.

A utilização de biogás como fonte de energia requer aplicação de tecnologias que favoreçam a sua purificação de acordo com o propósito traçado, evitem e/ou reduzam impactos adversos.

Pode ser agregada tecnologia para captação de gases por recuperação energética, assim como propõem diferentes autores (Castro e Silva *et al.*, 2021; Cavalcanti; Leite; Oliveira, 2023; Ciula *et al.*, 2024; Goulding; Power, 2013; Leite *et al.*, 2014; Niklevicz 2015; Pedrosa *et al.*, 2023).

Niklevicz (2015) argumenta que o biogás é uma importante fonte de metano, entretanto contém elevado percentual de dióxido de carbono e traços de sulfeto de hidrogênio, que devem ser removidos para obtenção de um biogás de qualidade para uso como combustível em transporte, assim como para fins energéticos. A remoção de dióxido de carbono é importante, porque ele reduz o calor específico do biogás e aumenta os custos para compressão, armazenamento e transporte.

Os autores Goulding e Power (2013) sinalizam para os problemas que podem desencadear-se do emprego direto de biogás como combustível sem a correta purificação. Podem gerar outros poluentes atmosféricos, a exemplo de óxido de enxofre (SO_2), composto que contribui para a chuva ácida e que acarreta, entre outros, problemas aos equipamentos.

Em conformidade com Ciula *et al.* (2024), o tratamento dos gases de aterro sanitário é primordial ao bom funcionamento dos equipamentos e a quantidade e qualidade da energia elétrica e calor gerado. São importantes a sua captura, seu tratamento e neutralização segura ou a utilização para fins energéticos. Eles propõem o uso de carvão ativado para remover sulfeto de hidrogênio, pois constataram sua eficiência de absorção.

As emissões de biogás podem acarretar danos ao meio ambiente e aos seres humanos, no entanto a sua purificação pode constituir importante fonte de energia alternativa, devido ao alto teor de metano. Para isto, vêm sendo desenvolvidas várias técnicas com o fim de potencializar o seu uso (Goulding; Power, 2013).

A captação e utilização do biogás produzido em aterro sanitário, cujo principal componente é o metano, para fins energéticos, é uma opção para abrandar os impactos negativos sobre o meio ambiente e sobre os seres humanos. Energeticamente, compreende o uso otimizado de um combustível renovável para gerar energia. Ambientalmente, corresponde a abandono da emissão de gás que colabora significativamente para o efeito estufa, o metano (Ciula *et al.*, 2024). Nesse contexto, para purificação do biogás e conversão deste para biometano, retira-se dióxido de carbono até que a percentagem de metano fique próxima ao gás natural.

A escolha da tecnologia deverá ser pautada no fim que se deseja alcançar e na redução de menor número possível de impacto negativo, como também de menor intensidade e gravidade.

Neste contexto, Pedrosa *et al.* (2023) analisaram a purificação do biogás originado no aterro sanitário de Palmas, por meio do processo de absorção de dióxido de carbono em colunas de lavagem de gases por meio da absorção com reação química com a remoção de dióxido de carbono em solução de hidróxido de cálcio. Constataram que no início o teor de biometano era de 50%; após a purificação aumentou para 75%. Apesar do resultado ser animador, os autores consideraram-no ainda baixo. Sugerem, então, um sistema com dois lavadores em série para elevar a eficiência do tratamento do biogás.

As camadas de cobertura nos aterros sanitários são responsáveis por isolar os resíduos sólidos, impedir a entrada de água na massa de resíduos sólidos, e evitar que os gases gerados no processo de biodegradação da matéria orgânica alcancem a atmosfera.

Uma das funções da camada de cobertura do aterro sanitário, segundo Oliveira, Souza e Oliveira (2023), é mitigar as emissões de gases contribuintes ao acréscimo do efeito estufa. De acordo com as observações dessas autoras, quando o grau de compactação é maior, existe tendência de menor emissão de metano pela camada, mas a espessura não tem efeito expressivo sobre a retenção de dióxido de carbono e metano – evidenciando que o grau de compactação é mais determinante quanto à retenção de gases, uma vez que depende de outros fatores, a exemplo do tipo de material empregado na camada, peso específico do solo, umidade e grau de compactação.

A NBR 13896/1997 (ABNT, 1997) aponta que os principais objetivos da camada de cobertura, procedimento essencial ao atendimento da função do aterro sanitário, é reduzir a infiltração de águas pluviais e mitigar as emissões fugitivas de metano. Ainda tomando por base essa norma, todos os aterros devem ser projetados de forma a minimizar as emissões gasosas e realizar a captação e o tratamento adequado das eventuais emanações, como chorume e gases. Deve também ser operado e mantido de forma a minimizar a possibilidade de fogo, explosão ou derramamento e vazamento de resíduos que possam constituir ameaça à saúde ambiental e humana.

Santos *et al.* (2023) estudaram a retenção de gás na camada de cobertura do aterro sanitário de Caruaru/PE, encerrado em 2018. Averiguaram que, mesmo com as atividades concluídas, havia emissões de gases através da camada de cobertura. Persistia gerando metano, embora em menor quantidade; o que significa que havia matéria orgânica em degradação e que o encerramento não indicou que os impactos adversos haviam cessado.

Os aterros sanitários, apesar dos problemas citados, enquanto obra de engenharia, são projetados para gerenciar chorume, gases e odores. Como explicam Zamri, Bahru e Fatah (2024), são equipados com instalações que protegem o meio ambiente para evitar problemas futuros. Os autores reforçam que há potencial para valorização dos resíduos sólidos e desenvolvimento de produtos bioenergéticos com base nestes sistemas, principalmente a conversão do gás em forma líquida para uso de bioenergia.

Os sistemas de recuperação de energia do biogás gerados em aterros sanitários são considerados por Ruoso *et al.* (2024) uma solução para o tratamento dos resíduos sólidos e para a alta demanda por energia, especialmente originadas de fontes renováveis. Para esses autores, porém, no Brasil a recuperação de biogás produzido em aterro sanitário ainda é ineficiente.

A composição do biogás, embora complexa, pode constituir fonte de energia e suprir uma lacuna em relação às alternativas energéticas com menor potencial de impactar negativamente o meio ambiente. Há necessidade, todavia, de optar por tratamentos que impliquem menor risco aos diferentes sistemas ambientais. Compreendemos que não há risco zero, assim como não é possível zerar a produção de resíduos, seja sólido, seja líquido ou gasoso, mas podemos reduzir a produção de resíduos sólidos, ou evitar que se transformem em rejeitos, seguindo a hierarquia e os princípios abordados na Política Nacional de Resíduos Sólidos e nas demais leis que formam o nosso arcabouço legal.

Dispor corretamente os resíduos sólidos consiste em encaminhar a parcela considerada rejeitos ao aterro sanitário. Este deve ser construído de acordo com as normas vigentes, e sua operação deve ser monitorada e gerenciada ininterruptamente, de modo que os subprodutos não representem riscos à saúde ambiental e humana e sejam convertidos em fontes potenciais de matéria e energia. Esses cuidados devem ser estendidos também após o encerramento de suas atividades, haja vista que os subprodutos seguirão sendo gerados por décadas.

Devemos, prioritariamente, evitar que os aterros sanitários se transformem em fonte de contaminação e de poluição ambiental e provoquem a degradação ambiental e social.

Ratificamos que todas as etapas da gestão integrada de resíduos sólidos devem ser colocadas em prática com o senso de responsabilidade ambiental e preocupação com as gerações futuras. Também entendemos que a inquietação em relação aos aterros sanitários incide no monitoramento e no gerenciamento indevidos, e a esperança concentra-se na mudança de cenário para que cumpram o papel desenhado e almejado por diferentes atores sociais comprometidos com a justiça ambiental e social.

4.2.6 Impactos positivos decorrentes da Gires

A gestão integrada de resíduos sólidos delineia o caminho que podemos percorrer em direção à conservação e/ou à prevenção ambiental e à mitigação de danos ambientais. Por conseguinte, muitos impactos positivos são provocados:

a. Favorecimento da ciclagem da matéria e do uso eficiente da energia;
b. Prevenção e mitigação de diferentes tipos de poluição (ar, água, solo e visual);
c. Prevenção e mitigação da contaminação do ar, da água e do solo;
d. Constituição de barreira sanitária;
e. Redução da pressão sobre os recursos ambientais;
f. Obstrução da degradação de diferentes ecossistemas;
g. Geração de emprego e renda;
h. Melhoria da qualidade ambiental;
i. Favorecimento de condições dignas de trabalho;
j. Melhoria da qualidade de vida;
k. Aumento do tempo de vida útil dos aterros sanitários;
l. Amortização dos riscos de contaminação dos profissionais que lidam diretamente com os resíduos sólidos;
m. Promoção da limpeza do meio ambiente;
n. Contribuição à economia circular;
o. Motivação à adoção dos princípios de precaução, prevenção, corresponsabilidade e sustentabilidade;
p. Promoção da solidariedade ambiental e da amizade social;
q. Adoção da ética do cuidado;
r. Contribuição ao desenvolvimento sustentável;
s. Alcance dos objetivos previstos para a Agenda 2030;
t. Cumprimento da legislação ambiental.

4.2.7 Nosso papel no contexto da Gires

Voltando à pergunta que fizemos antes de falarmos da Gires: qual é o nosso papel no contexto de gestão integrada de resíduos sólidos?

O nosso papel compreende contribuir para **homeostase ambiental**, de forma que as gerações atuais e futuras tenham o direito de usufruir de **condições de vida dignas**. De modo geral, podemos exercer esse papel pondo em prática **dez ações** que dependem exclusivamente de nós e que estão relacionadas ao consumo sustentável:

1. Praticar os princípios da gestão integrada de resíduos sólidos;
2. Favorecer a gestão integrada de resíduos sólidos;
3. Reduzir a produção de resíduos sólidos;
4. Diminuir a quantidade de recursos ambientais que se transformam em rejeitos;
5. Poupar recursos ambientais;
6. Contribuir para o exercício profissional dos catadores e das catadoras de materiais recicláveis;
7. Sensibilizar os geradores, as geradoras, os gestores e as gestoras públicos e privados para a adoção dos princípios que regem a gestão integrada de resíduos sólidos;
8. Exercer a cidadania com o propósito de possibilitar a implantação de políticas públicas relacionadas à gestão integrada de resíduos sólidos;
9. Observar a legislação ambiental vigente e fiscalizar a sua aplicação;
10. Praticar a ética do cuidado, principalmente cuidando da Criação.

Para ratificarmos o nosso papel, no Quadro 4.2 apresentamos as etapas e as respectivas ações para desempenharmos o nosso papel no contexto da Gires:

Quadro 4.2 - Principais ações para desempenharmos o nosso papel no contexto da gestão integrada de resíduos sólidos

Gires	
Etapa	**Principais ações**
1 Produção e consumo	Observar e ponderar a forma de produção dos alimentos e objetos que consumimos. Refletir sobre a necessidade do produto que estamos adquirindo. Reduzir o consumo. Priorizar a aquisição de bens duráveis ou que detenham possibilidades de reutilização ou reciclagem. Reutilizar sempre que for possível. Repassar aos catadores e às catadoras de materiais recicláveis a parcela reciclável seca dos resíduos sólidos. Reaproveitar as cascas de frutas e verduras. Utilizar as folhas dos vegetais como adubo orgânico.
2 Acondicionamento	Praticar a coleta seletiva – selecionar os resíduos sólidos na fonte geradora: • Resíduos sólidos recicláveis secos; • Resíduos sólidos recicláveis úmidos (orgânicos); • Resíduos sólidos não recicláveis (rejeitos); • Resíduos sólidos de serviços de saúde domiciliar (quando for produzido). Exercer a cidadania visando sensibilizar os geradores e as geradoras para o acondicionamento adequado de resíduos sólidos e para implantação de políticas públicas relacionadas à coleta seletiva na fonte geradora.
3 Destinação	Destinar os resíduos sólidos de acordo com a sua classificação aos profissionais e/ou aos órgãos competentes: • Repassar os resíduos sólidos recicláveis secos às organizações de catadores e catadoras de materiais recicláveis; • Encaminhar os resíduos sólidos recicláveis úmidos aos responsáveis pelo tratamento ou àquelas pessoas que os reaproveitam para alimentação animal, ou tratar por meio de compostagem; • Encaminhar os resíduos sólidos de serviços de saúde domiciliares às instituições competentes, como unidade de saúde.

	Exercer a cidadania para motivar a destinação correta de resíduos sólidos e implantação de políticas públicas direcionadas à inserção socioeconômica de catadores e catadoras de materiais recicláveis.
4 Coleta	Realizar a coleta de resíduos sólidos recicláveis selecionados diretamente da fonte geradora: • Coleta diferenciada e em calendário específico de resíduos sólidos recicláveis secos. Exercer a cidadania para implantação de políticas públicas voltadas à coleta e ao transporte diferenciados de resíduos sólidos recicláveis secos e para a inserção socioeconômica dos catadores e catadoras de materiais recicláveis.
5 Transporte	Realizar o transporte diferenciado de resíduos sólidos recicláveis secos: • Utilização de transporte específico para coleta de resíduos sólidos recicláveis secos; • Organização de uma agenda para coleta e transporte de resíduos sólidos recicláveis secos. Exercer a cidadania para o emprego de transporte adequado dos resíduos sólidos e para fornecer infraestrutura adequada aos catadores e às catadoras de materiais recicláveis.
6 Tratamento	Favorecer o tratamento de resíduos sólidos recicláveis úmidos (orgânicos) ou destiná-los aos órgãos que praticam o tratamento ou tratar por meio de compostagem: • Destinação de resíduos sólidos recicláveis úmidos para tratamento; • Reaproveitamento de resíduos sólidos recicláveis úmidos; • Tratamento de resíduos sólidos recicláveis úmidos por meio de compostagem; Exercer a cidadania para instalação de tecnologias no município para o tratamento dos resíduos sólidos úmidos.
7 Disposição final	Dispor os resíduos sólidos não recicláveis (rejeitos) em aterros sanitários: • Encaminhamento de resíduos sólidos não recicláveis à coleta municipal para disposição em aterros sanitários. Exercer a cidadania para implantação de aterro sanitário no município individual ou por meio de consórcio.

Educação Ambiental
Motivar a implantação de programas e projetos em Educação Ambiental para formação de líderes comunitários para Gires.
Promover a inserção da temática relativa à Gires de forma transversal e interdisciplinar em todos os conteúdos ministrados nas escolas do ensino fundamental e médio.
Motivar a inserção da temática relacionada aos resíduos sólidos nos cursos de formação profissional, nos níveis técnico e superior.
Possibilitar a formação de catadores e catadoras de materiais recicláveis voltada à Gires.
Motivar a formação de gestores e gestoras públicas e privadas para Gires.
Favorecer a sensibilização e a formação dos geradores e das geradoras por meio de diferentes estratégias de Educação Ambiental.
Divulgar e difundir ações sustentáveis relacionadas à Gires.

Fonte: a autora (2024)

4.3 Considerações finais

A problemática concernente aos resíduos sólidos é verdadeiramente complexa, inquietante e séria, por envolver os diferentes sistemas ambientais, econômicos e sociais. Compreende uma ameaça às gerações atuais e futuras, porém há alternativas: a gestão integrada de resíduos sólidos.

A Gires constitui uma alternativa estabelecida na legislação ambiental vigente e compartilhada na comunidade científica, como também por aqueles e aquelas que lutam pela justiça ambiental e social. Forma um conjunto de ações direcionado a evitar e/ou eliminar os problemas que submergem os resíduos sólidos. Essas ações percorrem etapas que têm início na produção e no consumo e seguem até a disposição final. Do nascer ao pôr do sol, nós produzimos resíduos sólidos.

Produtor e consumidor são igualmente responsáveis pelos resíduos sólidos gerados. É possível reduzir a quantidade de recursos ambientais empregada na fabricação de bens de consumo, como também diminuir a quantidade de resíduos sólidos recicláveis que se transformam em rejeitos.

É possível transformar problemas em solução. É possível, por exemplo, transformar resíduos sólidos recicláveis úmidos (com alto teor de matéria orgânica e de umidade, pH ácido e presença de organismos patogênicos) num produto estabilizado e sanitizado, com características agronômicas viáveis ao uso em diferentes culturas.

A gestão integrada de resíduos sólidos mostra-nos o caminho que podemos percorrer em direção à prevenção, à precaução, à mitigação de danos ambientais, à sustentabilidade ambiental, à redução dos custos ambientais e à amortização da pressão sobre os recursos ambientais.

Almejamos que você tenha compreendido a importância das etapas que constituem a gestão integrada de resíduos sólidos e o seu papel em cada uma dessas etapas. Confiamos que você entendeu quanto são primordiais a produção e o consumo conscientes e responsáveis.

Sempre que for comprar ou consumir um determinado produto, reflita sobre o caminho percorrido pelo produto e como pode evitar que se transforme em rejeito. Conjecture como você pode favorecer o retorno de seus constituintes, matéria, ao setor produtivo. Pense em como você pode praticar e motivar o uso eficiente de energia. Reflita como pode diminuir a pressão sobre os recursos ambientais.

Essas inquietações constituirão um novo olhar sobre o meio ambiente. Apontam para tomada de decisão em direção às atitudes sustentáveis e solidárias. Atitudes que favorecem a justiça ambiental e social e permitem que as gerações futuras possam suprir as próprias necessidades. É uma forma de deixar uma herança distinta daquela que recebemos de nossos antepassados. É cumprir o maior de todos os mandamentos: amar ao próximo como a si mesmo. Amar ao próximo consiste em cuidar primeiro de nós e do meio ambiente onde estamos inseridos, a nossa *casa comum*, o planeta Terra.

Aspiramos que tenhamos colaborado para a sua sensibilização e formação profissional e cidadã. Confiamos na força das mãos que se unem para cuidar da *Criação*. Que os acúleos não sufoquem a beleza das rosas. Graça, bem, saúde, amor e paz!

Referências

ABETRE. *Vinte lixões foram desativados no Brasil entre março e junho*, 2021. Disponível: https://abetre.org.br/vinte-lixoes-foram-desativados-no-brasil-entre-marco-e-junho/. Acesso em: 29 abr. 2022.

ACSELRAD, Henri LEROY, Jean-Pierre. *Novas premissas de sustentabilidade democrática.* Rio de Janeiro: Projeto Brasil Sustentável e Democrático, 1999.

ALMEIDA, Ronei; CAMPOS, Juacyara Carbonelli. Análise tecno-econômica do tratamento de lixiviado de aterro sanitário. *Revista Ineana*, v. 5, n. 1, p. 6-27, jan./jun. 2020.

AMARAL, André Cestonaro; STEINMETZ, Ricardo Luis Radis; KUNZ, Airton (ed. téc.). *Fundamentos da digestão anaeróbia, purificação do biogás, uso e tratamento do digestato*. 2. ed. Concórdia: Sbera; Embrapa Suínos e Aves, 2022.

ANDRADE, Elisabeth de Oliveira; CÂNDIDO, Gesinaldo Ataíde. A relação entre os níveis de capital social e os índices de desenvolvimento sustentável: uma análise comparativa entre municípios paraibanos. *In*: CÂNDIDO, Gesinaldo Ataíde (org.). *Desenvolvimento sustentável e sistemas de indicadores de sustentabilidade*. Campina Grande: EdUFCG, 2010. p. 176-206.

ASSOCIAÇÃO BRASILEIRA DE EMPRESA DE LIMPEZA E RESÍDUOS ESPECIAIS (ABRELPE). *Panorama de resíduos sólidos no Brasil 2021*. São Paulo: Abrelpe, 2022. Disponível em: https://abrelpe.org.br/panorama-2021/. Acesso em: 24 fev. 2024.

ASSOCIAÇÃO BRASILEIRA DE NORMAS TÉCNICAS (ABNT). *NBR 13221*. Transporte terrestre de resíduos. 7. ed. Rio de Janeiro: ABNT, 2023.

ASSOCIAÇÃO BRASILEIRA DE NORMAS TÉCNICAS (ABNT). *NBR 13896*. Aterros de resíduos não perigosos: critérios para projetos, implantação e operação. Rio de Janeiro: ABNT, jun. 1997.

ASSOCIAÇÃO BRASILEIRA DE NORMAS TÉCNICAS (ABNT). *NBR 8.419*. Apresentação de projetos de aterros sanitários de resíduos sólidos urbanos. Rio de Janeiro: ABNT, abr. 1992.

BARDE, Jean-Philippe. Économie et politique de *l'environnement*. 2. ed. Paris: Presses Universitaires, 1991.

BECK, Ceres Grebs; ARAÚJO, Agnes Campêllo; CÂNDIDO, Gesinaldo Ataíde. Problemática dos resíduos sólidos urbanos do município de João Pessoa: uma aplicação do sistema uma aplicação do sistema de indicadores de sustentabilidade pressão-estado-resposta (P-E-R). *In*: CÂNDIDO, Gesinaldo Ataíde (org.). *Desenvolvimento sustentável e sistemas de indicadores de sustentabilidade*. Campina Grande: EdUFCG, 2010. p. 352-376.

BERNSTEIN, Janis D. *Alternative approaches to pollution control and waste management*: regulatory and economic instruments. Washington, D.C.: The World Bank, 1993.

BERTO, Amanda Maciel *et al.* A percepção ambiental sobre a geração de resíduos sólidos no bairro Paisagem Colonial, São Roque-SP. *Revista Scientia Vitae*, v. 10, n. 31, p. 38-57, jul./dez. 2019.

BICALHO, Marcondes Lomeu; PEREIRA, José Roberto. Participação social e a gestão dos resíduos sólidos urbanos: um estudo de caso de Lavras (MG). *Revista Gestão e Regionalidade*, v. 34, n. 100, p. 183-201, jan./abr. 2018.

BIDONE, Francisco Antônio (coord.). *Resíduos sólidos provenientes de coletas especiais*: eliminação e valorização. Rio de Janeiro: Rima; Abes, 2001.

BOFF, Leonardo. A contribuição do Brasil. *In*: VIANA, Gilney; SILVA, Marina Diniz Nilo (org.). *O desafio da sustentabilidade*: um debate socioambiental no Brasil. São Paulo: Editora Fundação Perseu Abramo, 2001. p. 17-26.

BOURDIEU, Pierre. Le capital social: notes provisoires. *Actes de La Recherche en Sciences Sociales*, n. 31, p. 2-3, 1980.

BRASIL. [Constituição (1988)]. *Constituição da República Federativa do Brasil (1988)*. 4. ed. Brasília: Senado Federal/Subsecretaria de Edições Técnicas, 1988.

BRASIL. Decreto n. 11.043 de 13 de abril de 2022; aprova o Plano Nacional de Resíduos Sólidos. *Diário Oficial da União*, Brasília, abr. 2022. Disponível em: https://sintse.tse.jus.br/documentos/2022/Abr/18/para-conhecimento-geral/decreto-no-11-043-de-13-de-abril-de-2022-aprova-o-plano-nacional-de-residuos-solidos. Acesso em: 24 fev. 2024.

BRASIL. *Decreto nº 10.936 de 12 de janeiro de 2022*. Regulamenta a Lei nº 12.305 de 2 de agosto de 2010 que institui a Política Nacional de Resíduos Sólidos. Brasília: Presidência da República, 2022a. Disponível em: https://www.planalto.gov.br/ccivil_03/_ato2019-2022/2022/decreto/D10936.htm. Acesso em: 14 dez. 2023.

BRASIL. *Diagnóstico do manejo de resíduos sólidos urbanos 2017*. Brasília: Ministério do Desenvolvimento Regional – SNIS – Sistema Nacional de Informações sobre Saneamento. Disponível em: www.snis.gov.br/diagnóstico-anual-resíduos-sólidos/diagnóstico-rs-2017. Acesso em: 17 mar. 2021.

BRASIL. *Governo federal divulga diagnóstico sobre o manejo de resíduos sólidos urbanos*. Brasília: Serviços e Informações do Brasil, 2022. Disponível em: https://www.gov.br/pt-br/noticias/agricultura-e-pecuaria/2022/06/governo-federal-divulga-diagnostico-sobre-o-manejo-de-residuos-solidos-urbanos. Acesso em: 14 mar. 2022.

BRASIL. *Lei 12.305 de 02 de agosto de 2010*. Institui a Política Nacional de Resíduos Sólidos. 2. ed. Brasília: Câmara dos Deputados; Edições Câmara, 18 jun.

2012. Disponível em: https://www.poli.usp.br/wp-content/uploads/2018/10/politica_residuos_solidos.pdf. Acesso em: 24 fev. 2024

BRASIL. Lei 14.026 de 15 de julho de 2020. Atualiza o marco legal do saneamento básico e altera a Lei nº 9.984 de 17 de julho de 2000. *Diário Oficial da União*, Brasília, 2020. Disponível em: https://www.in.gov.br/en/web/dou/-/lei-n-14.026-de-15-de-julho-de-2020-267035421. Acesso em: 24 fev. 2024.

BRASIL. *Lei 6.938, de 31 de agosto de 1981.* Institui a Política Nacional de Meio Ambiente. Brasília: 1981. Disponível em: https://www.planalto.gov.br/ccivil_03/leis/l6938.htm. Acesso em: 23 jan. 2024.

BRASIL. Lei nº. 14.119, de 13 de janeiro de 2021, institui a Política Nacional de Pagamentos por Serviços Ambientais. *Diário Oficial da União*, Brasília, 14 jan. 2021.

BRASIL. *Resolução n. 430 de 13 de maio de 2011*; dispõe sobre condições e padrões de lançamento de efluentes, complementa e altera a Resolução nº. 357 de 17 de março de 2005. Brasília: Conselho Nacional de Meio Ambiente, maio 2011.

CARRINGTON, E. G. *Evaluation of sludge treatments for pathogen reduction*. Final report. Luxembourg: European Communities, set. 2001.

CARVAJAL-FLOREZ, Elizabeth; CARDONA-GALLO, Santiago-Alonso. Technologies applicable to the removal of heavy metal from landfill. *Environmental Science and Pollution Research*, v. 26, p. 15.725-15.753, 2019.

CASTILHO JÚNIOR, Armando Borges (coord.). *Resíduos sólidos urbanos*: aterro sustentável para municípios de pequeno porte. Florianópolis: Prosab, 2003.

CASTRO E SILVA, Hellen Luisa *et al.* Gerenciamento de resíduos sólidos orgânicos do consórcio do maciço de Baturité: análise técnica e econômica da geração de biogás por aterro sanitário e usina de digestão anaeróbia. *Revista Engenharia Sanitária e Ambiental*, v. 25, n. 5, p. 855-864, set./out. 2021.

CAVALCANTI, Ingrid Lélis Ricarte; LEITE, Valderi Duarte; OLIVEIRA, Roberto Alves. Bibliometric analysis on the applicability of anaerobic digestion in organic solid waste. *Revista Ambiente & Água*, Taubaté, v. 18, p. 1-13, 2023.

CETES AMBIENTAL. [2023]. Disponível em: https://www.cetesambiental.com.br/tratamento-residuos/. Acesso em: 14 nov. 2023.

CIULA, Jósef *et al.* Analysis of the efficiency of landfill gas treatment for power generation in cogeneration system in terms of the European green deal. *Jour-*

nal Sustainability, v. 16, n. 4, p. 1-16. 2024. Disponível em: https://www.mdpi.com/2071-1050/16/4/1479. Acesso em: 4 mar. 2024.

COLEMAN, James S. *Foundations of social theory*. Cambridge: The Belknap Press of Harvard University Press, 1994.

COSTA GOMEZ, C. Biogás as an energy option: no overview. *In*: WELLINGER, A.; MURPHY, J.; BAXTER, D. (org.). *The biogás handbook*: science, production and applications. Sawston: Woodhead, 2013. p. 1-16.

EL-SAADONY, Mohamed T. *et al.* Hazardous wastes and management strategies of landfill leachates: a comprehensive review. *Environmental Technology & Innovation*, v. 31, p. 1-26, 2023.

FARIAS, André; DIAS, Diana; MENDES, Ronaldo. Ecologia política, conflito socioambiental e resíduos sólidos na Amazônia: inovação sociopolítica como síntese das tensões no caso do aterro sanitário de Marituba. *Revista P2P & Inovação*, Rio de Janeiro, v. 10, p. 6-26, set. 2023.

FRANCISCUS (Papa Francisco). *Carta encíclica Laudato SI' sobre o cuidado da casa comum*. Vaticano, 24 maio 2015. Disponível em: http://www.vatican.va/content/francesco/pt/encyclicals/documents/papa-francesco_20150524_enciclica-laudato-si.html. Acesso em: 24 fev. 2020.

GIODA, Adriana. Comparação dos níveis de poluentes emitidos pelos diferentes combustíveis utilizados para cocção e sua influência no aquecimento global. *Revista Química Nova*, v. 41, n. 8, p. 839-848, ago. 2018.

GOMES, Ivanise *et al.* Tecnologias para tratamento aeróbio de resíduos sólidos orgânicos domiciliares. *Revista Ibero-Americana de Ciências Ambientais*, v. 12, n. 1, p. 544-557, jan. 2021.

GOULDING, Daniel; POWER, Niamh. Which is the preferable biogás utilisation technology for anaerobic digestion of agricultural crops in Ireland: biogás to CHP or biomethane as a transport fuel? *Renewable Energy*, v. 53, p. 121-131, maio 2013.

GRANZIERA, Maria Luiza Machado. *Direito ambiental*. 4. ed. São Paulo: Atlas, 2015.

GREGÓRIO, Felipe. *A descentralização do saneamento*. Folha de S. Paulo, 9 ago. 2022. Disponível em: https://www1.folha.uol.com.br/colunas/papo-de-responsa/2022/08/a-descentralizacao-do-saneamento.shtml. Acesso em: 14 jan. 2024.

GUTIERREZ, Raffaela Loffredo; FERNANDES, Valdir; RAUEN, William Bonino. Princípios protetor-recebedor e poluidor-pagador como instrumentos de incentivo à redução do consumo de água residencial no município de Curitiba (PR). *Revista Engenharia Sanitária e Ambiental*, v. 22, n. 5, p. 899-909, 2017.

HANNEQUART, Jen-Pierre; RADERMAKER, Francis; SAINTMARD, Caroline. *Gestão dos resíduos domésticos biodegradáveis*: que perspectivas para as autoridades locais européias? Bruxelas: Association Cities Regions Pour Recyclage et La Gestion Durable de Resources, set. 2005.

HUPFFER, Haide M.; WEYERMULLER, André R.; WACLAWOVSKY, William G. Uma análise sistêmica na institucionalização de programas de compensação por serviços ambientais. *Revista Ambiente & Sociedade*, Campinas, v. 14, n. 1, p. 95-114, jan./jun. 2011.

INTERGOVERNMENTAL PANEL ON CLIMATE CHANGE (IPCC). *Climate change 2021 the physical science basis*. Summary for policymakers. Sixth Assessment report of the Intergovernmental Panel on Climate Change, Switzerland, 2021.

JAIN, Mohit; KUMAR, Ashwani; KUMAR, Amit. Landfill mining: a review on material recovery and its utilization challenges. *Process Safety and Environmental Protection*, v. 169, p. 948-958, jan. 2023.

KABIR, Mosarrat Samiha *et al.* Microplastics in landfill leachate: sources, detection, occurrence, and removal. *Environmental Science and Ecotechnology*, v. 16, p. 1-12, 2023.

KANDU, Ashmita *et al.* Critical review with science mapping on the latest pre-treatment technologies of landfill leachate. *Journal of Environmental Management*, v. 336, n. 15, jun. 2023.

LANZER, Lúcia Moreira; WOLFF, Delmira Beatriz. Saneamento básico em Nova Petrópolis/RS: implantação de sistemas descentralizados para o tratamento de esgoto sanitário. *Disc. Scientia*, Santa Maria, v. 6, n. 1, p. 23-40, 2005. (Série Ciências naturais e tecnológicas).

LEITE, Valderi Duarte *et al.* Bioestabilização anaeróbia de resíduos sólidos orgânicos: aspectos quantitativos. *Revista Tecno-Lógicas*, Santa Cruz do Sul, v. 18, n. 2, p. 90-96, jul./dez. 2014.

LEOPOLD, A. Carl. Living with the land ethic. *Revista BioScience*, v. 54, p. 149-154, 2004.

LEROY, Jean-Pierre. Por uma reforma agrária sustentável; a primeira página do Gênesis a escrever. *In*: VIANA, Gilney; SILVA, Marina Diniz Nilo (org.). *O desafio da sustentabilidade*: um debate socioambiental no Brasil. São Paulo: Editora Fundação Perseu Abramo, 2001. p. 331-350.

LIANG, C.; DAS, R. C.; McCLENDON, R. W. The influence of temperature and moisture contents regimes on the aerobic microbial activity of a biosolids composting blend. *Bioresource Technology*, v. 86, n. 2, p. 131-137, jan. 2003.

LINS, Leonardo Pereira *et al.* O aproveitamento energético do biogás como ferramenta para os objetivos do desenvolvimento sustentável. *Revista Interações*, Campo Grande, v. 23, n. 4, p. 1.275-1.286, out./dez. 2022.

LORENSI, Wilian da Silva; SILVA, Cristine Santos de Souza. Análise comparativa da contribuição de um aterro sanitário para a destinação ambientalmente adequada de resíduos sólidos urbanos na região Sul do Brasil. *In*: FÓRUM INTERNACIONAL DE RESÍDUOS SÓLIDOS, 13., 1 a 3 de junho de 2022, São Paulo. *Anais* [...], São Paulo, 2022.

MACHADO, Paulo Afonso Leme. *Direito ambiental brasileiro*. 16. ed. São Paulo: Malheiros, 2008.

MARQUES, Marcel Sousa *et al.* Avaliação ambiental dos líquidos e percolados gerados pelo aterro sanitário de Palmas-Tocantins: um estudo de caso. *Brazilian Journal of Development*, Curitiba, v. 6, p. 92.501-92.512, nov. 2020.

MARQUES, Márcia; HOGLAND, William. Processo descentralizado de compostagem em pequena escala e resíduos orgânicos domiciliares em áreas urbanas. *In*: INTER-AMERICAN CONGRESSO OF SANITARY AND ENVIRONMENTAL ENGINEERING, 27. *Anais* [...]. Cancún: Aidis, 2002.

MARTILDES, Jéssica Araújo Leite *et al.* Identificação e avaliação de impactos ambientais na fase de operação do aterro sanitário de Campina Grande-PB. *Brazilian Journal of Development*, Curitiba, v. 6, n. 3, p. 133-1345, mar. 2020.

MARTINS, Maria de Fátima; CÂNDIDO, Gesinaldo Ataíde. Índices de desenvolvimento sustentável para localidades: uma proposta metodológica de construção de análise. *In*: CÂNDIDO, Gesinaldo Ataíde (org.). *Desenvolvimento sustentável e sistemas de indicadores de sustentabilidade*. Campina Grande: EdUFCG, 2010. p. 25-47.

MASSUKADO, Luciana Miyoko. *Desenvolvimento do processo de compostagem em unidade descentralizada e proposta de software livre para o gerenciamento municipal dos resíduos sólidos domiciliares.* Tese (Doutorado em Ciências da Engenharia Ambiental) – São Carlos, Universidade de São Paulo, 2008.

MASSUKADO, Luciana Miyoko; ZANTA, Viviana Maria. Simgere: software para avaliação de cenários de gestão integrada de resíduos sólidos domiciliares. *Revista Engenharia Sanitária e Ambiental,* Rio de Janeiro, v. 11, n. 2, p. 133-142, abr./jun. 2006.

MATOS, Gustavo da Silva; DE PRÁ, Marina Celant. Monitoramento e diagnóstico de plantas de biogás no sudoeste do Paraná. *Revista Técnico-Científica,* p. 2-15, ago. 2023.

MAZUR, Arielli Straube; MOURA, Analice Schaefer. Princípios da prevenção e da precaução e o dano ambiental futuro no caso de Mariana/MG de 2015. *Academia de Direito,* v. 1, p. 211-233, 2019.

METCALF, Leonardo; EDDY, Harrison P. *Wastewater engineer treatment disposal, reuse.* 4. ed. New York: McGraw Hill Book, 2003.

MINASSA, Pedro Sampaio. A incógnita ambiental do princípio da precaução. *Revista Direito Ambiental e Sociedade,* v. 8, n. 1, p. 158-189, 2018.

NIKLEVICZ, Rafael Rick. *Implantação e otimização operacional de um sistema para remoção de sulfeto de hidrogênio com uso de soluções de FE/EDTA, de biogás proveniente de efluentes de suinocultura.* 2015. Dissertação (Mestrado em Tecnologias Ambientais) – Universidade Tecnológica Federal do Paraná, Medianeira, 2015.

ODUM, Eugene P.; BARRET, Gary W. *Fundamentos de ecologia.* 5. ed. São Paulo: Thomson Learning, 2007.

OLIVEIRA, Mariele Rodrigues; SOUZA, Lana Kany Torres; OLIVEIRA, Laís Roberta Galdino. A influência da espessura da camada e do grau de compactação de cobertura de aterros sanitários. *Revista Eletrônica de Engenharia Civil,* v. 19, n. 1, 2023. Disponível em: https://revistas.ufg.br/reec/article/view/74277/39932. Acesso em: 4 mar. 2024.

ORGANIZAÇÃO DAS NAÇÕES UNIDAS BRASIL (ONU-BRASIL). *Objetivos de desenvolvimento sustentável.* Disponível em: https://brasil.un.org/pt-br/sdgs. Acesso em: 23 jan. 2024.

PEDROSA, Marcelo Mendes *et al.* Remoção de CO_2 de biogás de aterro sanitário empregando coluna de absorção com solução alcalina. *Revista Aidis,* v. 16, n. 2, p. 581-593, 6 ago. 2023.

PHILIPPI JR., Arlindo; MAGLIO, Ivan Carlos. Política e gestão ambiental: conceitos e instrumentos. *In*: PHILIPPI JR., Arlindo; PELICIONI, Maria Cecília Focesi (org.). *Educação ambiental e sustentabilidade*. Barueri: Manole, 2005.

PINTO, Nascimento. Sustentabilidade e precaução: uma avaliação do plano municipal de gerenciamento de resíduos de Macaé referenciado na Política Nacional de Resíduos Sólidos. *Revista de Direito da Cidade*, v. 10, n. 1, p. 78-94, 2018.

POZZETTI; Daniel Gabaldi; POZZETTI, Laura; POZZETTI, Valmir César. A importância do princípio da precaução no âmbito da conservação ambiental. *Revista Campo Jurídico*, Barreiras, v. 8, n. 2, p. 175-189, jul./dez. 2020.

PUTNAM, Robert D. *Comunidade e democracia*: a experiência da Itália moderna. 5. ed. Rio de Janeiro: FGV, 1996.

RABBANI, Roberto Muhájir Rahnemay. O poluidor-pagador: uma análise de um princípio clássico. *Revista Direito, Estado e Sociedade*, n. 51, p. 195-224, jul./dez. 2017.

REIGOTA, Marcos; SANTOS, Rosely Ferreira. Responsabilidade social da gestão e uso dos recursos naturais: o papel da educação no planejamento ambiental. *In*: PHILIPPI JÚNIOR, Arlindo; PELICIONI, Maria Cecília Focesi. *Educação ambiental e sustentabilidade*. São Paulo: Manole, 2005. p. 849-863.

RIBEIRO, Carlos de Santana *et al.* Aspectos econômicos e ambientais da reciclagem: um estudo exploratório nas cooperativas de catadores de material reciclável do estado de Rio de Janeiro. *Revista Nova Economia*, Belo Horizonte, v. 24, n. 1, p. 191-214, jan./abr. 2014.

RIGOBELLO, Eliane Sloboda *et al.* Identificação de compostos orgânicos em lixiviado de aterro sanitário municipal por cromatografia gasosa acoplada a espectrometria de massas. *Química Nova*, v. 38, n. 6, p. 794-800, 2015.

RODRIGUES, Roberta Milena Moura *et al.* O potencial tóxico do lixiviado de aterro sanitário. *Revista Contribuciones a las Ciencias Sociales*, São José dos Pinhais, v. 16, n. 12, p. 33.493-33.507, 2023.

RUOSO, Ana Cristina *et al.* The impact of landfill operation factors on improving biogas generation in Brazil. *Renewable and Sustainable Energy*: Reviews, v. 154, fev. 2022. Disponível em: https://www.sciencedirect.com/science/article/abs/pii/S1364032121011357. Acesso em: 5 mar. 2024.

SACHS, Ignacy. *Desenvolvimento includente, sustentável e sustentado*. Rio de Janeiro: Garamond, 2008.

SÁNCHEZ, Luis Enrique. *Avaliação de impacto ambiental*: conceitos e métodos. São Paulo: Oficina de Textos, 2008.

SANTANA, Heron José; PIMENTA, Paulo Roberto Lyrio. Fins do princípio do poluidor-pagador. *Revista Brasileira de Direito*, v. 14, n. 1, p. 361-379, jan./abr. 2018.

SANTOS, Bárbara Daniele; CURI, Rosires Catão; SILVA, Monica Maria Pereira. Análise de empreendimentos dos catadores de materiais recicláveis em rede, Campina Grande, Paraíba, Brasil. *Revista Ibero-Americana de Ciências Ambientais*, v. 11, n. 5, p. 482-499, 2020.

SANTOS, Glauber Galdino *et al.* Aterro municipal de Caruaru: um caso de estudo sobre retenção de gases na camada de cobertura. *Revista Aidis*, v. 16, p. 563-580, 6 ago. 2023.

SILVA, Antônio Heverton Martins *et al.* Avaliação da gestão de resíduos sólidos urbanos de municípios utilizando multicritério: região norte do Rio de Janeiro. *Brazilian Journal of Development*, v. 4, n. 2, p. 410-429, abr./jun. 2018.

SILVA, Monica Maria Pereira. *Manual de educação ambiental*: uma contribuição à formação de agentes multiplicadores em educação. Curitiba: Appris, 2020.

SILVA, Monica Maria Pereira. *Tratamento de lodos de tanques sépticos e resíduos sólidos orgânicos domiciliares*: transformando problemas em solução. Nova Xavantina: Pantanal Editora, 2021.

SILVA, Monica Maria Pereira. *Tratamento de lodos de tanques sépticos por co-compostagem para municípios do semi-árido paraibano*: alternativa para mitigação de impactos ambientais. Tese (Doutorado em Recursos Naturais) – UFCG, Campina Grande, 2008.

SILVA, Monica Maria Pereira *et al.* Prevalência de helmintos em resíduos sólidos orgânicos domiciliares: um risco à saúde ambiental e humana. *Brazilian Journal of Development*, Curitiba, n. 6, n. 5, p. 28.689-28.702, maio 2020.

SILVA, Monica Maria Pereira *et al.* Avaliação sanitária de resíduos sólidos orgânicos domiciliares em municípios do semiárido paraibano. *Revista Caatinga*, Mossoró, v. 23, n. 2, p. 87-92, 2010.

SILVA, Monica Maria Pereira *et al.* Contaminação de resíduos sólidos orgânicos domiciliares gerados em domicílios situados na zona urbana de Campina Grande-PB. *In*: CONGRESSO DE ENGENHARIA SANITÁRIA E AMBIENTAL, 27., Goiânia, Abes, 15 a 19 de setembro de 2013. *Anais* [...] Goiânia, 2013.

SU, Lianghu *et al.* Advanced oxidation of bio-treated incineration leachate by persulfate combined with heat, UV 254 nm, and UV 365 nm; kinetics, mechanism, and toxicity. *Journal of Hazardous Materials*, v. 461, n. 132.670, 2024. Disponível em: https://www.sciencedirect.com/science/article/abs/pii/S0304389423019532. Acesso em: 2 mar. 2024.

THOMÉ, Romeu; LAGO, Talita Martins Oliveira. Barragens de rejeitos da mineração: o princípio da prevenção e a implementação de novas alternativas. *Revista Direito Ambiental*, v. 85, p. 17-39, jan./mar. 2017.

TRANSLIX. [2023]. Disponível em: https://www.translix.com.br/blog/transporte-de-residuos/. Acesso em: 10 nov. 2023.

VEIGA, José Eli. *Desenvolvimento sustentável*: o desafio do século XXI. 3. ed. Rio de Janeiro: Garamond, 2008.

WEDY, Gabriel de Jesus Tedesco. Os elementos constitutivos do princípio da precaução e sua diferenciação com o princípio da prevenção. *Revista Doutrina*, p. 1-34, out. 2015. Disponível em: https://revistadoutrina.trf4.jus.br/index.htm?https://revistadoutrina.trf4.jus.br/artigos/edicao068/Gabriel_Wedy.html. Acesso em: 14 dez. 2023.

WORLD COMMISSION ON ENVIRONMENT AND DEVELOPMENT (WCED). *Our common future*. Oxford: Oxford University Press, 1987.

ZAMRI, Mohad Faiz Muaz; BAHRU, Raihana; FATAH, Islam M. D. Rizwanul. Gas to liquids from biogás and landfill gases. *In*: ONG, Hwai Chyuan; FATTAH, Islam M. D. Rizwanul; MAHLIA, Indra. *Valuation of solid waste for bioenergy and bioproducts, biofuels, biogas and value-added products*. Woodhead Publishing. p. 411-422, jan. 2024.

SUGESTÕES DE ATIVIDADES:

CAPÍTULO 4

1 Atividades antes da leitura do capítulo

1.1 Averiguando as alternativas para solucionar ou mitigar a problemática de resíduos sólidos

1.1.1 Percepção sobre as alternativas para a problemática de resíduos sólidos

Entregamos uma tarjeta na cor verde para cada uma das pessoas participantes do curso, encontro, aula ou seminário, incentivando-as a apontar uma alternativa para solucionar a problemática que abrange os resíduos sólidos.

Quando o evento for on-line, podemos motivar o uso de quadro branco digital e fazer as devidas adaptações para favorecer a participação dos participantes e das participantes.

1.1.2 Organizando e expondo as ideias sobre as alternativas para solucionar ou mitigar a problemática de resíduos sólidos

Convidamos as pessoas participantes a colocarem, no mural ou no quadro branco digital, as suas respectivas tarjetas contendo a alternativa sobre a problemática de resíduos sólidos.

Em seguida, discutimos se as alternativas expostas poderão evitar ou mitigar os problemas relacionados aos resíduos sólidos.

Com base nas discussões, excluímos, ampliamos e/ou melhoramos aquelas alternativas que não atendam aos princípios e objetivos da Política Nacional de Resíduos Sólidos.

1.1.3 Ordenando as alternativas percebidas sobre a problemática de resíduos sólidos

Concluídas as discussões sobre a percepção das alternativas relativas à problemática de resíduos sólidos, incentivamos os participantes e as participantes a organizarem em ordem hierárquica as alternativas expostas no mural ou quadro branco digital.

Podemos também fazer um tratamento estatístico das alternativas citadas, verificando aquelas que prevaleceram. Esse resultado pode ser apresentado por meio de gráfico em forma de pizza, para o qual pode ser empregado o Excel.

1.1.4 Discutindo a nossa responsabilidade no contexto da Gires

Observando as alternativas organizadas em ordem hierárquica e o gráfico (se o resultado for apresentado por meio de gráfico), quais dessas alternativas dependem de você?

1.1.5 Discutindo a relação teoria x prática no contexto da Gires

Das alternativas listadas no item 1.1.4, qual ou quais você pratica cotidianamente?

Por que não pratica as demais alternativas listadas?

2 Leitura do texto

É recomendável que a leitura do texto constitua uma atividade extraclasse.

Os participantes e as participantes do curso, encontro, aula ou seminário podem ler o texto destacando e anotando as principais ideias e confrontando-as com a percepção inicial sobre as alternativas citadas.

3 Atividades após a leitura do texto: discussão e debate

3.1 Construindo e reconstruindo conceitos

Após a leitura do texto, é essencial incentivar os participantes e as participantes a construírem conceitos sobre temas referentes à gestão integrada de resíduos sólidos (Quadro 1).

Quadro 1 – Construindo conceito sobre gestão integrada de resíduos sólidos

Construindo conceitos sobre a Gires	
Resíduos sólidos	
Rejeitos	
Coleta seletiva	
Destinação final	
Catador e catadora de materiais recicláveis	
Compostagem	
Digestão anaeróbia	
Disposição final	
Aterro sanitário	
Gires	
Educação Ambiental	

Fonte: a autora (2024)

3.2 Apontando ações para o alcance dos objetivos da Gires e os respectivos impactos positivos

Sugerimos organizar grupos de trabalho (GTs) com no máximo dez componentes. Nos grupos, os participantes discutem as ações para o alcance dos objetivos da gestão integrada de resíduos sólidos, os princípios que alicerçam essas ações e os impactos positivos provocados (Quadro 2).

Quadro 2 – Ações para o alcance dos objetivos da gestão integrada de resíduos sólidos

Gires			
Etapa	**Ações**	**Princípios**	**Impactos positivos**
Produção e consumo			
Acondicionamento			
Destinação final			
Tratamento			
Transporte			
Disposição final			
Educação Ambiental			

Fonte: a autora (2024)

3.5 Debatendo a importância do exercício profissional de catadores e catadoras de materiais recicláveis no contexto da Gires

Continuando com a estratégia de GTs, os participantes e as participantes são motivados a discutirem o papel desempenhado pelos catadores e catadoras de materiais recicláveis.

Após as discussões, os grupos organizam um resumo sobre o papel desempenhado pelos profissionais em estudo e, de forma criativa, apresentam-no ao público presente no evento (cartazes, folhetos, banner, vídeos, cordel, poema, dramatização, música, entre outros).

Com base nas discussões sobre o papel dos catadores e das catadoras de materiais recicláveis, podem ser elaborados projetos de pesquisa que identifiquem as organizações desses profissionais que atuam no município onde está ocorrendo o evento (curso, oficina, seminário, palestra, dentre outros), os desafios enfrentados, os avanços e os seus sonhos.

3.6 Assumindo o princípio de corresponsabilidade ou de responsabilidade compartilhada: o nosso papel no contexto da Gires

Como estamos desempenhando o nosso papel no contexto de gestão integrada de resíduos sólidos no meio ambiente onde estamos inseridos (casa, escola, trabalho, igreja, município, dentre outros)?

4 Atividades para reflexão e conclusão do tema

4.1 História para reflexão

Maria Menina, Maria Mulher
Há vida fora do lixão?

Monica Maria Pereira da Silva

Maria Menina nasceu num lar onde o alimento e a paz eram incertos. O pai negligenciava o cuidado com a família. A violência doméstica pairava. A infância era asfixiada. Mesmo assim, Maria Menina tinha um lar.

O temor paralisava a sua mãe, que definhava dia após dia. Um certo dia, uma força encheu a mãe de coragem e ela enfrentou o esposo. Ele, tomado pelo descontentamento, expulsou a família de casa. Maria Menina não tinha mais onde morar. Foram dias sobrevivendo sob o calor do semiárido, sem comida, sem rumo.

Perambulando, chegaram até o lixão de uma cidade. Lá encontraram moradia e alimento. A moradia era uma casa construída com materiais reutilizados e coletados no próprio lixão. Os alimentos, comumente, estavam com o prazo de validade vencido, mas para aquela família eram considerados alimentos.

Maria Menina não teve oportunidade de vivenciar a sua infância. Não teve tempo para brincar. Não teve oportunidade de estudar. Sua infância foi perdida no lixão.

Será que há vida fora do lixão? Essa era uma das perguntas recorrentes no imaginário de Maria Menina.

E, assim, cresceu Maria Menina. Conheceu a fome, a dor, a solidão, a incerteza de dias melhores. Não sabia que tinha direito a um futuro diferente. Não sabia que havia vida fora do lixão.

O tempo passou. A juventude chegou. O cenário não mudou.

Maria Menina conheceu no lixão aquele que seria o seu companheiro, o pai de seus filhos e de suas filhas. Conheceu José. Na mesma época, o lixão da cidade foi desativado. Partilharam a dúvida de dias melhores. Foram morar numa casa também construída com materiais recicláveis numa área de invasão.

Maria Menina e José passaram a coletar os resíduos sólidos recicláveis secos porta a porta; de casa em casa. Transformaram uma geladeira velha num carrinho para transportar os resíduos sólidos. Trabalhavam dia e noite, sob sol e chuva e, geralmente, ouvindo xingamentos: "*Deixem o meu lixo aí, seus marginais!*", "*Saiam daí, vagabundos!*"

Apalpavam as sacolas dispostas em frente às residências tateando os materiais passíveis de serem vendidos. Recolhiam os materiais e vendiam-nos imediatamente para comprar, quase sempre, feijão, arroz, café e açúcar.

Num dia aparentemente comum, Maria Menina foi convidada a participar de uma reunião sobre um projeto de resíduos sólidos desenvolvido por uma instituição de ensino superior pública. Desconfiada, não aceitou. A coordenação do projeto insistiu. Até que um dia, ela aceitou o convite.

Maria Menina participou de cursos, oficinas, seminários, encontros, aulas de campos, entre outras estratégias em Educação Ambiental, e levou consigo José, sua filha e vários outros catadores de materiais recicláveis que também tinham trabalhado no lixão e estavam coletando porta a porta.

A formação em Educação Ambiental provocou mudanças na vida de Maria Menina. Ela reconhece os seus direitos e deveres. Sabe que tem direito a condições de vida dignas. Exerce cotidianamente a cidadania. Não se intimida diante do poder. Não se intimida numa mesa que compartilha, lado a lado, com prefeito ou governador. Luta pela valorização e inserção socioeconômica dos catadores e das catadoras de materiais recicláveis.

Maria Menina atualmente é presidente de uma associação de catadores e catadoras de materiais recicláveis. É estudante, palestrante, mãe, esposa, mulher...

É catadora de materiais recicláveis e, diferentemente do tempo passado, coleta os materiais recicláveis previamente selecionados das residências, de instituições de ensino pública e privada, de comércio e de indústria, entre outros geradores de resíduos sólidos recicláveis secos. Recebe elogios por onde passa.

Maria Menina incentiva outras Marias e outros Josés a exercerem a cidadania e a reconhecerem os seus direitos e deveres. Maria Menina representa a força das mulheres que de mãos dadas promovem transformação. Ela confia na força das mãos que se unem para lutar por justiça ambiental e social.

Maria Menina, cidadã do mundo, fez e faz a diferença. Ela, atualmente, tem consciência de que há vida fora do lixão e vida em abundância. Reconhece a força da palavra: "*Eu vim para que todos tenham vida e vida em abundância*".

Maria Menina, Maria Mulher tem confiança. Não foge à luta. Alimenta-se da fé e da esperança. Vive dias melhores fora do lixão. Vive dias melhores em associação. Essa é Maria, Maria José.

4.2 Mensagem

Oportunizando mudanças

Monica Maria Pereira da Silva

Nem sempre a força de vontade
é suficiente para mudar o rumo de nossa História.
As oportunidades, sim, otimizam a nossa força interior e motivam mudanças.
Quando estiver diante de uma oportunidade, agarre-a.
Altere o rumo de sua própria História.
Exerça a cidadania.
Seja também a oportunidade que falta
para um ser humano mudar a sua História.
Seja o sol que brilha iluminando o dia.
Seja a luz que irradia esperança.

Seja fermento na massa.
Oportunize mudanças.
Provoque transformações de vida.
Favoreça vida em abundância.

4.3 Trechos de música

"Enquanto houver sol"

Compositor: Sérgio Britto
Intérprete: Titãs

Quando não houver saída
Quando não houver mais solução
Ainda há de haver saída
Nenhuma ideia vale uma vida.
Quando não houver esperança
Quando não restar nem ilusão
Ainda há de haver esperança
Em cada um de nós,
Algo de uma criança.
Enquanto houver sol [...].[8]

"Mais uma vez"

Compositores: Renato Russo e Flávio Venturini
Intérprete: Legião Urbana

Mas é claro que o sol vai voltar amanhã
Mais uma vez, eu sei
Escuridão já vi pior, de endoidecer gente sã

[8] Letra completa disponível em: https://www.letras.mus.br/titas/77518/.

Espera que o sol já vem.

[...]

Quem acredita sempre alcança

Quem acredita sempre alcança [...][9].

4.4 Poesia (trechos)

"Recomece"

Autor: Bráulio Bessa

Quando a vida bater forte

E sua alma sangrar

Quando esse mundo pesado lhe ferir, lhe esmagar...

É hora do recomeço.

Recomece a lutar.[10]

4.5 Mensagem final

Monica Maria Pereira da Silva

Sejamos o sol que nasce todo dia renovando a vida.
Sejamos as estrelas que brilham iluminando a vida.
Sejamos o sal que dá sabor à vida.
Sejamos o doce das frutas que sobrepõe o amargor da vida.
Sejamos vida.

A Deus toda honra e toda glória!

[9] Letra completa disponível em: https://www.letras.mus.br/renato-russo/1213616/.

[10] Poema completo disponível em: https://www.pensador.com/frase/MjM2NjI3Nw/.